ation from the English language edition:
zing Hubble's Vision
e Missions That Expanded Our View of the Universe
id J. Shayler and David M. Harland
ght © Springer International Publishing Switzerland 2016
pringer imprint is published by Springer Nature
gistered company is Springer International Publishing AG
hts Reserved
书中文简体字版由著作权人授权中国宇航出版社独家出版发行，未经出版者书面许
得以任何方式抄袭、复制或节录本书中的任何部分。
作权合同登记号：图字：01－2018－7314 号

版权所有　侵权必究

图书在版编目（CIP）数据

功能升级 & 拓展视野：哈勃太空望远镜在轨服务 /
戴维·J. 谢勒（David J. Shayler），（英）戴维·
兰（David M. Harland）著；李伟杰等译. --北京:
宇航出版社，2018. 12
书名原文：Enhancing Hubble's Vision: Service
ns That Expanded Our View of the Universe
SBN 978-7-5159-1546-3

. ①功… Ⅱ. ①戴… ②戴… ③李… Ⅲ. ①航天探
研究 Ⅳ. ①V476

国版本图书馆 CIP 数据核字（2018）第 258777 号

辑　侯丽平　　**封面设计**　宇星文化

中国宇航出版社

北京市阜成路 8 号　　**邮　编**　100830
(010)60286808　　(010)68768548
www.caphbook.com
新华书店
(010)60286888　　(010)68371900
(010)60286887　　(010)60286804(传真)
读者服务部
010)68371105
河北画中画印刷科技有限公司
018 年 12 月第 1 版　　2018 年 12 月第 1 次印刷
80×1230　　**开　本**　1/32
3.5　　**字　数**　388 千字
SBN 978-7-5159-1546-3
68.00 元

书如有印装质量问题，可与发行部联系调换

U0956174

载人航天出版工程
总主编：周建平
总策划：邓宁丰

“十三五”国家重点

功能升级 & 拓
哈勃太空望远镜

Enhancing Hubble's
Service Missions That Expanded Our

[英] 戴维·J·谢勒（David J.
[英] 戴维·M·哈兰（David M
李伟杰　曾福明　史文华　王耀

中国宇航
·北 京·

Tran
Enha
Servi
by Da
Copy
This
The r
All R
可，
（英）
M. 哈
中国
Missi
测器
责任编
出　版
发　行
社　址
网　址
经　销
发行部
零售店
承　印
版　次
规　格
印　张
书　号
定　价

《载人航天出版工程》总序

中国载人航天工程自1992年立项以来，已经走过了20多年的发展历程。经过载人航天工程全体研制人员的锐意创新、刻苦攻关、顽强拼搏，共发射了10艘神舟飞船和1个目标飞行器，完成了从无人飞行到载人飞行、从一人一天到多人多天、从舱内实验到出舱活动、从自动交会对接到人控交会对接、从单船飞行到组合体飞行等一系列技术跨越，拥有了可靠的载人天地往返运输的能力，实现了中华民族的千年飞天梦想，使中国成为世界上第三个独立掌握载人航天技术的国家。我国载人航天工程作为高科技领域最具代表性的科技实践活动之一，承载了中国人民期盼国家富强、民族复兴的伟大梦想，彰显了中华民族探索未知世界、发现科学真理的不懈追求，体现了不畏艰辛、大力协同的精神风貌。航天梦是中国梦的重要组成部分，载人航天事业的成就，充分展示了伟大的中国道路、中国精神、中国力量，坚定了全国各族人民实现中华民族伟大复兴中国梦的决心和信心。

载人航天工程是十分复杂的大系统工程，既有赖于国家的整体科学技术发展水平，也起到了影响、促进和推动着科学技术进步的重要作用。载人航天技术的发展，涉及系统工程管理，自动控制技术，计算机技术，动力技术，材料和结构技术，环控生保技术，通信、遥感及测控技术，以及天文学、物理学、化学、生命科学、力学、地球科学和空间科学等诸多科学技术领域。在我国综合国力不断增强的今天，载人航天工程对促进中国科学技术的发展起到了积极的推动作用，是中国建设创新型国家的标志性工程之一。

我国航天事业已经进入了承前启后、继往开来、加速发展的关键时期。我国载人航天工程已经完成了三步走战略的第一步和第二步第一阶段的研制和飞行任务，突破了载人天地往返、空间出舱和空间交会对接技术，建立了比较完善的载人航天研发技术体系，形成了完整配套的研制、生产、试验能力。现在，我们正在进行空间站工程的研制工作。2020 年前后，我国将建造由 20 吨级舱段为基本模块构成的空间站，这将使我国载人航天工程进入一个新的发展阶段。建造具有中国特色和时代特征的中国空间站，和平开发和利用太空，为人类文明发展和进步做出新的贡献，是我们航天人肩负的责任和历史使命。要实现这一宏伟目标，无论是在科学技术方面，还是在工程组织方面，都对我们提出了新的挑战。

以图书为代表的文献资料既是载人航天工程的经验总结，也是后续任务研发的重要支撑。为了顺利实施这项国家重大科技工程，实现我国载人航天三步走的战略目标，我们必须充分总结实践成果，并充分借鉴国际同行的经验，形成具有系统性、前瞻性和实用性的，具有中国特色的理论与实践相结合的载人航天工程知识文献体系。

《载人航天出版工程》的编辑和出版就是要致力于建设这样的知识文献体系。书目的选择是在广泛听取参与我国载人航天工程的各专业领域的专家意见和建议的基础上确定的，其中专著内容涉及我国载人航天科研生产的最新技术成果，译著源于世界著名的出版机构，力图反映载人航天工程相关技术领域的当前水平和发展方向。

《载人航天出版工程》凝结了国内外载人航天专家学者的智慧和成果，具有较强的工程实用性和技术前瞻性，既可作为从事载人航天工程科研、生产、试验工作的参考用书，亦可供相关专业领域人员学习借鉴。期望这套丛书有助于载人航天工程的顺利实施，有利于中国航天事业的进一步发展，有益于航天科技领域的人才培养，为促进航天科技发展、建设创新型国家做出贡献。

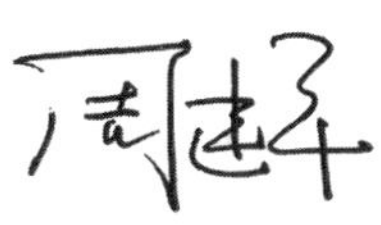

2013 年 10 月

译者序

1990年哈勃太空望远镜由NASA发现号航天飞机发射入轨，通过1993年第一次在轨服务（SM-1）安装光轴补偿校正光学系统（COSTAR）成功解决了主镜球面像差问题，就像是给望远镜戴上了一副“近视眼镜”，系统得以正常工作。随后，先后有四次在轨服务任务顺利实施，分别是SM-2（1997年）、SM-3A（1999年）、SM-3B（2002年）和SM-4（2009年）。通过在轨服务，成功完成望远镜大量的设备更换，包括失效设备更换和光学系统部件升级等。其中，在SM-4任务中，航天员利用宇宙起源摄谱仪（COS）替换了COSTAR，因COS的独特设计，不仅自带光轴补偿功能，还将望远镜光谱探测能力提升了30倍！据统计，哈勃太空望远镜共计5次在轨服务所涉及的所有航天员累计出舱时间长达318个小时。正是得益于在轨服务任务的巨大成功，最终使得望远镜系统指标得到极大提升，至今已在轨飞行29年。所有这些，均归功于望远镜特殊的可接受在轨服务的设计，也同样离不开利用航天飞机平台由航天员所实施的在轨精细操作以及整个任务团队的通力协作。值得关注的是，SM-4任务航天员特地在望远镜底部安装了一套低冲击捕获机构，且近年来多篇文献提出了对望远镜实施后续服务的设想，包括机器人辅助抬高轨道恢复系统任务能力，或转移至国际空间站轨道实施服务等。因此，随着空间机器人技术的飞速发展，哈勃太空望远镜的未来值得期待。值得一提的是，《2016中国的航天》白皮书中明确“启动空间飞行器在轨服务与维护系统建设”，因此，我国的在轨服务定将不再遥远。

《哈勃太空望远镜系统设计与在轨服务丛书》共包括两册，分别为《哈勃太空望远镜：从概念到成功》、《功能升级 & 拓展视野：哈勃太空望远镜在轨服务》。本书详细介绍了自 1997 年以来哈勃太空望远镜的四次在轨服务任务，包括详细的任务规划、故障分析与应对措施、系统升级与实现策略、在轨具体实施过程等，此外还介绍了望远镜系统空间环境适应性方面的研究成果、后续规划和出舱经验总结，以及在轨服务航天器工程实施的相关经验等，比如戈达德航天飞行中心开创性地设立了卫星在轨服务能力办公室（SSCO）。

中国空间技术研究院总体部李伟杰组织了本书的翻译、统稿及审校工作。全书由李伟杰、王耀兵、刘希刚进行统稿和审校。第 1、2 章由李伟杰翻译，第 3、4 章由曾福明翻译，第 5、6 章由史文华翻译，前言、致谢、序、结束语等由李伟杰翻译。

本书在翻译过程中得到了军委科技委吕跃广院士、中国空间技术研究院张柏楠总师，以及李大明、王永富、范含林、张加迅、程大义、陈新龙、谭春林、杨建中、肖涛等领导和资深专家的指导，特别是吕跃广院士和张柏楠总师在百忙中为本书申请航天科技图书出版基金提出了宝贵的推荐意见。在编校及出版过程中，得到了中国宇航出版社的帮助。在本书出版过程中，总体部科技委梁晓珩和梁秀娟等领导和同事，总体室高振良和何宗波等领导，机械系统事业部李潇、唐自新、高峰、罗成、袁宝峰、潘博、成志忠、王光远、梁东平等领导和刘华伟、王菡等同事给予了具体指导。在相关文献调研以辅助翻译过程中，得到了崔慧永、张鹏、黄天翔、刘国青等同行好友的悉心帮助。同时，本书出版恰逢研究团队撰写的 5.3 万字长篇综述研究论文“On - orbit service（OOS）of spacecraft：A review of engineering developments”顺利通过国际航天领域知名期刊 *Progress in Aerospace Sciences* 第二轮审稿。借此，谨对长期以来关心、支持和帮助我们开展在轨服务航天器相关技术研究的各位领导和专家致以诚挚的感谢，同时也感谢家人及亲友在背后的默默支持和辛苦付出。最后，感谢在德国亚琛工业大学的访学经历，译者在此期间调研到原著，并萌生了翻译出版的愿望。

本书所有的翻译、译校、统稿工作，均是在繁重的航天科研工作之余完成的。由于译者水平有限，翻译过程中疏漏在所难免，如有给读者带来不便之处，敬请批评指正，欢迎对我们的研究工作提出宝贵意见。

李伟杰

2018年11月于北京航天城

前　言

随着此项目的呈现，通过调研或者相关人士提供的信息足以超出一本书的内容。我一直相信在每一次太空任务的背后都会有一个更大的故事，但要将这幅巨画揭开，则需要一定的调查研究和信息源。对我来说，哈勃望远镜及其在轨服务这个项目是从 20 世纪 70 年代开始的。那个时候，我开始收集航天飞机舱外活动的相关信息。在望远镜的部署以及一系列的在轨维修任务之后，我在接下来的 20 年内收集和整理了更多的细节。

到了 20 世纪 90 年代后期，我已经收集了足够的信息来做一次讲座。于是在之后的几年，我在英国中部的一些天文协会中，做了主题为“保持对宇宙的关注：哈勃望远镜在轨服务任务”的演讲。

有时候灵感会发生在看起来最不可能发生的地方，这真的很神奇。1996 年，我在德国的一家葡萄酒国际公司担任葡萄酒代表，在那里我参加了家用和商业的葡萄酒品尝会。在这些会面中，如果能对希望向你下订单的那些人有所了解的话，是会有帮助的。另外如果能讲一讲自己的背景，也会有所帮助。在访问莱斯特的一个家庭时，我了解到他们家的儿子，作为航天飞机供应商的一名雇员在美国工作。实际上，他正在为第二年的哈勃维修任务做筹备工作。当得知我对太空项目很感兴趣时，这对夫妇额外给我提供了大量的新闻稿和其儿子发来的其他信息。正是这次拜访，激发出了我对未来开展一项研究的想法。显然，这一家人为他们儿子能够参与航天飞机的项目感到非常自豪，尽管这只是很小的贡献。不过，他们也明白，没有这点贡献，太空任务中的有效载荷就不会准备好，航天飞机也飞不起来，而望远镜也是修不成的。我对他们说，总有一天，我会为哈勃望远镜的在轨服务写点东西，讲述那些在背后默默支持这个项目的人；并告诉人们，他们的工作与飞上天的航天员一样重要。在接下来的十年内，这个想法一直指引着本书相关课题的开展。

继 1990 年发射哈勃望远镜和 1993 年主镜维修成功之后，众多媒体的报道似乎已经体现出了接下来第 2 次或第 3 次维修任务的工作强度，但对于一些技术类期刊和密切参与这项计划的人，却是另一回事儿。每次任务的执行都与上一次同样重要，而且不管是成功还是失败，都是有助于下一次飞行任务的宝贵经验。

斯普林格同意把本书的故事分成两部分，很明显，就是 STS－61 的成功发射和第 1 次在轨维修任务这两部分。因此，第一个故事涉及的主题是“哈勃太空望远镜：从概念到成功”，内容将会描述航天员在轨维护太空望远镜的早期提议和进展，以及相配套的机构、工具和设施等。这个故事从早期的概念设计讲起，到设计的变更和资金问题的纠纷，到发射任务的成功完成，再到发现主镜缺陷问题之后的失望，以及为了实现在轨维修的许诺而承受的压力。这些经历可以通过 STS－61 得到充分的展现。

这本书讲述了第 2 次在轨维修任务筹备过程中的故事。尽管这次任务是在备受瞩目下进行的，但是所有乘组人员都对本次任务的重要性和最后的成功抱有很大信心。接下来会讲到在第 3 次在轨维修准备过程中所遇到的困难，当时人们都认为哈勃计划已经接近于严重失败，甚至于航天飞机的地面起飞也成为了很大的挑战。在把第 3 次飞行任务分解为 3A 和 3B 两次飞行之后，出现了很多争议。在 2003 年哥伦比亚号试图进行另一次维修任务之前和失败之后，这些争议一直存在。哈勃迄今所取得的成功，源自于政治和科学意义上的巨大影响以及由此引发的越来越显著的公众关注度，这些使得哈勃望远镜成为全世界广受欢迎的项目之一。因此，再一次恢复对哈勃望远镜在轨访问的发展势头很大。本书所回顾的哈勃望远镜计划的背景及所取得的成就远远不是哈勃计划的重点。从 5 次任务回收的硬件来看，还有很多方面可以深入研究。因为对这些材料的研究，将有助于改进未来航天器的设计和相应的飞行技术。

就在本书正在撰写之时（2015 年 5 月），哈勃仍然在轨正常运行，并向地球发回大量的宇宙观测信息。尽管它捕捉到的信息没有太多的新意，但是能帮助我们了解多方面的情况。比如，大型硬件设备怎样才能长期暴露在太空环境中，内部的组件如何能做到每天 7 个小时的工作，而且像哈勃这样坚持四分之一个世纪。这不仅对于现役的航天器（如国际空间站）意义重大，而且对未来几十年飞行组件、系统、结构等技术的发展都有着重要的意义。

哈勃太空望远镜的故事不单是体现在科学和天文，也不单是工程和技术，它体现了人类的不懈努力和坚强决心，也是对国际科研团队的一个肯定。这个团队既要使望远镜能在天上待几十年，又要分析获得的数据和结果，进而获得对工程的深入理解。这些分析研究，在哈勃望远镜关机并再入大气之后的很长一段时间内都将继续发挥作用，当然哈勃现在一直在避免出现再入坠毁的那一天。这个故事不仅仅是关于航天员和天文学家，也不仅仅是飞行器操控人员和工程师，它是关于哈勃项目中的数百名工作人员。是他们每个人的一点贡献，共同完成了这项大计划，并把哈勃放在太空中以提升我们对于宇宙的感知和理解。

戴维·J·谢勒，FBIS
天文信息服务有限公司主任
www.astroinfoservice.co.uk
英国西米德兰兹郡哈利素文市
2015 年 5 月

致　谢

正如本书姊妹篇的标题“哈勃太空望远镜：从概念到成功”反映出的，“这是一个意义深远的项目，涉及到许多人的支持和合作，而这些人的名字也将镌刻在关于哈勃太空望远镜项目的历史书里。”因此，我要加倍感谢在这个项目中提供帮助的那些非常有才华和敬业的人，他们的援助使得原先提案不断得到扩展和补充。

首先，我必须向援助或者协助我编纂这两本书的人表示感谢。既要感谢那些为我提供信息和回忆录的人，也要感谢那些为我指明方向的人。还有一些人为了本书的出版而不辞劳苦地工作，在此一并表示感谢。

我要感谢一些前航天员们，他们不时地为我提供他们在执行哈勃望远镜维修任务时的非常个性化的回忆，也向我讲述航天员“真实”的工作对于他们意味着什么和需要什么。关于哈勃任务，我要感谢史蒂夫·霍利。他不仅对如何“成为一名机械臂操纵师”做出了有价值的解释，并且为本书作了序。史蒂夫还与布鲁斯·麦坎德利斯一起提供了望远镜部署任务的个人回忆。我要感谢 STS-61 的飞行梯队成员：迪克·科维、汤姆·埃克斯、杰夫·奥夫曼和斯托里·马斯格雷夫；还有 STS-82 飞行梯队成员：史蒂夫·史密斯、乔·坦纳，还要再次感谢史蒂夫·霍利对我的问题做出了有价值的回应。我还要感谢迈克·福尔和欧洲的航天员让-弗朗索瓦·克莱瓦为我提供慷慨的支持。感谢 STS-109 成员吉姆·纽曼和迪热·凯里为我提供了非常有趣的关于他们在第 4 次维修任务中的角色和经历的见解。查尔斯·肖为本书撰写了后记，对此也深表感谢。

对我研究有帮助的其他航天员还有鲍勃·克里平和纳尔逊，他们解读了早期航天飞机的交会对接和太阳峰年卫星的服务工作，这些都是哈勃任务的先驱。还要感谢保罗·理查兹，他介绍了自己曾经为哈勃开发维修工具的角色，而在此之后的 2001 年，他成为了航天员并且在国际空间站上同样使用了那些工具。

我们也得到了来自马里兰州戈达德航天飞行中心公共事务办公室的巨大帮助，特别是苏珊·亨德里克斯、林恩·钱德勒和阿德里安娜·亚历山德罗。同样是在戈达德，我还得感谢一些人，他们为我提供了关于哈勃服务背景的见解，他们是普雷斯顿·伯奇、乔伊斯·金、本·里德、艾德·雷扎克、艾德·张、阿尔·韦尔纳基亚和拉斯·韦内特。

在约翰逊航天中心（JSC），感谢罗伯特·特维诺讲解了出舱任务支持团队是如何发挥作用的。前飞行主管和哈勃任务主管查克·肖讲述了他在休斯敦做飞行控制以及支持哈勃维修工作的大量细节。我要感谢 JSC 公共事务办公室的工作人员，原就职 JSC 历史办公室、现在就职克利尔莱克大学的雇员，同时还要感谢莱斯大学图书馆、沃斯堡的 NARA、JSC 静态照片和音频图书馆、KSC 媒体服务处提供的各类馆藏，多年来，他们一直支持着我的研究，包括这个项目早期的一些工作。这些人员包括：艾琳·霍利、芭芭拉·施瓦茨、戴夫·波特里、格伦·斯旺森、杰夫·卡尔、詹姆斯·哈茨菲尔德、珍妮特·科瓦塞维奇、乔伊·佩尔兰、琼·费里、玛格丽特·伯辛格、莉萨·巴斯克斯、黛安娜·奥姆斯比、乔迪·罗素、迈克·金特里，以及凯·格林特。并且，我要感谢艾德·亨格费尔德为我提供的一些信息例证。另外，还要感谢美国国家航空航天局（NASA）指挥中心历史办公室的李·赛格斯尔、罗杰·劳尼厄斯和比尔·巴里，谢谢他们多年以来对我工作的支持。

感谢洛克希德公司的安德烈亚·格里纳、巴迪·纳尔逊和罗恩·谢菲尔德。我必须得感谢欧洲空间局（ESA）的卡尔·沃克和拉瑟·格拉克，谢谢克劳德·尼科尔为我提供的协助。我对 BAE 系统公司霍克西德利动力学分部的约翰·戴维斯深表感激，感谢他提供的关于轨道天文台计划的信息。我得再一次感谢苏珊·帕里和英国伦敦星际协会的工作人员，使我能够查阅到他们图书馆的档案。我必须要向 Spacefacts. de 的安德鲁·布朗和乔基姆·贝克尔以及 Astronautix. com 的马克·韦德表达谢意，感谢他们允许我使用一些图片。除非有特殊说明，本书中所有的图片都来自于 NASA 和 AIS。

在本书出版方面，我要感谢英国 Praxis 的克莱夫·霍伍德，纽约斯普林格的诺拉·罗恩和莫里·所罗门以及项目编辑戴维·M·哈兰的专业指导和他的努力和耐心。这些项目都并非易事。我还要感谢吉姆·威尔基，将我对封面的构思转化成了实际的成品。

感谢我亲爱的妻子，谢谢她很努力地记录大量采访音频和扫描大量的书籍。我还要感谢我的母亲，读完了整本书并提供了宝贵的建议来改进手稿。我还必须向她们两位致以诚挚的歉意，在数星期内，她们为了我的工作而放弃了房子装修、外出游玩和家庭聚餐等活动。最后，还要跟我们可爱的牧羊犬詹纳说声抱歉，因为我错过了好多次跟它出去散步的机会。

对所有的人，都献上一句深深的感谢！

序

STS－61 任务也即“在轨服务任务－1”的成功不仅使哈勃太空望远镜的光学性能恢复到预期的原有水平，而且还证明了航天员在轨服务是可行的。STS－61 承担的只是在轨维修任务，而 STS－82 所执行的“在轨服务任务－2”则是为了望远镜的升级。其主要目标是安装两台新的科学仪器，并把原来的卷盘式磁带存储设备更换为固态存储器，以提升数据存储能力。在 STS－82 飞行任务完成后，人们一直比较担心，因为 NASA 刚刚“逃过”了哈勃太空望眼镜主镜缺陷而带来的灾难，而且既然望远镜现在已经运转良好，也许保持它现在的状态不去动它是更好的选择。但是，通过不断升级仪器可保持望远镜拥有最先进的水平，并能够最大限度地提高科学投资回报率，人们又认为这样做的风险是可以接受的。

首次维修后的第一代太阳能电池阵列是其中的一项风险因素。正如我们在第 2 次在轨服务任务中所准备和训练的一样，我们知道太阳能电池阵结构的完整性将是一个关键点，如果阵列出现损坏，我们将无法在航天飞机上进行更换。持续的静态扭转使得电池阵列需要在整个服务任务中一直保持展开姿态。而这样会影响 RMS 和出舱飞行梯队人员之间的安全距离，而且也需要将 RMS 机动或者因出舱任务而引起的负载最小化。此外，还需要开发一种新的轨道提升技术，使得在提升望远镜轨道的时候不至于对电池阵列产生过大的载荷。

当我们到达望远镜所在位置时遇到了其他的惊喜。当我们捕获望远镜并能够对其实施检查时，我想到自从上一次在 STS－31 上见过它，至今已经过去 7 年了，而它现在看上去似乎是“饱经风霜”

的样子。出舱所用的黄色扶手看起来像被烧焦了。由于微流星体和轨道碎片的影响，太阳能电池阵上有许多小孔，在一个高增益天线上有一个更大的孔。望远镜朝阳面上的多层隔热材料看起来很脆，在很多地方都脱落了。不过现在看来，之前详尽的准备和好几个月的训练都是值得的，这些准备使我们能够完成这次预定的升级和维修任务。尽管外观有受损，但望远镜还能正常工作。

在 STS－82 任务之后，我在在轨服务任务中的角色由飞行梯队成员变成了哈勃太空望远镜方案的飞行梯队成员和任务管理层的代表。管理层负责任务的准备事项，并在在轨状态下出现意外情况时做出决策。我们的工作是让所有飞行梯队人员集中精力完成他们需要完成的任务，与此同时，我们还需要搞清楚如何应对任何可能出现的问题，包括在必要的时候为飞行梯队制定新的计划或程序。例如，在 STS－109 任务发射后不久，氟利昂冷却剂回路就出现了一个问题。按照飞行规则，氟利昂回路失效时应当终止任务。但我们能够对当时的状况进行判断，包括实际的热负荷和冷却能力，以及在更糟的状况下能够采取的备选措施，所以我们决定将任务继续下去。就是在那次任务中，飞行梯队人员成功安装了 ACS 仪器和一套新的太阳能电池阵。STS－103 任务中，在更换失效的陀螺仪和安装新的计算机之后，基于对“Y2K”问题的高度警惕，任务管理组决定取消最后的舱外活动，以保证为 1999 年 12 月 31 日之前着陆提供一定的时间裕度。

现在，作为天文学教授，我会跟学生们分享我在太空中与哈勃望远镜在一起的经历以及关于它的最新科学成果。然而，当我们在庆祝望远镜发射 25 周年时，我才意识到，据我学生所知，望远镜一直还在太空中。但是他们根本不知道，为什么哈勃会成为有史以来最重要的科学仪器。于是我给他们讲，1946 年莱曼·斯皮策博士的论文指出了将大型望远镜放在太空中会带来的好处。在接下来的 20 年里，这一设想被有影响力的天文学家们反复强调，以此来寻求必要的政治支持。NASA 在 1973 年开始对大型太空望远镜的 A 阶段做研究，国会于1977年批准这项计划，标志着全新征程的开启。经过13年的试验和发展，为纪念埃德温·哈勃而命名的望远镜于1990年发射。在之后的19年内，航天飞机的5次飞行任务铸就了今天太空中的哈勃望远镜，与STS-31任务发射它的时候相比，现在的这台望远镜性能更好，是一台最先进的望远镜。

我希望我的学生能够明白，哈勃并不是一蹴而就的，是很多事物一起才造就了它，有人们的愿景、拥护、敬业、坚持、技能、团队精神、领导力、勇气等。正是由于许多人的努力，哈勃望远镜已经革新了我们对于宇宙的理解，并将在未来几年内继续发挥其作用，而它产生的数据存档甚至会在未来的几十年内发挥作用。虽然航天飞机计划已经停止运行，但是一些相同的技术特性将有利于其他技术途径的发展，使得人们可以利用当前新发展的发射技术来对望远镜继续进行在轨维护。

史蒂夫·霍利博士
天文学和空间物理学教授、航天工程学教授
堪萨斯大学工程物理系主任
NASA航天员（曾参加过航天飞机第STS 41-D，61-C，-31，-82及-93次飞行任务）

序图-1 史蒂夫·霍利穿着 NASA 研制的在轨工作服，展示了代表他 5 次航天飞机任务的徽标，最突出的是他的两次哈勃在轨维护任务：STS-31（在他的右胸上）和 STS-82（在他左臂的国旗之下）

序图-2　2009年5月，这是最后一次在航天飞机上的舱外活动，也是对哈勃望远镜进行的最后一次在轨维护，标志着一个时代的结束

这项研究是为世界上各个角落的哈勃拥护者而写。特别是为了回顾从地上到太空中为哈勃工作的人，本书呈现他们的工作、技能和奉献精神，也会讲到他们的家人，是他们的家人允许他们将本应在家中度过的时间奉献在工作上。

谨以此书纪念安德鲁·萨蒙（1961—2013 年）。

献给热爱这项课题的同行作家和业余天文爱好者，以及那些提供大量建议和指导还有为后续专著提供帮助的朋友们。

目　录

绪　言

1994 年 1 月 14 日的约翰逊航天中心报纸 *Roundup*（第 33 卷第 2 期），以图片的形式庆祝了刚刚成功的第 1 次在轨维护任务，并称 STS－61 飞行梯队成员在哈勃望远镜项目上的成功为“卓越的努力”。从首次发射部署开始共历经 4 年，通过 5 次出舱活动之后，望远镜才得以全面投入使用。

在 1990 年 4 月哈勃望远镜搭乘 STS－31 发射之前的 40 多年内，科学家们已经对卫星轨道上放置光学望远镜的概念非常感兴趣，因为这能够克服大气层带来的天文观测局限性。经过几个令人担忧的时刻之后，望远镜最终还是被飞行梯队成员们部署到太空中。在航天员返回地球之后对其进行的检查中，却发现主镜存在球面像差缺陷。造成的结果是获得的大部分图像质量较差。主镜缺陷不是由于飞行梯队人员的过错造成的，而是在几年前制造时出现的问题。经历了 20 多年的推动和期待，还有各种延迟和预算争执之后，望远镜的顺利升空对人们来讲是一种安慰，然而当发现主镜缺陷之后，又是巨大的挫折和失望。对于 NASA 来讲，这也是一个巨大的尴尬，因为航天飞机曾一度因为轨道器氢燃料的泄漏而很难继续执行发射，而且之前还跟已经计划的自由号空间站有预算上的冲突。

唯一一丝希望是，按照之前的设计，望远镜可以通过航天飞机航天员的舱外活动进行在轨维修。但是问题是之前主镜片没有考虑作为维修的对象，而且几年之前，将望远镜返回地面进行维护和升级的选项也已经取消。就在这绝望的时刻，NASA 费尽了各种心思，并想出了一个解决方案：设计一套巧妙的反射镜，以某种方式反射图像，进而修正图像的扭曲。NASA 也在为着手克服航天飞机的问题而努力，已争取将原来计划的第一批在轨服务的航天员再次送到望远镜旁。空间站问题的解决仍需要更多的工作，但是之前为望远镜服务的出舱工作也将为以后空间站的出舱任务提供有价值的信息。

1993 年 12 月的第 1 次在轨维修任务（STS－61）修复了哈勃望远镜，从而获得满足任务要求的图像质量，NASA 迎来了又一次的情绪高涨。1994 年 1 月，在完成对望远镜的光学性能及包含仪器的工程校准和检测的五周之后，NASA 正式宣布哈勃望远镜全面投入使用。“COSTAR 组件包的安装已经修正了这些图像，可以同工程上所能达到的一样完美，而且符合物理学的定理”，空间望远镜科学协会负责该项组件包的团队领导吉姆·克罗克在 1994 年 1 月 21 日 *Roundup*（第 33 卷第 3 期）的报上这样表述。自从阿波罗时代以来，STS－61 被称为最具挑战且回报最大的任务。在回顾 NASA 的黄金时代时，空间望远镜协会的克里斯·伯罗斯博士曾这样说：“对于主镜来讲，这是一个小变化，但对于天文学来讲，却是一个巨大的飞跃。”

正如在本书姊妹篇《哈勃太空望远镜：从概念到成功》的最后所回忆的一样，那时 NASA 局长丹·戈尔丁曾在 *Roundup* 报上这样说：“这是传奇般的两段成功故事的第二段。上个月，世人在惊奇中目睹了航天员连续完成一系列前所未有的、令人难以置信的出舱活动。现在，我们已经能够看到航天员乃至全体 NASA 团队的工作所产生的实际成果。”

担任经费委员会主席的芭芭拉·A·米库尔斯基（D－Md）参议员高兴地讲到：“航天员、天文学家、科学家和工程师组成了哈勃团队，对他们来讲，这是多么巨大的胜利！他们一起把美国的科学技术推向了 21 世纪，并带来了令人振奋的使科学和经济进步的新机遇。”

曾指挥部署哈勃望远镜任务、之后在肯尼迪航天中心管理发射一体化的前航天员洛伦·施赖弗曾说，第 1 次在轨维护任务的成功，“开启了我们所期望的全部的宇宙观测范围，也证明了这一项目具备预期的价值；如果要让望远镜工作 15～20 年，那么每隔几年就需要执行一次在轨维修任务，而我们已经证明了这样的想法是可行的。”施赖弗也强调了使 STS－61 任务成为可能的三个要点：第一，在计划的最初阶段，望远镜本身被设计成能够接受在轨维护和修理；第二，庞大的地面和训练队伍注重细节培训；最后，机器人的意义重大，特别是 RMS 远程操作系统降低了任务的难度。施赖弗还指出：“所有这些工作对于空间站上的操作也是同等重要的，因为当我们设计一些在太空工作的器件时，如果能够参考哈勃望远镜的经历并把它做好，那么这将使得任务变得容易。”

想到为 STS－61 的在轨操作工作做准备的两年多时间，飞行训练的管理员道恩·托马斯承认：“一项出色工作的完成会使我们非常有成就感。我们可以看到任务的成果，并且发现用于训练的时间和努力都是值得的。”直到望远镜获得的图像传回来，并证实主镜的缺陷已经修复，STS－61 才可以确认为全面的成功。在轨服务概念的成功验证具有非常深远的应用意义，不仅是对于以后哈勃的维护，还会对空间站或者其他的任务产生重要影响。几个月之后，更多的哈勃维护团队被授予了荣誉，来自 NASA 各中心、供应商和支持团队的 40 多人和 27 支队伍因为他们为第 1 次哈勃维修任务的成功作出的贡献而获得认可。

在总结 STS－61 的成功之后，丹·戈尔丁总结了 STS－61 哈勃服务团队的奉献精神，而且这将成为未来 15 年的典范。“项目团队中的所有人都把自己的努力贡献出来。他们从未动摇心中的信念，始终认为哈勃太空望远镜将会是全世界真实的财富。”

哈勃已经从 NASA 的尴尬转变为不仅是国家财富，还是全世界的财富，如果这不算是一夜之间发生的话，那也是在 STS－61 任务的执行过程中发生的。最终，在太空中有了一个在轨光学设备，可以揭示比以前多很多的关于宇宙的信息，实际上也是关于我们人类自己的信息。但是要做到这一点，哈勃就必须在设计上能够进行长期的升级和维护。STS－61 任务仅仅是一个高要求计划的开始，不仅要维持望远镜的运行，而且还要升级仪器，使其能够继续产出最前沿的科学成果。

在 STS－61 任务执行过程中，下一个维修任务的计划已经开始制定，而事实是这次计划真的在之后执行了。从 1997 年 2 月至 2009 年 5 月，一共执行了 4 次在轨维护哈勃的任务。他们修复了系统、更换了仪器、维护了性能不再先进的望远镜，并检修了许多小问题，也对其在轨退化的情况进行了照相记录。对于未来的望远镜、空间服务技术和国际空间站来说，所有这些都是极其重要的信息。每一名飞行梯队成员都为自己对整体努力所做的小贡献而感到非常自豪，并且鉴于望远镜是国家的财富，每个航天员也被明确地叮嘱过，绝不能破坏它。而在地面上，数十名的工程师、科学家、管理人员和其他工作人员，对每一个要送到望远镜的新部件和从望远镜返回的旧部件的每一个细节都处理得小心翼翼。有太多工程上的经验和理论需要去学习，以至于需要花费很多年的时间来分析和应用它们。

为了确保望远镜年复一年地履行承诺，而投入数年工作（在许多情况下是整个职业生涯）的人们被亲切地称为“哈勃拥护者”。由于航天飞机已经退役，而且目前也没有其他的在轨服务或返回地球的能力，所以哈勃时代的黄昏即将到来。因此，现在将哈勃飞行四分之一世纪背后故事的一部分记录下来是合适的。

如果要说哪一个飞行硬件进入了太空并获得了广泛的认可和承认，那么它就是哈勃太空望远镜。世人可以很容易地联想到由哈勃望远镜获得的惊人图像。科学家们对于科学的探测是非常渴望的。但是，哈勃望远镜的真正成功之处在于最初的决定，一开始就把它设计成为可以进行在轨维护的设备。这种能力多次拯救了它，不仅升级了它的仪器，还延长了它的寿命，而且远远超出了设想的寿命。航天员的才能和奉献，加之巨大的地面团队的支持，也造就了哈勃望远镜的成功。

正如丹·戈尔丁所说，哈勃的故事可以分为不同的阶段讲述：首先是望远镜的设计和制造，然后是筹资和发射，使它在太空中可以得到在轨维护，最后去验证这一设想，这就是本书的姊妹篇——

《哈勃太空望远镜：从概念到成功》的主题。从 1994 年到 2015 年春天，本书所讲述的仅仅是其中很小的一部分，书中描述了望远镜在超出其原有使用寿命的情况下运行并对其进行升级的挑战，而这项工作使得在最后一次在轨维修的飞行梯队人员返回地球之前，望远镜仍然具备比之前设计者所预想的更强大的性能。这些努力及其带来的成功使哈勃从一个默默无名的空间设施变成了人类自豪和热爱的对象。哈勃望远镜在其一生中已成为了国际利益、科学价值和世界头条的来源，它不愧是美国的“国宝”。

如同之前的旅行者号，哈勃的长寿命在轨运行和成功，再加上它的仪器所拍摄的惊艳图像，造就了它的强大吸引力和人们对它日益增长的喜爱。对那些有幸直接从事这项工作，并不断加深人们对于哈勃感情的人来说，他们不仅因为是太空历史的一部分而感到自豪，还作为一支攻克众多难关的团队一员，使得太空历史书卷能够书写出对于这项完美工作的热烈赞美。

第 1 章　在轨服务任务 SM－2

与第 1 次在轨服务不同，第 2 次在轨服务任务的关键点不是修复哈勃而是升级哈勃。

——史蒂夫·霍利，STS－82 任务专家

继 1993 年 12 月，哈勃望远镜首次在轨服务任务取得成功之后，主流媒体的关注点开始转向即将到来的美国航天员飞往俄罗斯和平号空间站的任务以及美国空间站向国际空间站的转变。原来的美国空间站仅仅是与几个国家合作，但国际空间站是完全国际化的，并且可以使用一些原本计划用于和平号空间站－2 的硬件。由于苏联解体，原先的和平号空间站－2 计划被中止了。为了迎合访问和平号空间站和国际空间站的使命，NASA 不得不牺牲航天飞机计划中的一些其他科学任务。几个空间实验室的加压模块和货盘任务都从任务清单中取消了，但是对哈勃望远镜的 3 次（也有可能是 4 次）服务任务计划依然坚定地留在了清单上，尽管对它们发射任务的筹备与以往一样具有挑战性。

1.1　遭遇难题

与第 1 次在轨服务任务相比，第 2 次任务的进展和媒体报道的明显不同。因为在第 1 次任务开始之前，哈勃已经出现了故障，所以可想而知那次任务具有紧迫性和极高的公众关注度，而现在哈勃已经恢复了它全部预期的性能。第 1 次任务总是要面对很多困难，SM－2 任务也是这样，但是 STS－82 飞行梯队和地面团队已下定决心去迎接这份挑战。

图 1－1　支持每次在轨服务任务实施的展现团队合作意义的 SM－2 任务徽标

1.1.1　飞行梯队选拔

1995 年 5 月 31 日，NASA 确定了执行第 2 次哈勃在轨服务任务舱外行走的乘组人员，他们将于 1997 年年初搭载发射[1]。为了提早开始舱外行走训练，执行任务的乘组人员接收到指派的时间比其他乘组人员都要早。他们是约瑟夫·R·坦纳（MS1 和 EV4），格雷戈里·J·哈博（MS3 和 EV3），马克·C·李（MS4，EV1 以及有效载荷指令长），和史蒂夫·L·史密斯（MS5 和 EV2）。4 人分成两组，李和史密斯被分在第 1 次、第 3 次和第 5 次（如果需要的话）出舱活动，哈博和坦纳被分配到第 2 次和第 4 次出舱活动。为了在下载的视频和照片中便于识别他们每个人，李穿着带红色条纹的服装，坦纳穿着带斜对角红色条纹的服装，哈博穿着带不连续红条的服装，而史密斯的服装则没有条纹。

接下来就该确定其他乘组人员了。1996 年 2 月 29 日，在 NASA 担任过多个管理职位的史蒂夫·霍利又重新成为了航天员。他被指派为 STS-82 乘组中的 MS2。除了担任飞行工程师在飞行驾驶舱内协助发射和入轨以外，他还将负责操作 RMS。此后，在 1996 年 3 月 15 日，NASA 任命了指令长肯尼思·D·鲍尔索克斯和飞行驾驶员斯科特·J·霍罗威茨，进而确定了所有乘组人员[2]。

图 1-2　在轨的 STS-82 乘组人员（从左至右）：坦纳、霍利、李、鲍尔索克斯、史密斯、霍罗威茨和哈博。乘组人员在轨合影是一项传统，这是在完成 5 次出舱活动之后拍摄的。乘组人员手中举着的标志以及衬衫上印的来自哈勃的照片，是在向哈勃望远镜以及地面的控制团队致敬

1.1.2　经验和技能的组合

跟上一次一样，这次任务的乘组人员也是经验丰富的。他们有 15 次飞行经历并经历 2 次出舱活动。肯尼思·D·鲍尔索克斯于 1987 年 6 月入选为第 12 组航天员候选成员之一。他作为飞行驾驶

员，分别执行过 1992 年的 STS - 50 和 1993 年的 STS - 61。大概不到 6 个月以前，他作为指令长参加了 STS - 73 任务，而在本次任务中他将第 2 次担任任务指令长。霍罗威茨在 1992 年 3 月加入航天员团队（第 14 组）。他在执行完 STS - 75 任务且返回仅仅一个星期之后，就被任命为 STS - 82 的乘组人员。在飞行驾驶舱内协助其他两名飞行驾驶员的是史蒂夫 · 霍利，他是一名有着 18 年经验的航天员（从 1978 年开始，第 8 组），他在 6 年前参与了部署哈勃望远镜的 STS - 31 任务。他还在 1984 年的 STS - 41D 和 1986 年的STS - 61 - C 中担任飞行任务专家，这些都给他增添了丰富的经验。

舱外活动乘组由马克 · C · 李领导，他是 1984 级（第 10 组）的航天员，参与过的飞行任务包括 1989 年 STS - 30、1992 年 STS - 4 和 1994 年 STS - 64，并且在哈勃望远镜部署以前就参加了该项工作。将跟李一起执行两次或者 3 次舱外任务的是史蒂夫 · 史密斯，他在 1992 年与霍罗威茨一起进行航天员训练，并且参加了 1994 年的 STS - 68 任务。格雷戈里 · J · 哈博和鲍尔索克斯一起被选为航天员，并参与了 1991 年的 STS - 39、1993 年的 STS - 54 和 1995 年的 STS - 71。和他们一起参加本次任务的乔 · 坦纳是 1992 级（第 14 组）的航天员候选成员，并参与过 1994 年的 STS - 66 任务。

对于霍利和鲍尔索克斯两位老兵来说，这将是他们的第 2 次哈勃任务。霍利曾参与哈勃望远镜的部署任务，而鲍尔索克斯参与了哈勃望远镜的第 1 次在轨服务任务。因此，他们的经验和知识非常有助于这一次飞行任务的准备。特别地，霍利是 STS - 31 的 RMS 主操作员，而鲍尔索克斯曾是 STS - 61 上的 RMS 操作备份岗。哈博同样具有跟哈勃相关的任务经验，他曾担任 STS - 61 的备份出舱航天员和舱体通信员。

7 名航天员在此之前从未有过一起飞行的经历，但是霍罗威茨、坦纳和史密斯曾被选为同一航天员小组。作为一个乘组，他们为飞行任务带来了各种技能的搭配。李和哈博都参加了为哈勃和空间站项目做准备的出舱模拟测试，而且李是第一个测试飞行非绳系SAFER（舱外简易救援装置）机动单元的航天员。这些已有的飞行经验，使得他们两个能够指导其他执行出舱任务的新手同行。

1.1.3 哈勃的圣经

当史蒂夫·史密斯还是一个小孩子的时候，他就被 Jacques Cousteau 电视节目里的海底世界和早期太空任务深深吸引。那时他曾画过正在出舱活动的航天员，想不到有一天他自己也会这样做。他说："很多孩子并不知道他们想做什么，但我是知道的。[3]"

1989 年，史密斯加入了 NASA，并担任有效载荷工程师，他相信这一经历在他成为航天员之前是非常宝贵的。在第二年春天执行 STS－31 任务时，"我是任务控制后台的一名实习生，所以我并没有承担主要角色，但是我负责监控并帮助解决所有哈勃通信系统以及它与航天飞机之间通信所出现的任何问题，所以管理数据处理系统是我所担负的责任。"从进入 NASA 第一天开始，史密斯就跟随杰夫·汉利并由其指导，那时杰夫·汉利已经担任航天飞机飞行主管，后来又成为星座项目的管理者。汉利向史密斯解释了航天飞机和哈勃望远镜的通信系统是如何工作的。他还撰写了《哈勃货物系统手册》（哈勃－CSM）。史密斯指出，"这本书的信息量非常庞大，包含了大量的图表。在联合飞行期间，所有操纵航天飞机和哈勃望远镜的人都使用过这本手册。它成了一本货真价实的'哈勃圣经'。"

史密斯在 STS－31 从事操作层面的工作，使他对设计和建造宇宙飞船的人产生了莫大的尊崇，他们的工作是整项任务中最主要的，而航天员相当于"长枪的尖端，我们只是按照制造飞船的人的指示去做罢了"。史密斯在飞行后，在对这些工作人员的演讲中鼓励道，他是极少数的能在这个跷跷板两端都工作的人，即后援方和飞行驾驶员两方面。他说，"我可以告诉你们，支援性的工作比我们航天员的工作要辛苦得多。"他指出，当在执行许多出舱任务时，人们可以听到航天员大声地数数字。那是因为他们在飞行前已经接受过指示，要把一个螺栓拧 8 次，而且他们得数 1、2、3…一直拧到那个螺栓所需要的转数。“为了拧螺栓而数到 10、16 或者更长的转数，那是我整个出舱活动过程中最困难的部分。但螺栓不是我设计的，不是我制造的，也不是我采购的，我只是拿到螺栓，并被告知要把它转 16 次而已。不管怎样，在我眼里这真是个很好的例子，它表明了与其他人一起协作相比，航天员的工作是多么的简单。”但有些时候，会发生计划以外的事情，这也会是飞行后汇报的重要参考信息。正如史密斯所指出的，当一个问题发生时，就必须及时进行处理。“我们会面临各种各样计划之外的事情，所以你会说‘嘿，我只给螺栓拧了 4 圈，这样可行吗？’有时候是可以的，但有时候却不可行。”

1.1.4　一切源于基因

史密斯于 1992 年成为航天员，并于 1994 年第 1 次在 STS－68 任务中进行太空飞行，在此之前他接受过紧急出舱训练。他曾希望在第 2 次飞行中能够真正参与到出舱活动中，也很希望能飞抵哈勃望远镜，因为那时空间站计划还要再等几年。“我的梦想就是执行出舱活动。在那个年代，出舱活动的任务非常罕见，但我还是很有希望的。鲍勃·卡瓦纳打电话给我，告诉我执行 STS－82 任务时，我当然是非常的兴奋。”

史密斯和另外一位执行出舱的新秀乔·坦纳一起，拜访了 EVA 办公室的负责人——曾在 STS－82 中担任有效载荷指令长的马克·C·李，感谢他在任务分配上带来的影响和帮助。因为最终的训练报告获评优秀，所以史密斯大概早就想到了是他。不过，李先生告诉他们，选择他们的原因之一是因为他们身材很高，所以他们不必为得到这项任务而感到兴奋。因为在哈勃望远镜上有一些任务需要长臂的人来完成。“所以马克真的为我的热情和骄傲泼了一盆冷水。我想，那好吧，我得打电话给我的父母，感谢他们把我生得这么高。”航天员被选中的秘密是什么呢？至少对于史密斯和坦纳来说，这些都是基因所决定的！

图 1-3 在 STS-82 TCDT 期间，位于佛罗里达州肯尼迪航天中心的乔·坦纳和史蒂夫·史密斯

1.1.5 管理职位

在执行 STS-31 任务之后，史蒂夫·霍利在加利福尼亚的 Ames 研究中心担任了管理职位，但在 1992 年又回到了约翰逊航天中心（JSC）。他在 2003 年的口述历史中解释说“在 Ames 工作期间，我不清楚我长期想做什么，也不确定我的兴趣点在哪里。”[4] 他对从事科学管理的前景感到很兴奋，但是还没有准备好真正地离开执行层面的工作。他曾想去肯尼迪航天中心，或者去华盛顿的 NASA 总部工作，但他最终还是决定成为 JSC 的飞行乘组运营部副主任，并认为“那会很有趣”。管理岗的角色对霍利来说并不陌生，因为他曾于 1984 年和 1985 年担任过飞行运行管理局（FOD）主任的技术助理，也在 1987—1990 年担任过航天员办公室的副主任。虽然离开 Ames 有点不情愿，但他还是很高兴能重返执行组工作。

霍利作为 FOD 副手的任期内，赶上了 STS - 61 的筹备阶段，也就是第 1 次哈勃在轨服务的任务。他参加了很多会议，清楚这个任务的所有部分是如何组合在一起的。他完全明白整个任务所面临的风险。“通常情况下，主任应该在发射场作为飞行乘组操作人员的代表，并在发射过程中坐镇控制中心。无论出于何种原因，也许是因为我对哈勃很熟悉，主任当时并没有去，但我得去。”霍利对于能够以这样一种个人的方式成为望远镜发射以及第 1 次在轨服务任务的飞行梯队人员之一感到荣幸。但个人参与行动和决策的自豪感有时会被他的新角色所面临的现实及调整所冲淡。他回忆起一次去发射控制中心（LCC）执行另一个任务时，预计的发射时间是凌晨 3 点，那时他一整天都在忙碌。这可能已经是第 2 次或第 3 次尝试将运载器发射出去。“我记得我一度坐在原地，心想到，‘老天啊，累死我了’。”但紧接着，他又意识到：“在这个国家或者世界上的所有人当中，只有我们这10～15 个人被允许待在这个房间里做这些事情。突然之间，我觉得忙碌一整天甚至工作到凌晨 3 点，似乎也没什么大不了的。我为能成为在这里工作的一分子而自豪。”

霍利没有想过自己还能再次执行飞行任务。但有一天，他在飞行乘组运营部主任戴夫·利斯特马的办公室，被问到是否想在下一次哈勃任务中担任操作手。他本来没有这样的计划，这也不是他积极追求的东西。但是他心里明白，只要回到 JSC，在情况允许的条件下，他将有机会再次飞行，而且其他人也都认为他非常适合执行这次飞行任务。霍利说他愿意接受这份任务，但他想先询问下他的妻子。第二天，他签字同意了这次飞行任务，并且明确他参与本次任务，其管理工作将由几名副手临时代为执行。

1.1.6 训练

飞行任务专家的编号是由发射阶段的座次安排来确定的。显然，史蒂夫·霍利是 MS2/FE 角色最合适的人员，因为正如乔·坦纳所说，不使用出舱的人来担任这个角色是明智的。“然后我们说：‘好吧，发射的时候，谁愿意坐在飞行驾驶舱？’所以我说：‘我不介意这样做。’马克和格雷戈里都已经是第 4 次飞行了，他们也不在意这个。所以我说我真的想上去，史蒂夫·史密斯也表示同意。关于发射阶段的座次安排，我为 MS1，史蒂夫·霍利是 MS2，而第 3、4 和 5 的分配是基于坐在中间座舱上的位置而决定的。在做这些选择的时候也没有什么太多的科学依据。”[5] 坦纳喜欢蓝色，而这正好是 MS1、配套食物以及其他所有物品的颜色代码，所以在剩余的飞行阶段里，他成为了 MS1。“我应该在每一次发射模拟中出现，但是由于我们要在亨茨维尔进行出舱（EVA）训练，所以我并没有完成所有的发射模拟训练，这也影响了我们训练的效果。而且我不在的时候，史蒂夫·史密斯也会不在，所以一些发射和入轨的训练，只有 3 人组成的乘组来进行。”通常情况下，MS1 负责在上升过程中协助飞行驾驶舱飞行梯队里的指令长，而飞行驾驶员和 MS2/FE 进行程序呼叫和状态监测。但由于他们在这些方面已经经验丰富，而且出舱任务是最具挑战性的，所以这些飞行梯队成员决定放弃常规的 MS1 发射模拟，而是让他参加需求更大的出舱训练。

坦纳回忆说，在执行任务前约 18 个月，他和其他出舱乘员已经在“出舱活动模拟系统”训练过，而且在飞行驾驶舱乘组确定之前的几个月就得到了指派。到年底，其余的乘组人员已经被选中，但是他们直到次年年初才被正式命名。他们开始定期召开乘组会议，以制定每个人各自岗位角色的具体任务，包括把各项事务分解为主要或次要任务以明确任务优先级。常规训练和准备中还有更多个人独自完成的任务，例如准备和设计乘组的眼罩、衬衣、肖像、手表等。

坦纳说，“在我眼里，STS－61 任务是航天飞机项目的里程碑，因为它让我们知道了一些以前不知道的可以通过出舱来完成的事情。他们在如何训练、准备好身体及精神状态、如何筹备等方面进行了新的拓展。这个团队是由组织者斯托里·马斯格雷夫所领导的，他是一个细心的人，所以我们花了很多时间与他们团队合作或者并行单独做，从他们那里得到关于如何处理事情和如何训练的建议。这是一个非常可行的交流互动。汤姆·埃克斯和我之前就是好朋友，所以我花了很多时间和他谈论事情。很多经验可以从一名飞行驾驶员传递给另一位飞行驾驶员。在办公室和在戈达德所接受的课程培训，也得到了很好的吸收和掌握。”对此，坦纳回想不起任何真正惊喜的事，而霍利曾参与过哈勃的发射部署任务，之前还有一次在轨服务任务，鲍尔索克斯也参加了那次任务，并参与了交会对接阶段的具体操作。听之前经历过哈勃交会对接的同事讲述那些难忘的经历，对于乘组的其他成员来说是非常宝贵的经验传递。尽管如此，在出舱人员中，只有格雷戈里经历过以前的培训项目，可以说作为备份人员他已经接受了第 1 次服务任务的训练。他们相互交叉来训练不同的任务。正如坦纳所说，“你永远不会知道的”。但是“从来没有像‘我应该做这个，但是现在你得做这个’这样常规的训练。作为主力乘组，我们会去亨茨维尔开启作为主要人员的培训项目，然后去做备份训练；这不是整个培训计划，而是任务相关的其中一部分培训，以确保我们知道如何完成任务。这不是一个‘一对一’的事情，他们可能重复 5 次来完成一个特定的任务，其他人也许会重复 3 次。由于很多任务都是相似的，当与周围的乘员交换岗位时，我们很快就能确定是不是可行。”当然，这也有助于他们在飞行过程中的 IV 支持。当出现问题时，IV 飞行梯队人员已经在一定程度上对其进行了培训，所以就能熟悉这个任务，从而可以向主要的出舱人员来提出建议，以解决相应的问题[6]。

史蒂夫·霍利认为训练是“非常有成效的”。正如他在口述历史中所回忆的那样：“这是我第一次有机会与一个出舱飞行梯队人员和机械臂进行一体化训练。我们是在马歇尔航天飞行中心的水池里做高强度训练的最后一个小组。”就在接到任务的前不久，位于 Ellington 的 JSC 的新中性浮力实验室开放了，所以最后的训练是在那里的水池中完成的。霍利认为，在机械臂末端应该有一个真正的航天员，那么即使是在水下，对于他所要完成的任务也是很真实的训练，对于要出舱的人也是非常有用的。“我记得那是一个很棒的训练。”霍利早期的大部分遥控操纵系统（RMS）训练都是在模拟器上进行的，机械臂和哈勃是以计算机图形来呈现。但这次他是第一次用真正的哈勃模型，并在真实机械臂上和出舱飞行梯队人员来协同训练。在 9 号楼的操纵设备开发处（MDF），在具有较高精度的模拟后舱中，RMS 操作员可以使用一个高仿的机械臂来操纵仿哈勃外形的全尺寸氦气球和代号为“Gumby”的出舱活动模拟航天员，但霍利并不认为这样训练的感觉是真实的，“因为气球的动力学特性会有影响”。

史蒂夫·史密斯认为这个 EVA 训练非常棒，并表示如果他们能将这种训练改造成其他飞行模式，他们就会这么去做。哈勃的出舱训练任务量达到了 10∶1 的比率，有时甚至高达 13∶1。“你可以做到这一点的”，史密斯指出，“因为飞行梯队人员都很专注于这次任务，并清楚他们将要做什么。模拟器也足够小，具有很高的保真度，所以你可以做到这一点。当然，这是很理想的训练飞行的方式。”对于为哈勃服务或者组装空间站的任务来讲，飞行梯队人员的选择要在任务之前的 12～18 个月来确定，并且也要接受十分密集的训练。但是空间站常驻航天员不需要这样做，“因为那些人员很忙，他们没有太多的时间专注于出舱活动，而且他们还要往返于多个国家之间。”所以应该是从基于技能的培训过渡到更通用的技能培训。对于空间站的舱外任务而言，培训的重点是如何使用工具和处理某些紧急情况，这对空间站意义重大。而且空间站的任务周期有很长的跨度，可能会有几个月，那么一些专门的细节培训也是不切实际的。哈勃的在轨服务任务是在一定的时间压力下集中完成出舱任务，上述这些经验将有助于空间站组装任务的规划和训练，但对常驻空间站的任务来讲帮助并不大。“所以这不像阿波罗时代的航天飞机，那时我们计划什么就去准备做什么，空间站的出舱训练则基于更多的任务范畴，他们的训练任务量远不到 10、11、12 比 1。如果我没有记错的话，应该是 6 或 7 比 1。”

1.2 逐步接近发射

当飞行梯队人员正在接受训练时，STS－82 飞行硬件也正在肯尼迪航天中心（KSC）做着准备。STS－82 任务程序时间表见表 1－1。

表 1－1　STS－82 任务程序时间表

日期	事件
1995 年	
7 月 22 日	发现号降落在 KSC，结束了 STS－70 任务，连同保险装置一起被拖到轨道器处理设施（OPF）1 号厂房。在接下来的两个月中，OV－103 从该任务中解除配置，然后准备在加州帕姆代尔的罗克韦尔厂进入轨道器维护阶段（OMDP），以进行较大的改装
9 月 25 日	发现号被安置在 747 型航天飞机运载器（SCA）的顶部
9 月 26 日	SCA 搭载发现号离开加州 KSC，在得克萨斯州的 Fort Worth AFS 进行加油停留，然后在犹他州的盐湖城国际机场停留一晚之后，第二天抵达 Edwards AFB
9 月 29 日	作为常规升级计划的一部分，OV－103 抵达 Palmdale 厂进行改装和彻底检查
1995 年秋天	发现号开始了在加利福尼亚州帕姆代尔 9 个月的 OMDP 阶段。在这段时间内，它配备了第 5 套低温舱和外部气闸舱，以支持国际空间站的任务
1996 年	
6 月 28～29 日	发现号离开加利福尼亚州的帕姆代尔，并在俄克拉荷马州进行加油停靠，此后由于天气条件问题，在佐治亚停靠了一夜，然后回到了 KSC
6 月 30 日	为进行 STS－82 任务而拖到 OPF 2 号厂房
7 月 19 日	从帕姆代尔回来后第一次通电
7 月～11 月	继续进行有效载荷舱的重新配置和有效载荷的预先检查工作；安装 OMS，RCS 和主起落架
8 月 20 日	安装 RMS，序列号为 301
11 月	在 MLB 1 上的 SRB 集成进入总装 3 号大厅
11 月 30 日～12 月 1 日	由于在 STS－80 检查期间，哥伦比亚号的气闸舱出现了问题，所以在周末对发现号的气闸舱进行举一反三检查并确定没有发现问题
12 月 3 日	完成 SRB 的集成（BI－085）；完成有效载荷到轨道器的预先对接试验

续表

日期	事件
12 月 7 日	由乘组人员参与的乘组设备接口测试
12 月 10～11 日	ET（ET－81）与 SRBs 完成配对
12 月 21 日	长假前关闭有效载荷舱门
1997 年	
1 月 2 日	长假后，恢复了发射的准备工作（安装主发动机 #1　2037、#2　2040、#3　2038，三个全是新的 Block Ⅰ 发动机）
1 月 9 日	有效载荷舱的最后收尾工作完成
1 月 11 日	发现号被移到 VAB
1 月 12 日	发现号转为垂直悬吊状态，并与 ET/SRB 对接
1 月 14～15 日	开始航天飞机接口测试
1 月 16 日	任务经理宣布了新的发射日期，日期推后了两天，新的日期为执行计划和倒计时提供了更多的灵活性
1 月 17 日	当观察员听到“砰的一声”，MLP（移动发射平台）表面发现了一条 24 英尺长的裂缝，此时发现号在往 MLP 的转移过程中停了下来。转移过程推迟了 4 个小时。发现裂纹位于从左侧 SRB 喷口向 MLP（第 2 和第 3 侧）最接近的角落的 1/2 英寸（12.7 毫米）钢板上。工程分析表明，MLP 的承重结构对于滑跑至铺垫没有什么大碍，且在当天晚些时候完成了滑跑。在 39A 板上进行了额外的验证和修理，预计后续不会产生影响
1 月 20 日	为了进行 TCDT 测试，乘组人员抵达 KSC
1 月 22～23 日	进行 TCDT；乘组登上发现号进行模拟倒计时演练；在当天晚些时候回到休斯敦；MLP 的维修完成
1 月 24 日	装载自燃器
1 月 26 日	APUs 的点火测试完成
1 月 27 日	在有效载荷变更室内安装好有效载荷；发射准备工作再审查
1 月 28 日	在有效载荷舱门打开时，RSS 环绕在发现号周围以进行有效载荷的安装
1 月 29 日	在舱中安装好有效载荷；出舱服安装在中间座舱的气闸舱内，并将在 1 月 30 日进行功能测试；继续进行有效载荷测试
1 月 30 日	飞行准备再审查工作正在进行中；发射日期确定为 2 月 11 日
2 月 3 日	完成有效载荷的电气连接
2 月 4 日	开始有效载荷端到端的测试

续表

日期	事件
2 月 5 日	完成有效载荷端到端的测试以及 NICMOS 的低温冷却
2 月 7 日	乘组抵达 KSC，并登上 39A 发射台，查看发现号上的有效载荷
2 月 8 日	倒计时按时进行；根据哈勃目前的轨道，对发射稍作调整；乘员进行了最后的医疗护理，鲍尔索克斯和霍罗威茨在上午飞往 STA；开始装载 ET，天气预报显示出现 65 分钟的发射窗口的概率为 80％
2 月 11 日	发射
2 月 12 日	SRB 返回 Cape；3 号降落伞在预定海域分离
2 月 17 日	在对 OPF 的 2 号大厅自燃燃料系统中的现有生产线进行修改期间，甲基联氨（在轨道器 RCS 中使用的液体燃料）意外溢出，洒向了两名技术人员，其他人则由于接触和可能的吸入而进行了治疗处理；所有医学检查都显示没有严重的伤害；OPF 在泄漏报告后被撤离；除了 2 号大厅以外，其他所有设施都在 3 个小时后重新开放；2 号大厅依然关闭，其必须在 STS－82 着陆返回之前完成清理准备
2 月 20 日	在 OPF 2 号大厅完成为发现号的最终准备
2 月 21 日	凌晨 03：32，发现号在 15 SLF 跑道上着陆，然后转运到 PPF 的 2 号大厅；飞行梯队成员完成飞行后的体检，并于当天晚些时候飞往休斯敦
2 月 27 日	有效载荷舱门打开；飞行设备卸载和飞行任务记录下载完成
3 月 3 日	将哈勃相关仪器和有效载荷设备移除；准备针对 STS－85 任务进行有效载荷处理

1.2.1　功能扩展

发现号在第 2 次在轨服务任务中被选中，并不仅是因为它是下一个可用的轨道器。筹备工作在任务前几个月就已经开始了，而且也把加利福尼亚罗克韦尔工厂预先计划的维护期也算在了里边。发现号于 1984 年加入航天飞机服役队列，并在 1990 年被用来部署哈勃望远镜。到 1995 年，它已经创纪录地执行了 21 次飞行任务。这些轨道器虽然没有受到破坏，但在机载技术和系统层面已经过时，现在正在进行重大升级行动，以提升和扩展它们的性能。这些改进将解决人们对国际空间站越来越关注的问题，届时有效载荷将变得更重，轨道运输工具需要能够应付它们计划的一切运载任务。

图 1 - 4　在关闭舱门之前，金色绝热材料覆盖了发现号货舱的 SM - 2 有效载荷装置。可以看出用于固定和支撑哈勃的搭载飞行支撑结构（下部框架）。在中间框架中可以看到 SM - 2 服务任务相关硬件，以及外置的气闸舱舱门（白色圆圈）

为了适应这种情况，轨道器维护阶段（OMDP）的概念被提出来，为每个在运营的轨道器将来的性能做出设计展现，每个运载器都会轮流退出服务以进行改进。这是发现号的第 2 个 OMDP 计划。1992 年的第 1 次维护是在 KSC 进行，这次维护成本比较低，但第 2 次维护涉及到大的改进，所以决定把轨道器交给制造商，即不在 Cape 开展这些工作，这样增加了定期作业的灵活性，也减少了对检测结果的干扰。在 9 个月的时间内，发现号在轨道器修理中心进行了大约 100 处改装。最大的改装是拆除了原来的内部气闸舱，并将其替换为将来要用于国际空间站中对接机构的外部气闸舱；安装了第 5 套低温舱，这能使发现号比原配置下在轨运行更多天数；也对热防护系统进行了改进。此外，还进行了多次常规维修和设备更换，并安装了改进的有效载荷舱照明装置，更换了星跟踪仪，进行了结构腐蚀状态检查。在发现号正被运往加利福尼亚州的 SCA 之上时，NASA 声明，它将定于 1996 年 6 月返回 Cape，并于 1997 年初开始准备哈勃第 2 次服务任务。

1.2.2　哈勃的升级机会

除了准备维修哈勃望远镜所需的硬件外，这次任务规划还必须克服其他一些难题，以确保按时发射，并使各子任务有序进行。这其中包括，基于能够接受的火箭和航天飞机的消耗成本来准备其他的有效载荷和运载工具，把握不可预知的佛罗里达的天气和经常调整的年度预算等。尽管哈勃望远镜的设计是可以对其维修的，但是一些较为严重的问题是无法立即实现调整的，只能等待航天员去维修。因此哈勃包含了许多冗余的系统，并且有一个向戈达德地面中心的近乎连续的遥测通道来提供相应的指示，如显示其工作是否正常，对于已知的问题是否可以在未来某个可行时刻安全地进行处理，或者是否出现了需要紧急关注的问题。

到 1996 年下半年，距离哈勃望远镜的部署已经过了 6 年时间，而距离第 1 次在轨服务使其全面运行也已经有近 3 年了。进行第 2

次在轨服务飞行任务的契机出现了，望远镜的科学性能将会因为更换新仪器设备而得以提升。SM－2 的主要目标是用最先进的设备来取代两个旧仪器。航天员将拆下戈达德高分辨率光谱仪（GHRS），并在其位置安装太空望远镜成像光谱仪（STIS），新设备的性能将比以前提升 30 倍。同时，也会拆下微弱物体摄谱仪（FOS），并安装近红外摄像机和多目标光谱仪（NICMOS），这将使科学家能够窥探到比以往任何时候都要深远的太空。另外，这项任务也将替换一个精确制导传感器，两个机载记录仪，以及几个电子单元。

出舱的航天员将两两成对，交替地进行 4 次出舱活动：李和史密斯将执行第 1 次和第 3 次，而哈博和坦纳将负责第 2 次和第 4 次。考虑到情况可能不会像第 1 次服务任务那样顺利，将李和史密斯所计划的第 5 次出舱作为备选，来完成可能出现延误或其他应急的任务。跟每次航天飞机的飞行任务一样，应急出舱安排对任务规划提出了额外的要求。

1.2.3 正确的时间与地点

人们常说“时间就是一切”。对于 SM－2 来讲，确实如此。就在发射前 4 天，哈勃 GHRS 两个备份电气系统的其中之一出现了意外的电流峰值，这使得在拍摄火星图像时，总会在人为关闭仪器之前自动停止运转。本来认为备份的设备可能会持续发挥作用，直到原来的设备恢复，但现在已经没有意义了，因为这些仪器将在此次任务中被替换掉。哈勃望远镜的管理者们非常清楚，他们是如此的幸运，因为这次故障幸亏没有提前发生。哈勃最初设计中可维护性的价值再次被清晰地证明了。

1.2.4 霍利因素

在 STS－82 已经进入倒计时阶段时，一些小问题依然存在：一个是轨道器燃料电池的小故障；另一个则是经预测有 30％的可能性会存在逗留的云层，从而使得发射推迟。其实这两个问题对按时展开第 2 次在轨服务任务并不构成严重威胁。更让人担忧的是所谓的“霍利因素”。作为首要的 RMS 操作员，霍利将会在一些关键环节发挥重要作用。例如将望远镜在轨捕获并安装到有效载荷舱中，然后在出舱活动期间支持出舱的航天员，最后把望远镜释放回去。当哈勃在 STS－31 任务中被部署的时候，霍利在发现号上也是高效操作 RMS 的航天员。

问题在于霍利前几次进入太空都特别困难。他有一个发射延误最多的尴尬记录：在 3 次任务中共有 10 次延误。在哈勃部署任务和 STS－82 之间，霍利曾在 NASA 担任管理职务。但他已经“名声在外”，所以据说每当他进入 LCC 见证发射起飞时，工作人员就为他提供一个纸袋，让他戴在头上，希望航天飞机起飞的时候不要看到他，免得造成另一次延误。仿佛是因为这一担忧，STS－82 飞行梯队人员在 2 月 8 日抵达 Cape 时，着陆地带的一些工作人员也戴了纸袋，以防第 4 次将霍利送入太空时再次出现延误。

对霍利来讲，这次任务非同寻常。“我记得，当我们坐在发射台上进入 STS－82 倒计时期间的时候，我感觉很不一样，因为这不像我之前经历的 3 次只需要进入轨道就行了，而这一次我们实际上是要去太空的一个特定的目的地，然后去完成一项工作。不知道为什么，我总感觉这是我以前没有经历过的更高水平的任务。我想那些在国际空间站上工作的航天员也会有同感吧。”[7]

2 月 10 日也就是在计划发射的前一天，SM－1 任务的有效载荷指令长、航天员斯托里·马斯格雷夫宣布他将结束 30 年的职业生涯并离开 NASA。就在去年，NASA 官员告诉他，1996 年 11 月，他的第 6 次任务 STS－80 将是他的最后一次飞行。在婉拒了指导航天员训练的职务后，他决定离开该机构，追求新的目标。马斯格雷夫成为 1959—1969 年间选中的“最初 73 名”NASA 航天员中的最后一名。然而，1998 年 10 月，前水星号航天员、美国参议员约翰·格伦作为 77 岁的有效载荷专家临时加入 STS－95 任务的名单。这使他不仅作为第一个绕地球飞行的美国人，还成为经过 36 年之后再次进入太空的人。[8]

1.2.5 1997 年 2 月 11 日/发射

STS-82 倒计时进展顺利，并准时发射。上升到入轨所有阶段的参数都跟预计吻合：在 2 分 5 秒时一对 SRB 分开，主引擎在 8 分 29 秒时关闭，并在大约 20 秒后将外贮箱分离。约 45 分钟时 OMS-2 点燃，在 360 英里（579.24 千米）的高度进行第一次变轨，从而使轨道变为圆形。乘组人员接到了进行轨道操作的指令，包括测试 RMS，乘组人员准备好他们的出舱服和装备，并启动几个交会对接的点火序列来缓慢地靠近望远镜。当发现号进入轨道时，哈勃正位于非洲中部 320 英里（514.88 千米）高的上空。[9]由于有效载荷舱门在之前的维修中已经被拆除并更新，所以此时它们一部分被打开，然后再关闭，以验证可行的舱门操作序列。在此之后，在任务发射的 1 小时 41 分钟后，有效载荷舱门按计划顺利打开。

与此同时，在佛罗里达州的外海岸，SRB 的 1 个 13 英尺（3.96 米）直径的降落伞在它被回收之前已经沉到了海里，所以在这次任务，6 个降落伞中（每个助推器对应 3 个）只有 5 个被收回并返回至发射场。

此时，一共有 13 个人在太空中，追平了 1995 年的记录。除了发现号上的 7 人外，俄罗斯的和平号空间站中还有 6 人，其中包括上个月加入该空间站的 NASA 航天员杰里·利嫩格。

1.2.6 开始正式交会

发现号在位于哈勃望远镜后 3 100 海里（3 567.4 英里，5 741.2 千米）的距离下，乘组人员开始了第二天的飞行。此时，他们将机舱压力降至 10.2 psi（7.03 巴），以避免出舱航天员要预先吸入几个小时纯氧的需求，使他们在航天服低压的环境下操作时，能够在血液中保持较高水平的氧气。在航天员第一次出舱活动之前，出舱的装备和气闸舱已经提前完成检查。

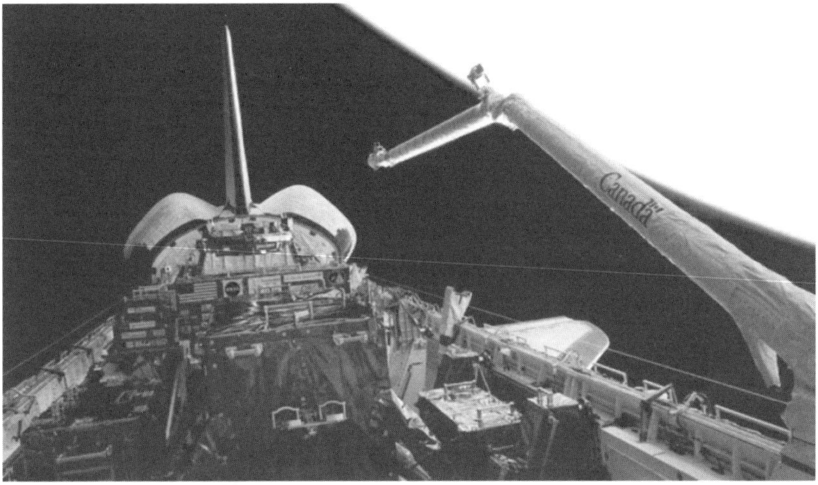

图 1-5　STS-82 有效载荷舱在轨配置状态，图示为 RMS 正在右侧框架进行状态检查

与此同时在驾驶舱内，史蒂夫·霍利彻底检查了 RMS，然后继续用 RMS 对有效载荷舱内的设备进行了目视检查。指令长鲍尔索克斯和飞行驾驶员霍罗威茨做了额外的轨道机动，以确保与哈勃顺利交会对接。现在每圈轨道平均高度是 305 海里（350.99 英里，564.48 千米）。而接下来的目标是，在第 2 天捕获望远镜的 1 个小时前，要到达望远镜下方 2 400 英尺（731.5 米）的地方。

当发现号靠近它在 1990 年部署的望远镜时，戈达德的控制人员开始为接下来的维修做一系列准备工作，包括关闭科学仪器、关闭光圈门以及收拢高增益天线。

1.2.7　对接概况

由于哈勃的轨道很高，所以在发现号上只能配备足够进行一次交会对接的推进剂。STS-82 采用了针对和平号空间站而开发的+R Bar 方法。从正下方接近，不仅使推进剂消耗量最小，而且还提高了系统安全裕度。为了从最初的相持点去靠近目标，航天飞机必须向下点燃推进器以上升。如果推进器不能继续提高轨道的话，虽然重力很小而且随着高度的增加也在逐渐减弱，但是仍会导致航天飞机下降。因此，在最后阶段，轨道力学的规律将会提供所需的制动，这样航天飞机不需要再为了制动而点燃其他助推器。哈勃此时接到指令，将相对于航天飞机进行惯性姿态旋转。由于这样会增加羽流损坏的风险，所以低 Z 模式一直延续到了 1 500 英尺（457.2 米）。如果光圈门未能成功关闭，则会使用惯性的方法。在 100 英尺（30.48 米）处，发现号在悬停模式暂停下来，以匹配望远镜的飞行角速度，并采取适合对接的最佳对准方式，然后靠近至悬停 35 英尺（10.66 米）的范围，做好对接准备[10]。

图 1-6　有效载荷指令长马克 · C · 李正在温习第一次出舱的计划。在储物柜上显示有一些开封的出舱设备以及坦纳（上）和史密斯（下）的笔记本

1.2.8　与老朋友握手

当发现号靠近哈勃时，霍利印象非常深刻，因为带着新的太阳电池阵的哈勃已经与 6 年前的样子完全不同了。“当我们逐步靠近并最终捕获哈勃时，与上一次我在 STS－31 见它的样子相比，如今它已是‘饱经风霜’，这让我很震惊。能够第 2 次看到它，既兴奋又荣幸。当然，我也在评估重新捕获它所需的 RMS 任务，所以我也比较注意它现在处在什么样的姿态，有什么样的角速度。”[11] 霍利在 2003 年的口述历史中指出，使用 RMS 来对哈勃进行操作的经验十分重要。“那时对于一个远程 RMS 操作员来说，可能没有什么比我们所说的追踪和捕捉更重要的任务了。”在 STS－31 任务中，他只是把哈勃从有效载荷舱中提出来，然后释放出去，但是在这次 STS－82 任务中，他要捕获一个自由飞行的物体，并让它停靠，然后把一个出舱航天员移到它上面，这是非常不同的。“这在机器人的研究领域中也是非常具有挑战性的。”

霍利和鲍尔索克斯对于重返哈勃，都充满了好奇，但也有不少担心。在霍利完成部署任务后，望远镜出现了问题，但此时 STS－31 飞行梯队人员已经返回。两年半之后，鲍尔索克斯作为任务乘组人员之一，对它进行了维修。对于 STS－61 乘组来讲，已经没有什么失败的余地了，因为大家都认为哈勃望远镜已经坏了，尽管它仍然是一个很棒的望远镜。但最终他们把望远镜修好了，这令全世界为之振奋！正如霍利在 2003 年的回忆，“过了几年，我们又回来了。哈勃的工作太棒了，科学的力量也是惊人的，但是，我们现在在这里却面临着弄坏望远镜的风险。所以我们很小心。”在 STS－31 任务中，大家的想法也是这样的：“可千万别把它弄坏了。”不过，霍利已经准备好“去动手”了。之前他关于望远镜在 RMS 上的动力学经验是很有帮助的。“如果这是我第一次处理这么巨大的有效载荷的话，我就不会畏手畏脚了。”

2 月 13 日凌晨 2 时 34 分，在太平洋上方前往墨西哥的方向，霍利抓住了哈勃，并在大约 38 分钟后将其停靠，基本上把他在 7 年前从同一有效载荷舱把望远镜部署出去的过程倒做了一遍。指令长鲍尔索克斯在任务控制广播电台中说："相信你们已经看到史蒂夫博士脸上的表情了。他看起来像是在和一个老朋友握手。"

正如霍利所解释的那样，"STS－82 任务中的捕获比 STS－31 上要更难，因为 STS－31 中的哈勃望远镜仍然锁在有效载荷舱中，所以它不会相对轨道器发生运动。不过 STS－82 的捕获比我训练时预计的要容易。鲍尔索克斯在抵消相对运动上做了很大的努力，而且哈勃也处于我们所预期的姿态。我们也接受了一些其他情况下的培训，比如姿态超出计划，或者有相对角速度等。这些训练让我们充满信心，我们可以处理大多数出现的情况。当一切都正常时，这个任务就很简单了。我学到的经验之一，就是如果启动和停止次数太多的话，RMS 会出现振颤，后来也将这点传递给了其他 RMS 操作员。所以，我采取的应对措施是，在整个追踪和捕捉过程中，保持 RMS 的速度恒定，有时只是让它有一个很小的速度。这使得 RMS 更加稳定，而且任务也更容易了。"在这项任务完成之后，他告诉妻子，这是他所做过的最好的捕获任务，包括训练阶段和飞行阶段。

哈勃稳稳地固定在飞行支撑结构上，遥控的脐缆也与望远镜准确连接，为其在有效载荷舱内供电。在释放 RMS 时，霍利缓慢地在望远镜周围调动着机械臂，以向戈达德控制中心发送近距离视频。控制中心的人说，它看起来状态很好，但是在后部护罩上有一个"像火山口"似的太空碎片造成的撞击坑。

不过，在霍利抓住哈勃时，乘组人员对于热控多层目前的状态还是感到很惊讶的。正如乔·坦纳回忆说："MLI 的外层已经断裂，也正在剥落。所以在接下来的几天里，这增加了很多额外的工作量。"关于这次任务的拍照留档问题，"我们尽可能地多拍照。当然，望远镜的远端我们无论如何也是看不到的。直到我们旋转了望远镜之后，才很好地看到了远端，而且在远端也有一些剥落的地方。为了把太阳能电池阵的每平方英寸都拍下来，我们在外面携带了摄像机，而在里面我们也有一个视频摄像机、照相机，以及配有足够好镜头的静态数码相机。”

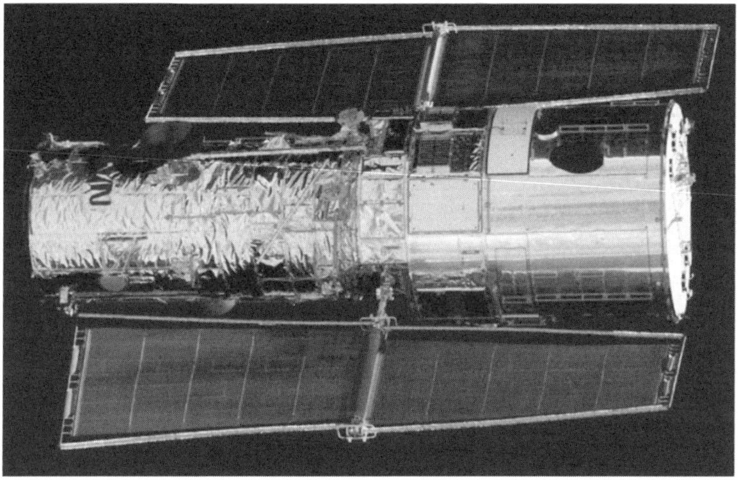

图 1－7　自从 1993 年 12 月以来，第一次近距离观察到在捕获之前的哈勃望远镜

图 1－8　在靠近哈勃望远镜时，霍利从后座舱的窗口望出去。距离他在上一次部署哈勃望远镜的任务中看到它，已将近 7 年

1.3 功能改进的 EMU

根据最近一次出舱活动（也包括第一次哈勃在轨服务任务）的经验，康涅狄格州温莎洛克斯的航天服供应商汉密尔顿标准公司已经对航天飞机舱外机动装置（EMU）进行了一些改进，并在这次任务中得到了应用。[12]

1.3.1 共享航天服

组装国际空间站的 EVA 技术需求为航天服设计师们提供了改进基本 EMU 的机会。航天服一直都是模块化的设计，由可互换的头盔、上身、手臂和下躯干组装而成。每一组手臂和腿都有几种尺寸，在每种尺寸内都可以使用花边接口进行微调。这些调整通常是在飞行前的地面上完成，但长期住在空间站的航天员可能要待上数月，而且要进行多次的舱外行走，那么他们就只能使用存储在空间站上相同的套装硬件了。因此，产生了一个想法：应该让空间站上的航天服可以为不同的使用者重新调整大小，而 STS－82 也应该尝试这个想法。

汉密尔顿标准国际空间系统（HSSSI）的 EMU 项目经理迈克·加恩解释说："我们面临的挑战是，利用现有的在地面上运行良好的航天服尺寸调整工具，使其在零重力环境下仍能正常工作。我们不仅做到了，而且还缩短了调整尺寸所需的时间。"史密斯和坦纳将成为第一批在轨调整自己衣服尺寸的航天员。他们每个人都有自己的下躯干和手臂套件，他们在开始出舱活动之前，会将各自的部分套件连接到上躯干标准套件上。

改进的部分包括以下几个方面：

1）尺寸环：可调节的支架和尺寸环取代了花边接口。手臂的总长度为 1 英寸（25.4 毫米），可调整幅度为四分之一英寸（6.35 毫米），而下半部分的腿长为 3 英寸（7.62 厘米），可调整幅度为半英寸（12.7 毫米）。

2）手套：作为手套的加热源，航天服电源套（SSAPH）已从 EMU 手套背面移至背包，以减小外包络。每个手套的每个指尖都包含一个加热元件。它们由一个 3.1 伏特的 D 型电池供电，通过 8～10 英尺（2.4～3.0 米）的铜电缆连接到加热器元件上，铜电缆从背包中的电池伸出，经过外衣下面，然后通过手臂一直连接到手套。它的电量可供长达 8 小时的操作使用。

3）可调式热敏手套（ATM）：这是第 2 代外部手套，增加了隔热功能。为乘组人员的拇指和食指提供更灵活的操作空间，这些单元不需要尺寸调整。第 1 代 ATM 于 1995 年 9 月在 STS－69 上试用，第 2 代进行了绝热改进，并于 1996 年 1 月首次在 STS－72 上使用。

4）躯干：为进行出舱活动的航天员在 EMU 之下所穿的液体冷却通风服（LCVG）提供了一个旁路。这是一件由氨纶制成的单件式网格衣，上面有 300 英尺（91.44 米）的管子，可以在调节温度的过程中让冷却水在身体上循环。通常，通过管子冷循环水的温度是华氏 40～50 度（4.4～10 摄氏度）。LCVG 可以切断水流，从而提高穿着温度条件。为此，穿戴者需要将温度控制阀（TCV）调整到全热（或关）位置。跟手套一样，LCVG 也是在 STS－69 和 STS－72 的出舱期间得到了试用。因为 TCV 可以阻止衣服内的冷却水流，所以也可以阻止同样的水流去冷却 EMU 电子装置，因此对 EMU 管道的重新设计也是需要的。

5）靴子：如果乘组人员希望提高脚部的保温性能，那么他们可以使用绝热的鞋头插入件。此外，热量袜和相关的内置件也可以套穿在出舱时常穿的吸湿排汗袜上。

在飞行准备阶段，史蒂夫·史密斯和乔·坦纳经常去 Cape 适应硬件设备的变化。正如史密斯所回忆的那样，“我们俩看起来很像，身高相同，又都有胡须，所以人们总是把我们弄混了。我多次被称为乔，他也多次被称为史蒂夫。所以我们一起飞行，看起来充满了喜感。我们拍了一些戏剧性的照片，我会穿带有他名字标签的航天服。虽然我们身高一样，但他从腰部向上较长，而我是腰部向下较长，所以我们实际上是两种完全不同的身材。这很有趣，所以我们不得不重新调整航天服的大小，因为他坐着很高。

在轨调整衣服尺寸还是非常安全的，也是经过精心设计的。“这些衣服部件是不太容易分开的，所以坦白讲，重新调整这些衣服确实是一个挑战。”史密斯指出，“我们真的很担心，这可能会花费我们很多时间，我们会很累，以至于不能按下执行器来弹出尺寸环，所以我们非常紧张。实际上确实花了不少时间，但所幸调整时间都在规定以内，所以影响不是很大。而且这次调整的效果也是很不错的。”史密斯说，“有一些任务要容易得多，因为你实际上可以到达在地球上身体无法到达的位置，所以有些情况实际上更容易，我认为这些情况占大多数。但也有几种情况下，你会很难保证自己的身体能进入气闸舱内来进行尺寸调整，所以有时候也会比地面上更困难。”

尽管航天服尺寸调整最初是为国际空间站的筹备而开发的，但在那时，这项操作只是一种尝试，而不是特定的详细试验目标(DTO)，而且，即使气闸舱已经放在了外边，当哈勃任务所有设备放到太空舱里以后，根本没有空间可以容纳 4 个完整的 EMU 套装了。由于航天飞机必须要达到哈勃望远镜的轨道高度，所以这也是一个关于有效载荷重量的问题，尽管如此，来自重量方面的挑战比在低轨道大倾角的空间站组装任务还是要小一些。

1.3.2　开始行动

现在哈勃望远镜已经安全地放在了发现号的载荷舱里了，接下来就该实践这两年来他们在出舱训练中所获得的技能了。乘组人员们“每时每刻都很担忧”，坦纳说。直到第 5 次出舱部署哈勃之后，他们才意识到自己的压力有多大。这是“连续 8 天高强度的体力和心理劳动，我们才刚刚进入这种模式，接下来各项任务程序会逐个

图 1－9　在有效载荷舱内的哈勃望远镜的样子令航天员们印象非常深刻。在望远镜的前面位于框架中心的左上方，可以看到 RMS 的末端执行机构

推进。当成功捕获后，我们当然非常高兴。尽管我们对于本项任务的成功不是特别担忧，但是对于将要负责交会对接的指令长及具体执行它的整个团队，还有机械臂操作员‘史蒂夫博士’，事情就不是‘哦，伙计。我们很高兴这一切终于结束了’这么简单了。压力并没有太多的释放，因为这只是很多必须顺利进行的环节中的一步而已。”

1.3.3　2 月 13 日/第 1 次出舱

第 1 次进入发现号有效载荷舱的过程，本来计划需要 5 小时 55

分钟，但实际上比这多花了 47 分钟。出舱活动也稍微推迟了，因为要留出时间让地面控制人员来评估哈勃一副太阳电池阵的意外转动状态。当时是在对发现号的气闸舱进行减压，它从水平位置转到了垂直位置。最终分析确定很有可能是由于气闸舱释放的一阵明显气流所致，但这气流是减压过程中的正常现象。乘组人员经过训练，可以轻松识别出这样一个计划外的转动状态，须随即向电机发出停止指令，以防止阵列进入某些物体或发生碰撞从而造成进一步的损坏。在这个特殊的情形下，霍利和坦纳在后驾驶舱内，而李和史密斯在气闸舱内并由鲍尔索克斯和霍罗威茨进行协助。当气闸舱下降到真空状态时，霍利突然发现了阵列的运动，然而，为了下一步的出舱活动，监视相机只聚焦在气闸舱上，并没有得到关于哈勃局部位置的状态视频，此时地面上的人员一定感到很困惑。霍利认为，没有得到这个具体状态的录像可能有利于这次出舱活动，因为他们从驾驶舱里看到的状态很有可能会导致地面控制员瞬间极度紧张。在他的口述历史中，霍利回忆，那时他转向坦纳然后说："你想告诉他们吗？或者我们应该告诉他们吗？"因为坦纳拿着麦克风，他打电话报告了看到阵列转动的情况。他们认为当天的出舱活动将被取消了，但大约 1 个小时后，接到继续出舱的指令。

坦纳解释说，这是"一个重大的惊喜"。发现号的气闸舱安装在驾驶舱外，在地面维修期间拆除了较旧的内部气闸舱之后，脐缆被重新铺设。问题似乎是出在铺设管路通风口的地方。气流现在被疏解到有效载荷舱中，而不像以前那样会排到轨道器外面，且在哈勃望远镜的安装位置有一个并非用于推进系统的 T 型通风口。坦纳说，"包括我们（乘组人员）在内，没有人能够想到，当把空气从气闸舱排放到有效载荷舱时，必须把气流引向其他地方。载荷舱的形状将空气向上引导到太阳电池阵上。一旦碰到相对于有效载荷舱水平放置的阵列后，它就会发生旋转。史蒂夫博士和我在驾驶舱里望着窗外，看到了太阳电池阵在动。我们在之前的整个训练期内，对太阳电池阵相对脆弱的撑杆都特别关注，此时我们也非常担心它会发生屈曲失效。我们甚至在航天飞机上准备了备用撑杆，以备不时之需。而此时，我们连第 1 次出舱都还没有进行，就开始让这个东西忙个不停了。当然，那时我们很震惊，在停止气闸舱减压后，我们也不确定那天是否要进行出舱。”为了防止此类问题再次出现，飞行梯队接到命令，以较慢的速度放气，以减少气流的作用力。

航天员马克·C·李和史蒂夫·史密斯第 1 次出舱的首要任务就是打开后舱门，为拆除 GHRS 和 FOC 做准备。利用了与 STS－61 相同的程序方法，包括组合导轨、转移手柄和机械手臂，他们顺利地更换了两个类似电话亭大小的仪器，将旧仪器装载在有效载荷舱内的临时位置。对于这次行动，史密斯操作锁定在足限位器上的 RMS，李由绳索牵引并自由地移动。STIS 的安装花了不到两个半小时，然后在 2 个小时后又安装了 NICMOS。经过独立的系统检查，戈达德的控制人员宣布两台仪器都能正常运行。当然，完整的校准测试还需要几个星期的时间。

对哈勃的服务工作完成后，两名航天员关闭了后舱门，返回到有效载荷舱区域，将旧仪器放置在其保护容器中，以便带回地球。所有的任务完成后，他们返回到了气闸舱中，此时显示出舱时间共花费了 6 小时 42 分钟。

望远镜的巨大尺寸给史蒂夫·史密斯留下了深刻的印象。“当我们第 1 次靠近哈勃时，感觉到它实在太大了。即使我们从航天飞机里看它，也是非常大，这太不可思议了，我至今难以忘记，这绝对是惊人的。”驾驶舱的录音带也证实了这一点，录音里出现了这样的话：“看这家伙的尺寸！”在出舱时，它看起来更大。“站在它旁边，它看起来像一个三、四或者五层的建筑。在第 1 次出舱时，当到了望远镜的底部第 1 次去摸它，并且靠着它、仰望它，这真的让人印象非常深刻。”[13] 史密斯在完成 STS－82 任务的 15 年后这样说，此时他已经在 2000 年执行了国际空间站的组装飞行任务 STS－97 和 2006 年的飞行任务 STS－115。“空间站尺寸是哈勃望远镜的 20 倍，人们的视角已经发生了变化，这很有趣。”

图 1-10　后舱门打开后，可以看到望远镜上扶手的细节、不同的隔热材料以及位于 RMS 和 PFR 末端的设备

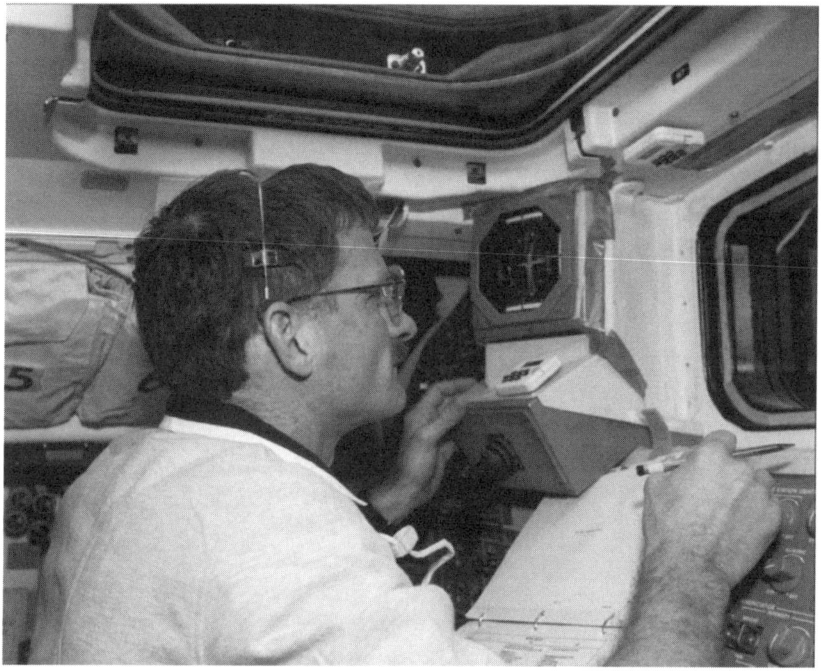

图 1－11　作为 IV 乘组成员，坦纳在驾驶舱内后端监测出舱活动

1.3.4　IV 支持角色

当一个出舱小组在 RMS 操作员的支持下执行出舱任务时，另一个出舱小组将履行飞船内部（IV）的角色。对于 STS－82 任务，在奇数次的出舱任务时，这个角色原则上由乔·坦纳来担任，而在偶数次的出舱任务时，则由史蒂夫·史密斯来担任。正如坦纳所解释的，“我们的工作就是编排、管理、沟通和为出舱的航天员解决所有力所能及的问题。我被安排在第 4 次出舱，而在第 3 次出舱任务阶段，我就像后窗的一个装置一样牢牢地待在那里，除了中间有一会儿，我快速地去了一趟卫生间。我们通过头戴式耳机直接进行交流，我们和出舱训练指导员曾在一起花了一年半的时间把所有出舱阶段的详细步骤都一一列在了一份清单上，而此时我就是在比照这份清

单，简单地逐条去执行。”

在阿波罗项目中人们认识到，一系列安排紧凑的出舱活动容易使航天员过度疲劳。因此，现在对于航天飞机的项目，较长跨度的出舱任务通常被分成两组航天员来交替进行，在连续几天的出舱任务中，每个小组可以获得中间间隔一天的休息。然而，对于有出舱任务的航天员来讲，即使是在没有舱外任务的一天内，他们也是不能闲着的。因为他们要忙于为下一次出舱清理和准备自己的装备，还要担负 IV 岗位的角色，所以他们是在专注于为接下来一整天的任务做准备，这对身心均是不小的挑战。坦纳在他以后执行的飞行任务中都深深认识到了这一点。“特别是在我执行最后一次飞行任务（STS－115）时，我们已经试图在通过不同的小组交替来避免背靠背式的连续舱外工作，但是我们在那次哈勃任务中却还是背靠背工作，因为我们觉得应该这样做，也相信可以做到，但是我觉得如此高的责任感同样也会带来很多紧张感，这实际上比所做的工作本身还要难。在非出舱的日子里，优先考虑的应是外面的人员，而不是自己的出舱设备。这不仅仅是出于安全的考虑，也是因为在气闸舱内有很多事情需要你利用现有的工具去做。而且，因为史蒂夫和我共用一套出舱服，所以在气闸舱减压之后，你即使有意愿但是也帮不上任何忙。所以，当他们在外面的时候，我们只能把注意力百分之百集中在他们正在做的事上，对第 2 天我们要做的事情几乎没有什么想法。”

在准备出舱任务时，每个人都有各自的工作要做。IV 任务小组的职责是确保他们的工作部位具有正确的状态配置。在此期间，霍罗威茨博士是贡献最多的人，偶尔他也需要鲍尔索克斯的协助。在有出舱任务的日子里，坦纳无法帮史密斯准备航天服，因为他正在驾驶舱内随时准备支援舱外的队友，反之亦然。坦纳和史密斯使用的是同一件上身服，所以只有 3 个完整的航天服套装来供 4 个人使用。每次出舱活动之后，他们要在一起工作，重新调整出舱服的尺寸，准备水和电池。此前，两人在地面上都已经练习过很多遍，所

图 1-12　史密斯正在对有效载荷舱内的一部相机展开工作

以已经十分熟悉这些衣服的统筹使用机制，而且在太空中他们可以用 10 分钟左右的时间调整好尺寸。他们从来没有在 KC-135 飞机的失重条件下演练过调整衣服尺寸等操作，因为正如坦纳指出的那样，“这样做并没有实际价值，只能造成浪费”。

1.3.5　2 月 14 日/第 2 次出舱

第二天，哈博和坦纳钻出气闸舱执行第 2 次出舱任务，他们将进行 7 小时 27 分钟的工作。第 2 次出舱活动的目的是在望远镜中安装新的设备，也就是安装两台新型的科学仪器。由于已经提早检查了压力服，他们出舱时间比计划提前了一个小时，并立即用新的备件替换了退化的高精度导航传感器和磁带式科学记录仪。

据坦纳说，他的第 1 次出舱任务“是我非常想要做的一件事，而且是期待了很长时间，特别是在培训期间。我曾希望，偶尔也设想过，在我执行过很多次飞行之后，也许我就能得到一次出舱的机会。获得这次机会是我生命中一件令人难以置信的事，那真的是一个非常特殊的时刻。在我出舱的时候，我试图充分享受每一刻的体验和感受，我知道这是一件值得细细品味的重大事件。”即使在 15 年之后，他仍能够回忆起那时的一些经历和感受。“我伸出头来之后，四周一片漆黑。我们必须在夜晚执行那次任务，所以我对于离地 300 多英里也没啥感觉。到了太阳升起的时候，我正在机器臂上，此时已经出舱有一会儿了——地球就在下面，但我并不觉得自己很突兀，似乎当我刚从气闸舱里出来时，我就看到那样的景象了。”对于出舱活动者来说，更具有个性的挑战之一就是在第一次离开气闸舱时所说的第一句话。拿坦纳来说，“当我第一次把头伸出去的时候，我不知道我会说什么，而‘哈利路亚’就是在这样的情况下说出来的。”

戈达德的管理人员再次对两个新装置进行了验证测试，以确认它们能够正常运行，并有能力支持后续的科学观测任务。此时坦纳倚在机械臂上，哈勃向有效载荷舱自由移动。此后他们安装了光控电子增强组件，以提升 FGS 系统性能。

正是在这次出舱期间，航天员和飞行控制人员对几处哈勃热控多层的退化情况进行了检查。之前已经了解，望远镜面向飞行方向的一侧，在每个轨道周期内是暴露在太阳下的，而且在太空近 7 年的时间内已经出现轻微的开裂和分层的迹象。但近距离观看，这种现象似乎正在加剧，因为覆盖物上出现了明显的裂缝。撕裂的长度约为 12 英寸（30.4 厘米），而且当望远镜在出舱活动期间被移动时，可以看到一些保护层明显地“摇摆”了起来。多年来温度的不断变化导致了材料的膨胀和收缩，最终导致材料的削弱和撕裂。有人担心这些破裂的区域可能会导致局部发热，并损坏一些敏感的内部组件。在地面上的人员进行了几次讨论，他们希望航天员能够在接下来的出舱中，做一些修补工作。如果要这么做的话，也是得在控制人员和工程师根据乘组提供的图像和描述评估热控系统的状况之后才能进行。损伤似乎只局限于多层热控的外层，对这次维修计划来说，

图 1-13　在安装到望远镜上之前，哈博正在对精确制导传感器做一些工作。该框架还显示了 RMS 尾端使用的足限位器的细节

图 1－14　在哈勃舱内的马克・C・李和在 RMS 末端的史蒂夫・史密斯正努力地拆卸戈达德高分辨率光谱仪

这并不是计划内的关键任务，但可能成为未来的主要关注点。因此，当哈勃处于有效载荷舱内时，进行某种临时修补的工作似乎是合理的，因为毕竟这也是将其设计为可在轨维修的原因之一。如果这次修补工作能够得以进行，将有助于在未来的服务任务中增加更多的永久性修护。所以，在乘组人员睡觉的时候，地面的人员仔细考虑了增加第 5 次出舱的方案，以解决这个问题。

就在结束第 2 次出舱之前，发现号启动小型轨控发动机并持续了 21 分钟，将其轨道提升了约 1.8 海里（2.07 英里，3.33 千米）。这是一系列点火中的一次。上述轨道机动将使哈勃到达一个比捕获时高 7 英里（11.26 千米）的轨道，从而消除自第 1 次在轨服务任务以来因大气阻力造成的哈勃轨道降低。在这一系列点火中，其中一次点火使轨道提高了 0.5 英里（0.80 千米），这是为了规避一个书本大小的火箭爆炸造成的碎片，如果不躲开的话，它有可能不幸地撞上轨道器。第 2 次出舱结束标志着这次维修任务的最低成功标准已经达到。

如果发现号此时回家的话，那么这次任务仍然可以视为成功，因为它已经按计划在望远镜上安装了最重要的设备，升级了之前的科学观测能力。但是，还是有很多工作要去做，所以每个人都相信这次任务还可以走得更远。

1.3.6　2 月 15 日/第 3 次出舱

在历时 7 小时 11 分钟的第 3 次出舱活动中，马克·C·李和史蒂夫·史密斯继续替换望远镜上的部件。他们用一个改进的数据接口单元替换了旧的单元，这能够为望远镜的数据管理系统和其他子系统提供升级的命令和数据接口。其中一台原始的卷轴工程科学磁带式记录仪被一个新的数字固态存储记录仪所取代，该记录仪允许同时录制和回放，可以更好地利用时间和存储空间。另外，4 个反作用轮组件中的一个也被替换了，这可以使望远镜在空间上改变其方向以指向一个新的目标，然后在观测期间保持稳定的位置。和以前的所有安装一样，戈达德的控制人员对每件装置进行了验证测试，并报告称它们状况良好。

在出舱结束且在航天员进入气闸舱之前，发现号再次启动了发动机并持续 20 分钟，来稍稍提高其轨道高度。此次出舱之后，任务管理员宣布将增加第 5 次出舱来临时修复望远镜上的一些热控多层。

图 1－15　第 1 次高角度拍摄到轨道器中部的气闸舱和驾驶舱外部的出舱舱口

在修订后的计划中，第 4 次出舱期间，哈博和坦纳将替换太阳能电池阵的电子驱动器（SADE）和望远镜顶部附近的几个磁力计的保护盖，同时修复遮光罩上一些损坏的热控多层。在新计划的第 5 次出舱期间，李和史密斯将继续修复受损的热控多层，这次主要聚焦在靠近望远镜中间的 3 个设备舱的关键区域。为了适应这次额外的工作计划，哈勃望远镜的部署时间将缩减 24 小时，最后的轨道提升设定在第 5 次出舱之后而不是第 4 次。不过，发现号原计划的着陆日期仍然不变。

1.3.7　"Ditch"带来宽敞的锻炼空间

对于长时间的飞行或需要密集劳作的任务，乘组人员需要在整个飞行过程中保持良好的身体状况。虽然哈勃望远镜的任务时间相对较短，但是从一开始发射到一周之后望远镜重新部署，他们都需要进行紧张的活动，所以，要让乘组人员能够进行身体锻炼，不仅需要时间，还要提供一个空间。多年以来，为航天员提供运动装置以帮助他们保持身体状况的一些方法已经很巧妙了。在 STS－82 任务中，中间驾驶舱的空间比以前任何一次飞行任务的都要大，这是因为他们第 1 次使用外部的气闸舱来飞行。"当气闸舱搬到外面的时候，（在中间驾驶舱里）就空出了一部分区域，我们称之为'Ditch'。'Ditch'相当大，也是存放东西的好地方"，坦纳解释说，这是内部气闸舱在后中部座舱中所在位置留下的间隙。正如坦纳所说，"我们一共有 7 个人，（但是）我从来没有觉得我们过于拥挤，并且在乘组里还有几个大个子的伙计呢。"鲍尔索克斯和霍罗威茨都能够骑上测力"自行车"，而有出舱任务的乘组人员，也会尽量在没有出舱任务的日子锻炼身体。出舱的航天员在一天的出舱活动中，足以进行大量的锻炼。坦纳说，在他没有出舱计划的日子里，他要骑几次自行车来"释放压力"。

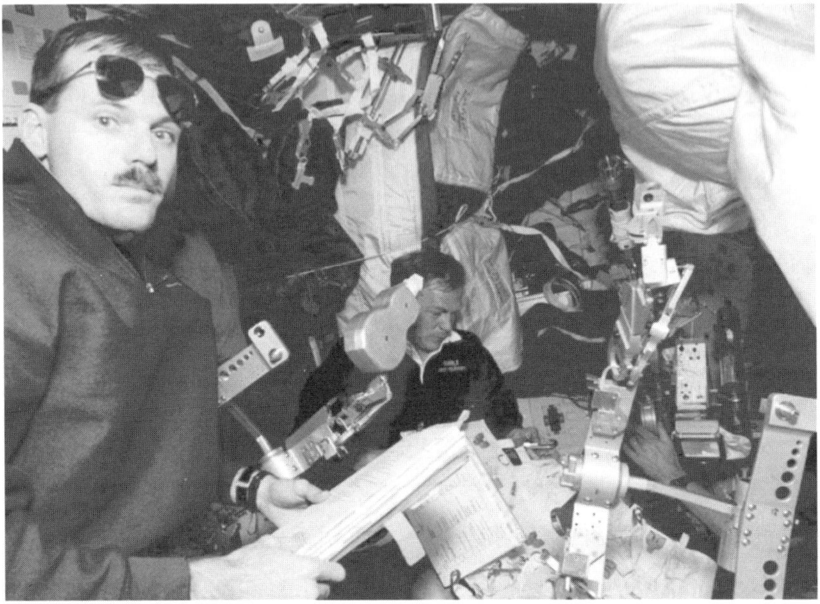

图 1-16 史蒂夫·史密斯和马克·C·李在拥挤的驾驶舱中部准备出舱的装备

1.3.8 2月16日/第4次出舱

出舱活动比计划时间延长了几分钟，共 6 小时 34 分钟。哈博和坦纳完成了飞行任务中关于哈勃的一些工作。第 1 项任务是替换用于定位双太阳能电池阵的电子驱动组件。当操作完成，航天员离开了望远镜后，戈达德的控制人员重新部署了安装有高增益天线的撑杆。接下来，望远镜安装方位被倾斜了一下，并稍微地转向其支撑结构，以允许航天员替换一些磁力计的保护盖，从而完成之前在轨维护任务已经开启的工作。当他们在望远镜的顶端时，他们还在遮光罩上的两处撕裂的部分安装了小块隔热材料，类似“补丁”。

坦纳回忆说，在这次任务中，他感觉自己或多或少地在搭别人工作的顺风车。“我们已经完成了出舱的主要任务。我们已经把 SADE 换掉了，我还换了一台带式记录仪。哈博和我在机械臂上，他是嵌在一个足限位器里边，而我则是被绳带系在上边来帮助他，给他递工具、

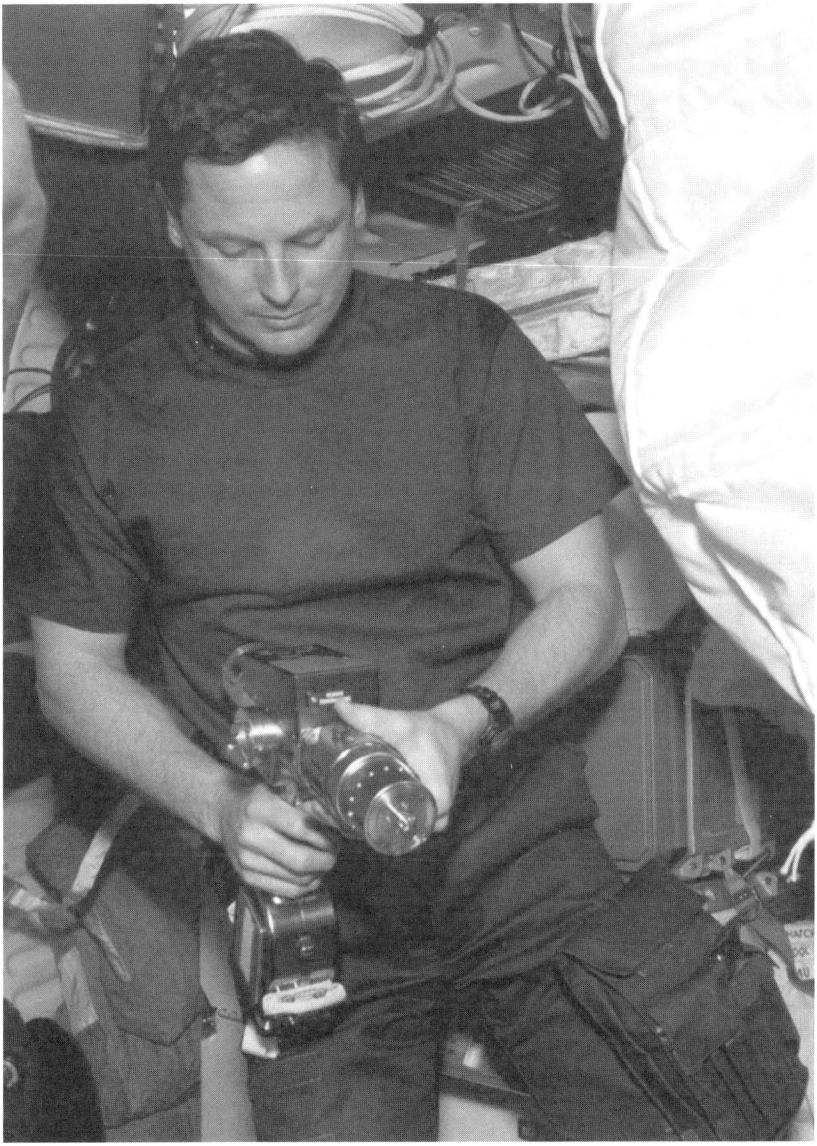

图 1 - 17　哈博在检查出舱期间要使用的电动工具

热控多层等，这些实际上是被夹持上去的。我们的工作量并不大，我想我们也许只处理了一两个这样的热控多层，而马克和史蒂夫在第二天做了更多。”这种类型的维修工作在之前的任务计划中是没有的，但由于在任何维修任务中都有必要将其作为应急来处理，所以在轨道器上携带了各种热控包覆材料，航天员在出舱活动前，会在中部驾驶舱里将所需的材料切割成合适的尺寸。在完成这项工作之后，两个人都回到了气闸舱里，也结束了他们两个的最后一次出舱任务。

在参与执行哈勃任务 15 年后，坦纳回忆了他在望远镜顶部工作的那段经历。“当格雷戈里·哈博和我在望远镜顶部安装磁力计盖时，我发自内心的感到有趣，此时我们在望远镜尽可能高的地方，但还没到靠近光圈门的位置，大约在轨道器安装基座上方的 40 英尺（12.19 米）处。我们正在颠倒着身体飞行，这在航天飞机任务中是很正常的事。当时我不是在足限位器里，而是自由地漂浮在机械臂的后侧。地球就在我头顶上方超过 300 英里（482.8 千米）的位置，而我的脚下大约 40 英尺就是基座。在我大脑里，我更担心跌落 40 英尺，而不是跌落 300 多英里掉到地球上去。我当时注意到了这种害怕掉进轨道器的感觉，这是非常奇特的，因为我竟然不担心掉落 300 多英里。我想，我应该早就习惯了这种场景了。在我大脑中，已经形成了 47 年的固定印像，在梯子上方超过 19 英尺（5.79 米），或者其他任何有潜在危险的事物都会唤起我的这类感觉。”从 40 英尺的高空去看一颗人造卫星并不是他之前所接受的训练。他曾经看到过太空中的景象，但这是他第 1 次进行出舱活动。他没有在地面上看到过哈勃望远镜，当然也没有想到过，自己能从望远镜的顶部向“下”看到有效载荷舱。他的大脑在一瞬间触发了一种“他还在地上”的感觉，这一点并不好，所以他开始自然而然地松开了本应握紧的 RMS[14]。

1.3.9 2 月 17 日/第 5 次出舱

当哈博和坦纳在执行第 4 次出舱任务时，位于发现号中部驾驶舱的霍罗威茨正在按照地面的指示努力工作。坦纳把这些指示比作阿波罗 13 号中的一个方案。在此情形下，他正在准备第 5 次出舱所需的一些隔热毯，并在出舱后把它们绑在 6 个已经撕裂的隔热盖子上。它们总共将占据 14 平方英尺（130.6 平方分米）的面积。出舱活动的训练理念，不仅是为专门的任务进行培训，还希望乘组人员能够弄清楚如何去完成其他的任务，或者花时间去做一些一般性的通用技能任务，这样才能灵活应对各种临时状况。“我们是一群能力很强的人”，坦纳说，“所以对于能不能知道怎样夹住这些隔热毯，而且做到又好又直，我们其实并不担心。我们相信，它们会保留在那里，直到在未来执行在轨服务的乘组们安装上新的 NOBL（热控多层）。”

图 1-18 哈勃望远镜上热控多层的一处撕裂，需要对其进行及时修补

图 1 - 19　热控多层损坏的近处图像

图 1 - 20　霍罗威茨博士正在准备用于修补哈勃的热控多层材料

按照计划，这次要在望远镜支持系统模块（SSM）的区域上工作，在这些地方有一些最脆弱的模块单元：在 7 号舱内，安装有用来驱动太阳能电池阵的电子器件和机构；在 8 号舱内，安装有指向电子器件和检索模式陀螺仪，用于定向望远镜并使其在收集科学数据时保持稳定；在 10 号舱内，安装有科学仪器控制和数据处理系统，能够支持科学活动并过滤相关仪器提供的数据。

李和史密斯原本预计 4 小时的出舱，实际花费了 5 小时 17 分钟。他们将新的热控多层安装在原来的表面上，以提供额外的隔热效果。据报道，乘组人员在新的热控多层上签了名，这样他们的签名在他们回家后很长时间内还能随着哈勃望远镜飞行。

图 1-21　霍罗威茨展示了为安装在哈勃上而准备的热控多层

当完成修理工作后，两名航天员暂时回到了气闸舱中，而戈达德控制人员此时则在调查其中一个反作用轮组件可能出现的问题。这些组件对哈勃很重要，而规划这次任务的人员也非常有预见性，这意味着发现号携带了相应的备用件，以备在必要时替换相应的飞行组件。由于相应的组件已经恢复了运行速度，所以航天员不再需要进行更换操作，所以他们把相关设备放在了有效载荷舱中，自己则退到了气闸舱内。如果真要去换 RWA，那么就得需要进行第 6 次出舱了。史蒂夫·霍利认为，在经过授权的前提下，坦纳和哈博将会负责这一次出舱，因为李和史密斯已经完成 3 次出舱了。

图 1-22 李和史密斯将新的热控多层布置在哈勃的外部

图 1-23　在乘组进行出舱任务时，机械臂操作员史蒂夫·霍利正在聚精会神地操控 RMS

1.4　机械臂操纵员

史蒂夫·霍利说他的工作“充满乐趣同时也很棒”。当被问到，他是不是出舱活动的成员之一时，他回答说：“不，我是那个机械臂人”。通过这个角色，他有令人难以置信的能力来提高每次出舱任务的效率。首先，他能将出舱航天员送到所需的工作地点，这比他们自己过去要快很多，从而节省了时间和精力。其次，他能够把一些所需的物品移动到出舱航天员的身边，而不用他们自己去拿，这也节省了时间和精力。霍利在 2003 年谈到 RMS 时说：“这真是一个非常棒的工具，可以支持诸如哈勃在轨服务这样的出舱任务。在很多工作中，需要将一名出舱航天员送到他所要工作的位置，并且可以让机械臂成为他在工作时的站立平台。”他认为，操作机械臂来配合出舱航天员的任务要求是非常高的，但在实际上难度并不大，因为实际操作 RMS 要比在地面操作模拟器稍微容易一些。他的工作目标是尽可能有效地将出舱人员移到他们所需要到的地方。“你在操作的过程中，肯定不想碰到 RMS 运行轨迹的（或运动的）极限，因为这需要额外的时间去纠正。”确保在可用的时间内完成所有的事情是一项很大的挑战，而且霍利当然也不想因为他的工作而浪费大家的时间。作为连续 5 天出舱活动任务的 RMS 主操纵成员，需要持续投入非常大的专注力。“在许多方面，当只有我和哈勃的时候，工作会更加容易，”他指出，“我们已经训练得很好，在大多数情况下，我们几乎都能想到一起去。我知道他下一步将要做什么，所以我能很容易地把他放在他需要的地方。”我几乎可以预见到下一步他想做什么——这凸显出机械臂末端的航天员与“挥动”机械臂的操作师之间良好交流的重要性，而且也要清楚地了解需要做什么以及什么时候来做，因此，清晰的交流至关重要，而模糊的沟通及航天员之间的争论是毫无帮助的。

为了解决这个问题，乘组人员设计了一系列的手势信号供其他人在对讲机系统通话时使用。这种通信方式在 STS - 61 任务时第一次试用，然后被第二批乘组人员正式采用，并成为出舱活动中 RMS 操作的标准实践规则的一部分。时间对于出舱任务来说是至关重要的，如果一直等到对方完成，而且路线清晰之后再做动作的话，效率就非常低了。当然沟通清晰明了也是非常需要的，因为如果在机械臂末端的航天员说“把我往右边送”，那么他是指他的右边，还是指轨道器的右边呢？或者是其他不同的方向。“所以我们有一个以轨道器为基础的坐标系统，另一个坐标系统则基于站立在机械臂末端的航天员的身体。”霍利解释说。在游泳池和其他模拟器中，大家已经花费了大量的时间来排练这些技巧。当出舱活动者不确定航天飞机鼻锥的位置时，就会有一些口语化命令发出，这些命令可能是“把我的头抬高一些”或“脚放低一些”。这听起来很复杂，但是在实践中更易于理解，并且在靠近望远镜的地方工作时，这也能防止机械臂误操作造成航天员与望远镜舱体发生碰撞。正如霍利所说，“在整个飞行任务中，我们没有因为发出糟糕的指令而犯错，也没有走向错误的方向。我们认为这些沟通非常重要，在平时曾多次练习。”

在安装一个电话亭大小的新仪器或探测器的时候，机械臂末端的航天员看不全自己手里拿的包裹，此时航天员的移动就要靠霍利来决定，因此需要团队的合作。机械臂上的一名航天员要抓住仪器，由于视线遮挡导致航天员自身无法直接观察，第 2 名出舱航天员则要将仪器引导到一个槽口，以满足仪器在每条边方向有四分之一英寸的安装对接容差。显然，史蒂夫·史密斯总是说，他想把这些仪器装进哈勃，但霍利却不同意。“我曾经告诉他，‘不，我真的要这么做，你只需要保持住就行’”。霍利还指出，在出舱期间，他们必须要清楚是谁跟谁在交流，因为两位出舱航天员可能是在互相交流，而不是想让机械臂移动。如果出舱航天员不想让机械臂移动，但霍利却误认为他们想移动，那么这可能是很危险的，会造成不可挽回的损失。“所以我们有一条规定，只有机械臂尽头的那个人才能指挥机械臂。”这就意味着霍利只能根据机械臂末端航天员的声音而移动机械臂，否则就保持不动。不在机械臂上的那名航天员发出的命令只有一个，那就是“停下来”，当他发现一些别人没有发现的情况时，他就可以这么做。STS－82 任务还有另一个问题，就是机械臂操纵员和出舱航天员的名字一样都是史蒂夫，所以他们也必须格外小心。

机械臂操作员的责任是简化有效载荷舱内航天员的工作。正如霍利所说：“我记得哈博在 SADE 工作时的一个案例，涉及一系列的连接器。我可以告诉他一些连接已经完成了，我也知道他下一步要去哪里，而且移动的距离也不是很远，所以我稍稍移动了一下他，他甚至都没有必要对我说出要求，因为我们对此已经非常熟悉了。训练到这样的地步还是挺好的，你会真的觉得自己只是完成这项任务的整个智能系统的一部分。”

在 5 次出舱任务中，4 名航天员共花费了 33 小时 11 分钟的时间，这只比第 1 次服务任务少了 2 个小时。随着所有维修任务的完成，指令长鲍尔索克斯和驾驶员霍罗威茨启动了发现号的小型轨控发动机，进行最后一次轨道提升，将轨道提高了 3 海里（3.45 英里，5.55 千米），使望远镜达到了它曾经到过的最高位置。霍利在他 2003 年的口述历史中回忆说，这次点火一直持续了 82 分钟。因此，在 335×321 海里（385.51×369.40 英里，620.42×594.49 千米）的位置上，STS－82 乘组成为了航天飞机轨道高度记录的新保持者。

在完成第 5 次出舱任务之后不久，哈勃有效载荷操作控制中心在把有效载荷通信系统 1 切换到系统 2 之后，发现并不能向望远镜发送可靠的指令，即第 2 个系统不能建立可靠的链路，但下行链路不受影响。在哈勃仍处于有效载荷舱内剩下的时间里，有效载荷指令仍切回至由系统 1 来发送。经过分析后发现，这个问题是由数据传输故障造成的，当望远镜离开载荷舱完成部署后，上述故障将自动消除[15]。

图 1－24 霍罗威茨在发现号的飞行驾驶员岗位上实施“安装和修补”。他正在使用一个用于支持出舱活动的手工线圈紧固件。为了帮助航天员操作设备以完成其在轨应用，地面控制人员上传了设备技术草图（在头上部可以看到）

图 1 - 25　史蒂夫·史密斯（左）和马克·C·李在第 3 次出舱期间向舱内的成员表示感谢。从这张照片中能够很好地看到在出舱期间 EMU 服装上使用的附加设备

1.4.1　把哈勃放回到轨道

2 月 19 日，史蒂夫·霍利再次操控 RMS 抓住哈勃望远镜，并将其第 2 次部署到太空中，重复了他在 STS - 31 时所执行的操作。在飞越非洲西南海岸时，既是天文学家又是航天员的他，轻轻地将哈勃从有效载荷舱中提出。当哈勃仍处于与机械臂连接状态时，地面控制器已经发出指令，打开了它的光圈门。然后，霍利在美国中部时间上午 12 时 41 分将望远镜释放，他成为有史以来唯一一个两次部署哈勃望远镜的人。此时，望远镜已经在有效载荷舱里放置了 5 天 19 小时 59 分钟。

图 1 - 26　一个“再次升级的”哈勃望远镜在第 2 次在轨服务任务结束时重新回到运行轨道上

“能够在 STS－82 任务中负责释放哈勃望远镜是一项嘉奖，因为我知道我们已经成功升级了它的性能，这也是最初设计时所计划的目标之一。”霍利在 2014 年回忆说，“在 SM－1 之后曾有段时间，有很多人觉得我们已经躲过了一个‘子弹’——既然现在已经解决了主镜缺陷的问题，也更换了原来的太阳能电池阵，那也许我们就不应该再上去摆弄它。在 STS－82 任务中释放望远镜要比 STS－31 时容易一些，因为在 STS－31 任务中反射的太阳光非常强烈，以至于末端执行器上的相机不能工作。这个相机是将末端执行器从扶手锁扣上移开并避免进一步接触的主要提示。鉴于此，我们重新考虑并对后续哈勃任务进行改进设计以避免这个问题。”

仅仅几分钟后，鲍尔索克斯和霍罗威茨点燃了发现号上的小发动机，开始轻轻地往后退。而在此时，戈达德控制人员报告说望远镜已经建立了 TDRS 链路，并恢复正常运行。它已经开始处理地面的指令从而进行一系列的校准，而这将持续数周的时间。当天晚些时候，飞行梯队人员收到了 NASA 局长丹·戈尔丁的贺电，然后逐渐安静下来，度过他们在太空中最后的时光。

经过 8 天的密集工作之后，此时航天飞机上有了一种轻松的氛围。“当我们完成第 5 次出舱，而且对哈勃进行一系列的在轨测试之后，我们才意识到这项伟大的科学观测系统再次运行起来，当时我们相当愉悦和轻松。这时候，我们才感觉到我们在刚刚过去的 18 个月内是多么的紧张，”坦纳说，“这是一个很有趣的时刻，我们能够作为一个飞行梯队在一起，而且能够有时间去望望窗外，真的很开心。在高轨道上，地球看起来真的很不一样。唯一美中不足的是，我们轨道倾角比较小，大部分时间是处在海洋上空。在其他飞行中，如果有较高的轨道倾角的话，就会看到更多的陆地。”

1.4.2　回家

当飞行梯队人员从在太空中的第 9 天醒来时，他们已经在哈勃前面约 55 英里（88.49 千米）的地方了，而且每围绕地球转一周，距离就会增加 5 英里（8.045 千米）。在最后 2 天里，他们进行了各种为返回着陆做准备的任务。这些任务包括检验气动控制面、升降舵、襟翼、联合速度制动器和方向舵，以确保它们能够正常移动。由于发现号的发动机已经进行了几次轨道调整，所以已经不需要对这些发动机再进行测试。在交会对接、在轨维修和重新部署这些过程中，38 个可用的发动机中，已经有 31 个使用过了。另外 7 个发动机要么在接下来的行动中启动，要么就在再入返回准备期间进行测试。

鲍尔索克斯和霍罗威茨在 MS2 霍利的协助下，对驾驶舱进行了常规检查，与此同时，其他飞行梯队人员忙着堆放机舱里的设备，准备再入地球的航天服，并重新安装之前收起的中间驾驶舱座椅，为落地做准备。飞行梯队人员还参加了一个媒体新闻直播发布会。在时间允许的情况下，所有的太空探索者都喜欢做一件事情，那就是当地球在下边转动的时候，透过航天飞机舷窗向外望去。

1.4.3　驾驶舱中部的任务专家角色

在返回地球的过程中，坦纳与史密斯交换了座位，坐在了中间驾驶舱里。大家首先想到的似乎是在任务的这个阶段，中间驾驶舱里的人所能做的事情比较少，但坦纳却坚持说，“其实有很多安排，其中有很多机械式的事情你必须得去做。首先，你得让每个人穿好航天服，确保中间座舱和飞行座舱内的一切都能为再入返回做好准备，所以驾驶舱中部其实很忙的。实际上这次我们还能有一点额外的时间，因为我们的飞行高度太高了，在触及再入边界之前，还能有更多的时间去“滑翔”。在中间座舱里的三个人对于中间座舱的工作来讲，人数足够了。而在舱尾只有两个人，那里才是真的忙。”

1.4.4　2 月 21 日/着陆

霍利作为一名具有特殊经历的航天员，不仅因为其经历了很多次在发射阶段出现波折的飞行任务，同样在飞行任务结束时的返回阶段也有着很多不一样的经历，此次 STS-82 任务也不例外。2 月 21 日的第 1 个返回窗口因为佛罗里达州 SLF 的云层比较低而被取消。不过当天第 2 个返回窗口出现时，天气条件比较好，这使得发现号可以在绕地球飞行的第 150 个轨道周期内返回地球。此时，发现号总共经历了 9 天 23 小时 37 分 9 秒共计 410 万英里（659 万千米）的旅行。在美国东部时间凌晨 3 点 32 分的时候，SLF 被最近刚安装的 52 个卤素灯照亮了，这些灯以相距 200 英尺（60.96 米）的间隔安装在 3 英里（4.82 千米）长的跑道中心线上。

当地勤人员走近时，坦纳已经解除了装备，并在座舱里走动。“我从飞行驾驶舱的人员那里拿到了头盔，并带到了下面，只是为了帮助地勤人员。我之前曾经在地面上做过支持工作，我清楚他们的具体工作是什么，所以我能够力所能及地去帮助他们。”这里所说的具体工作指的是他在之前飞行任务中所承担的“Cape Crusader”角色[16]。

从航天飞机出舱之后，航天员去乘员总部进行了常规的飞行后体检，然后在当天中午返回到约翰逊航天中心附近的埃林顿球场，参加了例行的欢迎仪式。至于轨道器，首先在着陆跑道上对它进行了一些安全方面的检查。然后在着陆约 3 小时后，又花了约 1 小时 15 分钟，将轨道器转移至 OPF 的 2 号大厅开始进行相关配置的解除，为预定于 1997 年 7 月进行的 STS-85 任务做准备。

哈勃本次在轨服务是航天员和地面队伍共同顺利完成的又一个极具挑战和风险的任务。第 3 次在轨服务任务本来计划在 1999 年年底进行（后来拖到了 2000 年），而且相关的准备工作已经开始了。STS-82 任务中的航天员再次证明了在轨维修看起来是很简单的，这不仅增加了未来人们对再次维修哈勃的信心，而且也增加了对于国际空间站组装任务的信心，空间站项目预计将在下一年开始。

1.4.5　提醒危险

在发现号返回地球的两天之后，和平号空间站上的一个高氯酸锂罐发生故障并引起了一场大火，这个储罐用来为临时出舱的航天员提供额外的氧气保障。这次故障非常值得关注，让我们知道了在太空的一些操作是多么的危险。就在一瞬间，一束 3 英尺（1 米）高的火焰从罐中射出，显然这是由于套管上的裂缝造成的。据说现场状况很夸张，像是灾难性的，但飞行乘组很好地处理了这一紧急情况，在短时间内成功将空间站的运行恢复正常。然而这只是一次“前奏”，不久之后又有一架无人货运飞船与和平号相撞。这本可能是以悲剧告终，不仅因为一个压力模块被撞破了，导致部分舱段密封失效，而且空间站也失去了大部分的发电能力，好在飞行梯队最终还是挽救了空间站并继续工作[17]。

1.4.6 开心与担心

与此同时，哈勃正在执行一项任务，那就是校核所有对它的改进、安装的新仪器以及加强的设备，而这些一共耗费了 3.5 亿美元的成本。广角/行星相机-2（WFPC-2）恢复了相应的科学观测能力，并对火星观测成像；新的 FGS 得到首次应用；STIS 也被投入使用。而至于 NICMOS，可以说既有开心又有担心。这台仪器使用三个先进的相机和一套先进的光传感器，目的在于利用近红外光来对宇宙进行研究。这些传感器要正常工作就必须保持在极低的温度，理想情况下应不超过 59K。传感器与过滤器和其他一些装置一起，被装在一个称为杜瓦的大型绝热瓶内，里面装满了大约 225 磅（102.1 千克）混杂着泡沫铝的固体氮。

令人欣慰的是，两台高分辨率相机在初步对焦测试中获得了极好的结果，但是这次测试也显示，相机-3 记录的温度提示杜瓦瓶内可能存在某种温度环境，这种条件会使得过多的热量从“较暖”的外部结构传导到“较冷”的内部元件，从而使固体氮变暖。NICMOS 首席研究员亚利桑那大学罗杰·汤普森博士说，他相信这种情况能够得到充分改善，并使 NICMOS 恢复到正常的运作状态。按照预定的计划，哈勃将经历 10 个星期的测试和校准，然后，在 5

月份重新开始科学观测。

对于哈勃来讲，一些 20 世纪 90 年代新研的零件取代了首次发射时使用 70 年代技术设计的产品，目前它已拥有十几个新系统和六处局部通过捆扎实现的热控多层。在维修期间，航天员共使用了 200 多种工具，望远镜在轨更换及其相关装配操作共涉及质量 4 500 磅（2 041 千克）。NASA 哈勃项目科学家爱德华·韦勒总结了这样一个成就："之前的哈勃望远镜其实已经不存在了，我们有了新的望远镜。你可以称之为哈勃 2 号。"

1.4.7　STS－82 任务回顾

显然，STS－82 取得了巨大的成功。实际上在令人惊奇的第一次在轨服务任务之后，STS－82 总会让乘组人员们觉得对每个人来说都是一次挑战。正如史蒂夫·史密斯在 2013 年所解释的那样："世界上的每个人都把目光放在了第一次哈勃（维修）的任务上，所以要做这么多的事情是非常困难的。对我们来说，STS－82 表明这绝不是一次就能搞定的事情。我们实际上可以定期地去太空中进行操作。"飞行梯队人员们很清楚地意识到，如果他们仅仅完成了 STS－61 飞行梯队在训练比例和准备水平方面所做的所有事情的话，那么其实只是第一次任务的重复而已，但事实并非如此，STS－82 任务非常地不同，它证明了经过充分的培训和具备足够的经验，人们可以掌握复杂的出舱活动技术。

史密斯认为，STS－82 任务最有意义的事情是推动了出舱活动培训与在轨实现的技术发展。"促使我们通过开发在轨合理操作最终完成各项出舱活动。虽然每次出舱活动并不轻松，但却是一件可以按照既定流程去执行的事情。我们都知道舱外活动即将应用至国际空间站任务，所以实际上是起到了桥梁纽带的作用。'嘿，那些家伙只做了 5 次出舱即完成了多台设备的更换和安装，所以我们也绝对可以做到。'就个人的收获而言，STIS 和 NICMOS 是两个关键的仪器，所以对我来讲，这两个"盒子"拍摄了很多著名的宇宙图片。后来，我偶然在一个机场的一本天文杂志上看到一幅 NICMOS 拍摄的美丽图画，这让我想到，能够参加那次在轨维修任务，真的是太伟大了。”[18]

坦纳说：“STS-82 任务最有价值的部分，就是能向别人传递我曾拥有为哈勃工作的机会。它不是美国一个国家的资产，实际上是世界各地科学家共同使用的世界资产，其数据被用来改写世界各地的天文教科书。我来自伊利诺伊州的小农场，能有机会在这方面工作是至高无上的荣耀。”

现在，这份荣耀已经传递给正在进行任务准备的下一个服务飞行梯队。但是在 STS-82 安全返回后不久，哈勃团队就听说作为哈勃工程创始人之一的莱曼·斯皮策不幸去世。

1.4.8　“哈勃之父”离去

1997 年 4 月 1 日，在哈勃望远镜第 2 次在轨服务任务完成的几个星期后，被誉为哈勃太空望远镜创始人之一的莱曼·斯皮策在新泽西州普林斯顿的家中去世，享年 82 岁。他已经看到了他曾经的想法成为了现实，尽管最初发生了主镜缺陷的问题，同时也遭遇多年的任务推迟，但通过两次在轨服务任务实施，他作为见证者之一也目睹到了哈勃伟大的科学观测成果。他对这个设计概念的执着是在航天任务低迷时期持续保持哈勃计划的驱动力之一。斯皮策不仅能够利用这台仪器从事科学研究，而且也推动了望远镜的两次维修任务实施，最终恢复科学观测能力，同时有效延长了在轨寿命并进一步提升了性能。他的坚持为未来的研究人员和科学家提供了一个平台，而且是一个“太空平台”，这也是他长期以来满怀激情地去讲述的事情。（备注：2003 年 NASA 研制的第 4 台大型太空望远镜发射升空，命名为斯皮策太空望远镜。）

1.4.9　乘组任务继续

在完成飞行任务后，史蒂夫·霍利回到了 JSC 办公室担任飞行运营总监处的副主任，不过他还会再次进入太空。和以前的任务一样，在 1999 年的 STS－93 中，他担任 MS2，而有效载荷是 NASA 的第 3 个大天文台——钱德拉 X 射线天文台。正如霍利所说，“我觉得不会有人能为哈勃执行 3 次任务，所以非常幸运我做到了两次。”随着 STS－93 的完成，他成为了唯一一个涉及两大天文台飞行任务的航天员：哈勃和钱德拉。不过，事实说明了霍利所说的话不准确，后来约翰·格伦斯菲尔德真的执行了与哈勃相关的 3 次任务。

鲍尔索克斯开始为国际空间站（ISS）长周期任务进行训练，并担任第一批航天员梯队的候补指令长，并将于 2002 年年底在空间站上继续指挥第 6 次“太空远征”。霍罗威茨在飞往初期的国际空间站之前被分配到了调度中心担任舱体通信员，首先在 2000 年担任了 STS－101 的飞行驾驶员，然后在 2001 年担任了 STS－105 任务指令长。

前期在哈勃望远镜上的出舱活动经历是 4 名出舱航天员的宝贵财富。1997 年 6 月 9 日，马克·C·李和乔·坦纳等被选拔组成一支 14 名航天员梯队，这些航天员将被安排进行针对于早期国际空间站组装任务的强化训练。史蒂夫·史密斯重新回到了大多数航天员在飞行任务间歇期所承担的角色，被分配到 KSC 作为卡纳维拉尔角（Cape）的航天员系统技术支持人员来支持其他人的飞行任务。按计划他将在 1999 年年底再次拜访哈勃。1997 年 6 月 13 日，哈博被任命为 JSC 出舱任务项目办公室执行经理，接替了已任 KSC 航天飞机发射总装项目经理的唐·麦克莫纳格尔。

接下来工作重点转向了国际空间站的组装工作，但是还有几次其他“独立”的航天飞机任务要完成，其中就包括至少两次访问哈勃望远镜的任务。

参考文献

[1] NASA News：JSC 95－81 also listed S95－040.

[2] NASA News：JSC 96－53.

[3] AIS interview with Steve Smith，February 15，2013.

[4] Steven Hawley，NASA JSC Oral History，and January 14，2003.

[5] AIS interview with Joseph Tanner，February 28，2012.

[6] AIS Interview with Joseph Tanner，February 28，2012.

[7] Email to AIS from Steve Hawley，December 12，2014.

[8] NASA's Scientist Astronauts，David J. Shayler and Colin Burgess，Springer－Praxis，2007，pp472－474.

[9] STS－82 Mission Control Status Reports No. 1 through 21 February 11－21，1997.

[10] Hubble Servicing Challenges Drive Innovation of Shuttle Rendezvous Techniques，John L. Goodman and Stephen R. Walker，American Astronautical Society GNC Conference，January 31－February 4，2009.

[11] Hawley Email to AIS，December 2014.

[12] Two Astronauts to Share Same Spacesuit，Enhancements ensure space suit is ready for space station，Hamilton Standard Press Release，NR－316，February 12，1997.

[13] AIS interview with Steve Smith，February 15，2013.

[14] Tanner AIS interview，2012.

[15] STS－82 Landing Plus 2 Hour Report，February 21，1997.

[16] Tanner AIS interview 2012.

[17] Mir ：Fire and a collision 1997，in Disasters and Accidents in Manned Spaceflight，David J. Shayler，Springer－Praxis，2000，pp309－340.

[18] AIS Interview with Steve Smith February 15，2013.

第 2 章　在轨服务任务 SM－3A

我伸出手去触摸望远镜，这是一个神奇的时刻。

——约翰·格伦斯菲尔德（作为 STS－103 任务航天员，1999 年 12 月 22 日在哈勃任务中获得了职业生涯中的第一次出舱机会。）

随着哈勃太空望远镜成功发射十周年纪念的到来，两次在轨服务任务不仅修复升级了光学系统，而且还扩展了望远镜的性能，这已经远远超出了半个世纪前首次提出的对望远镜的功能设想。这个过程并不容易，但望远镜最终还是顺利完成部署，尽管早期出现了一些问题，但现在的哈勃已经传回了大量令人印象深刻的科学数据和数百张壮观的图像，而且人们仍然在期待着它能够带来更多惊喜。

2.1　与时间赛跑

现在已经到了哈勃计划的 15 年轨道寿命的三分之二时期了，应该也到了再一次维修访问的时候了。这次任务定在了 2000 年，但随着准备工作的开展，在太空中的望远镜却正在遭受一连串的陀螺仪故障问题。更糟糕的是，航天飞机项目的硬件与系统的质量保证正在经历一个艰难的时期，而且俄罗斯承研硬件的推迟交付也影响了国际空间站的组装任务。

望远镜需要有 3 个正常运转的陀螺仪才能达到精确的指向精度。当 6 个陀螺仪中的 3 个失效时，按照哈勃的飞行程序设计，NASA 就不得不在第 4 个陀螺仪失效之前考虑启动临时任务，这也意味着科学观测计划必须暂停，而望远镜会一直处于安全模式以等待维修人员到达。这是一场与时间的赛跑，在其他任何事情出错之前必须再次修好望远镜。按照任务目标，哈勃小组决定将原计划进行的第三次在轨服务分为 A、B 两次单独的飞行任务：SM－3A 将于 1999 年尽快发射进行，以满足最迫切的需求，而 SM－3B 将于 2001 年发射，将剩余的维修计划彻底完成。

2.1.1　选拔飞行梯队

到 1998 年，NASA 航天员办公室的大多数成员决定依托空间站计划来延续个人职业生涯，以确保未来能获得飞行任务指派，但史蒂夫·史密斯没有这么做。继 STS－82 之后，他与管理层联系，表示有兴趣成为下一次哈勃望远镜任务的“航天员老兵”。“我真的很清楚，我是那种不介意再做同样事情的人，因为我非常喜欢它，我想我可以带领新人重返望远镜。我只做了一次这样大胆的提议。我想其他有同样机会的人不会这么做，因为其他同行曾提到会等待空间站的任务，虽然这看似太遥远了。”[1]1998 年 7 月 30 日，史密斯的想法实现了，4 名出舱飞行梯队人员被任命执行第 3 次哈勃在轨服务任务，其中史密斯担任 MS1 和有效载荷指令长。[2]飞行梯队成员还包括作为 MS3 的约翰·格伦斯菲尔德、作为 MS4 的迈克·福尔以及作为 MS5 来自 ESA 的克劳德·尼科尔。当时媒体都注意到，格伦斯菲尔德、福尔和尼科尔在加入太空计划之前都曾在天文学领域工作过。那时，作为飞行梯队运作主管及前航天员的戴维·利斯特马指出了这次任务的雄心，那就是要破纪录地进行 6 次出舱活动，因此让有效载荷飞行成员尽早开始训练是至关重要的。

几天后的 8 月 4 日，ESA 证实尼科尔将参与第 3 次在轨服务飞行任务。[3]7 个月后的 1999 年 3 月 12 日，NASA 和 ESA 联合指派了最后 3 名梯队成员，其中由柯特·布朗担任指令长，斯科特·凯利担任飞行驾驶员，ESA 航天员让－弗朗索瓦·克莱瓦担任 MS2/FE。[4]到目前为止，由于陀螺仪故障，服务任务被分成两部分，第一部分编号为发现号执行的 SM－3A/STS－103 任务。目标发射日期为 1999 年 10 月 14 日，任务预计持续 9 天时间。

2.1.2　驾驶舱梯队成员

指令长柯特·布朗自 1997 年 6 月以来一直供职于航天员大队（第 12 组），他在 1992 年的 STS-47、1994 年的 STS-66、1996 年的 STS-77 中担任飞行驾驶员，并在 1997 年的 STS-85 和 1998 年的 STS-95 任务中担任指令长，其中 STS-95 涉及了为执行 HOST 项目的有效载荷试验任务。STS-103 将是他的第 6 次太空飞行，这项飞行次数记录当时只有 4 位航天员拥有，分别是约翰·扬、斯托里·马斯格雷夫、富兰克林·昌-迪亚斯和杰里·罗斯。STS-103 任务的飞行驾驶员是 1996 年 5 月被 NASA 列入航天员项目的新手斯科特·凯利（第 16 组）。他是第一个没有先前太空飞行经验就被分配到哈勃任务的航天员。最后一位入选的梯队成员是法国籍航天员让-弗朗索瓦·克莱瓦，他将担任 MS2/飞行工程师和 RMS 主操纵

图 2-1　在发现号航天飞机驾驶舱内后端的充满节日色彩的 STS-103 飞行梯队：（前排从左到右）尼科尔、凯利和格伦斯菲尔德，（后排从左到右）史密斯、福尔、布朗和克莱瓦

员。1992 年 5 月，他被选入 ESA 航天员队伍，随后完成了 NASA 1992 级的 Ascan 训练（第 14 组）。他之前执行的飞行任务是在 1994 年的 STS－66 和 1997 年的 STS－84 上担任飞行任务专家。

2.1.3 比伊·鲍勃加入梯队

让-弗朗索瓦·克莱瓦于 1985 年入选第二批法国国家航天员，在成为 ESA 的航天员之前曾在俄罗斯为赫尔墨斯航天飞机计划进行过训练。在 NASA，他成为航天员办公室任务发展处的专家，从事机器人技术的研究，并在航天飞机的 RMS 技术方面享有盛名。在他的第一次飞行中，他是部署基于航天飞机发射的低温红外光谱仪和望远镜探测器卫星的 RMS 主操纵员。当与卫星交会对接的时候，这次任务进行了 R－Bar 程序的预演，这个程序将被用于即将进行的航天飞机与和平号空间站的对接任务。也许是因为克莱瓦具有那次抓捕卫星的经验，所以获得了在 SM－3A 任务中的飞行机会。

克莱瓦在履行哈勃望远镜 RMS 操作员的职责方面没有任何问题，但是当他刚到 NASA 时，人们发现他的名字发音很困难。“因为（在美国）人们不知道怎么说‘Jean François’，他们说 Gene FransHoise。Jean 是我的名字（用英文发音接近约翰，但是这里用一个柔和的发音 Zh）。Jean 在英语里是女性的名字。而且在名字 François 末尾有一个‘oi’，在法语中发音为‘wah’。在得克萨斯州，他们读成了 FransHoise 而不是 Franswah。所以从我第一次飞行开始就叫‘Billy Bob’，这个名字让大家读起来要更容易。”[5]

1999 年 3 月初当克莱瓦度假回来后，他的办公室室友斯科特·凯利告诉了他一个小道消息，那就是哈勃的第 3 次服务任务会被分成两部分，要组建一次新的飞行批次，从而组建一批新的飞行梯队成员。由于望远镜陀螺仪的问题优先于其他的服务计划，因此第 3 次访问哈勃望远镜的主要任务目标将推迟到第 2 次飞行来完成。第 1 次飞行的出舱人员已经进行了几个月的训练，但是他们的舱内梯队队友还没有被任命。“凯利告诉我，‘因为你以操纵 RMS 的技能而闻名，所以你可能在考虑范围之内。'几天后，我接到了首席航天员查利·普雷特的电话，让我和斯科特·凯利一起去他的办公室，斯科特·凯利觉得这可能是关于哈勃任务的任命。当我们到达查利·普雷特的办公室时，柯特·布朗也在那里。"

"在 10 分钟内，查利问了一些问题，比如'斯科特和让-弗朗索瓦，你们之前是否有过驾驶 T－38 飞抵 Cape 的经历?'我们说：'是的。''（对克莱瓦问）然后那天你回来了吗?'我说'是的。'然后他告诉我们，他收到了一个关于我们飞行的投诉，因为我们飞得太高，而且不在我们的飞行规划路线内。我看着斯科特感觉有些担忧，在想我们在哪些地方做的不妥。"克莱瓦简直不敢相信，特别是因为他们同在一个办公室，相互很了解，而且定期地一起飞行。"然后我开始看到斯科特脸上露出了一丝笑容，我才意识到这是一个笑话，我们都大声笑了起来。查利告诉我，'不是这样的，实际上我打电话给你，是因为我们需要你完成一个额外的任务，我们决定增加一个哈勃太空望远镜的服务飞行任务，因为我们不想让哈勃进入待机模式，让数以千计的科学家突然失去科学观测的数据供给。'当时，全世界有大约四千名科学家全职地为哈勃太空望远镜的数据而开展研究。查利告诉我，当时只有 3 个人在他们的考虑范围内，另外两个是：南希·柯里和简·戴维斯。但南希刚刚在几周前从一个飞行任务（STS－88）中回来，而简·戴维斯已经接受了 NASA 马歇尔的一个管理职位，对她来讲，这是获得更高管理职位、更高等级的一种途径，但通常需要离开航天员办公室才可以。他告诉我，'我们选择你是因为你的技能，我们知道你会非常主动地动脑思考，而且在训练过程中也不会有任何压力。'"

距离发射时间仅剩 7 个月了，克莱瓦认为是他以前的 RMS 经验使他获得了这次任务的机会。"是的，我认为这不仅仅是经验问题，我被任命执行 STS－66 是因为我已被航天员办公室认可，认为我作为一名优秀的专家能够承担技术工作，而且也认为我能完成这项任务操作。总之至少我自认为还是很有能力的。"

2.1.4 出舱队伍

应该说 4 名负责出舱的航天员都是太空飞行的老兵，但这其中只有史密斯和福尔两个人以前有出舱活动的经验。他们将与出舱新秀格伦斯菲尔德和尼科尔合作，执行 SM-3A 计划的 4 次出舱（后来修改为 3 次）。史密斯已经在 STS-82 飞抵过哈勃，现在他作为有效载荷指令长把在望远镜方面的工作经验传授给新的梯队成员。他出舱的同伴是天文学家约翰·格伦斯菲尔德，他于 1992 年 3 月加入 NASA（第 14 组），并参与了 1995 年的 STS-67，即 ASTRO-2 空间实验室任务，以及 1997 年飞往和平号空间站的 STS-81 任务。

第 2 个出舱小组由瑞士航天员克劳德·尼科尔和英裔美籍航天员迈克·福尔组成。这将是尼科尔参与的第 4 次飞行任务，此前他于 1992 年第 1 次参与了 STS-46 任务飞行，接着参与了在 1993 年首次发射哈勃望远镜的 STS-61 任务和 1996 年的 STS-75 任务。福尔于 1987 年 6 月与柯特·布朗一起加入 NASA 航天员团队（第 12 组），然后在 1992 年的 STS-45 和 1993 年的 STS-56 中参与了飞行，并参与了 1995 年 STS-63 中的部分旨在支持哈勃出舱任务的出舱技术在轨验证项目，并进行了出舱活动。在 1997 年的飞行任务中，福尔在太空中度过了 145 天，其中大部分时间在俄罗斯的和平号空间站上，他是在执行 STS-84 任务时进入空间站，并在执行 STS-86 任务时返回地面。

在为和平号空间站进行训练的时候，NASA 管理层告诉福尔，希望他要执行的第 5 次由美国人飞向和平号空间站的任务将顺利完成，且在计划中不发生任何问题和意外情况。然而没有人会想到一艘无人驾驶的货运飞船会撞到空间站。就在飞往和平号之前，NASA 管理层告诉福尔，飞行回来之后他们希望他直接回俄罗斯为长期的国际空间站飞行项目而训练。但他对此并不愿意，并回复到："不，我感谢你们对我能力的信任，但我将离开很长一段时间，我需要回归初衷，回到 NASA 系统中去。在我回去从事空间站飞行任务之前，我需要进行一次航天飞机飞行。”管理层接受了他的诉求，并问他是否想执行哈勃任务。“我说，‘那太好了’。我知道，当我在和平号上的时候，特别是有几天我不进行舱外行走以及为一些事情感到非常恼火的时候，我都坚定信心我会回来为哈勃工作的。这真的让我在整个和平号飞行任务中打起了精神。我知道在后面还有更多的航天飞机任务等着我，因此我决不会放弃和平号，因为还有更大的‘一碟菜’在等着我。”[6]

正如福尔所进一步解释的：“对于自己的请求，必须要小心翼翼，因为只有这样你才可能顺利完成。我飞行回来后被告知，‘看起来你会参与哈勃望远镜的任务’。”这次飞行计划的时间跨度超过了两年，1998 年 1 月他被任命担任 JSC 的管理职务，作为乔治·阿比的技术事务助理，他仍坚定会时刻准备迎接哈勃任务。直到 7 月，在担任航天员办公室空间站主席一职时，福尔被正式任命为哈勃任务梯队的成员。

第 3 次哈勃服务按计划分配了 6 次出舱的任务，但是当服务任务分成两次之后，SM-3A 的飞行计划只有 4 次出舱（后来减少到 3 次）。第 1 次和第 3 次出舱任务分配给了 EV1 史密斯（穿实心红色条纹航天服）和 EV2 格伦斯菲尔德（穿没有标记的航天服）。而第 2 次和第 4 次出舱任务则由 EV3 福尔和 EV4 尼科尔执行，福尔身穿间断红色条纹航天服而尼科尔身穿对角倾斜间断红色条纹的航天服。

2.1.5 训练

STS-103 的飞行梯队成员以前共计执行过 18 次飞行任务和 4 次出舱活动，但是只有史密斯和尼科尔曾参与执行过哈勃望远镜的服务任务。福尔和克莱瓦在 STS-84 任务时曾一起飞抵和平号空间站。正如格伦斯菲尔德在任务执行之前指出的那样：“除了我之外，还有另外两位在物理学和天文学方面受过训练的航天员尼科尔和福尔，因此整个梯队中，我们有 3 名电子工程师布朗、凯利和史密斯，还有我们的飞行工程师克莱瓦，他也是一名航空工程师。”部分以前参与哈勃任务的航天员根据飞行经验被重新指派到了下一次在轨服务的飞行梯队之中。升任有效载荷指令长并曾在哈勃任务中经历出舱的史密斯是第 3 次在轨服务任务的核心出舱成员，另一名有效载荷指令长的候选人是福尔，根据经验和加入航天员队伍的时间来看，他相对更有资历，但他并不希望自己担任高级管理职位，也不希望为哈勃任务做筹备工作，而且他也完全认同把有效载荷指令长的职位分配给史密斯是合乎逻辑的。

当 SM－3 要计划创造 6 次出舱记录时，对于史密斯来说是一个艰巨的挑战。“我的工作从本质上说是一名管理者，需要在任务过程中帮助整个团队向前迈进，确保让计划中的 6 次出舱活动都能取得成功，并且能对所有的突发事件做出应对。例如在第 1 次出舱活动中就出现问题怎么办？我们会带什么出舱工具以防出现误操作？所以这就像是在地上指挥一个巨大的团队来完成任务，而且团队里的人都很聪明，大部分的工作需要他们来完成。相对而言我更多的工作则是确保我们在舱外拥有需要的设备，而且对我们被命令去完成的事情有所准备。这是一个物流管理方面的挑战，这是我的专长之一，所以基本上我们必须要有组织性。”

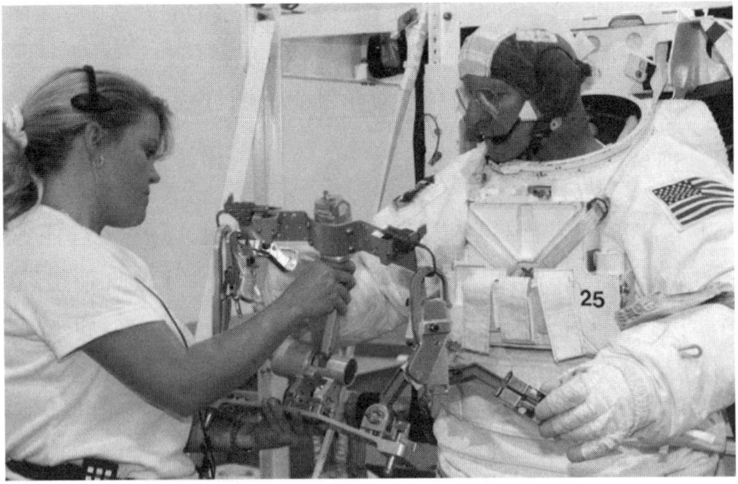

图 2－2　在进行水下模拟训练之前，尼科尔正在检测他的出舱硬件设备

从事后来看，回顾不同飞行任务中不同出舱活动的经验，史密斯被问到是否认为6次出舱可以圆满完成时说："是的，我觉得很显然我们会取得成功，但是随着任务不断推进，同时你的任务裕度和能量水平也在不断下降。以STS-82的第5次出舱活动为例，我相信地面队伍此时已经很累，而出舱活动的航天员也是如此。6次出舱是一个相当大规模的任务，但我相信我们会取得成功，我们只需要做到非常小心。"

"在STS-103任务中约翰·格伦斯菲尔德、克劳德和迈克是这次飞行梯队中的3位天文学家，但对约翰·格伦斯菲尔德来说这是他第一次在哈勃任务中实施出舱活动。尽管他们在认识之前均专注于天文学，但约翰·格伦斯菲尔德和他们两个一样，也都是真正的'哈勃拥护者'。从人类太空计划一开始，航天员就一直担心自己会犯错。在哈勃任务中，我们当然更加担心，因为它非常有价值但又很脆弱，而且它是地球上那么多杰出人才的信息来源。所以航天员在任何一次出舱活动中，如果没有犯任何错误且任务进展顺利，会真的很高兴。这次飞行任务在今年年底即将来临，而且就在千禧年的末尾。因此，原计划的共计6次出舱任务减少到了4次。在发射前我们推迟了很长一段时间，然后第4次出舱活动也取消了，因为按计划航天飞机必须在千禧年之前回到地面，因此迈克和克劳德都失去了一次出舱活动的机会。"在谈到第3次在轨服务任务的分解时，史密斯补充说，"任务提前进行的原因是因为有好多陀螺仪失效了，哈勃进入了休眠状态。所以我们像是紧急救援人员，这也让我们倍感兴奋。"不过，我们还是希望在经历改进设计的出舱培训之后能够获得预期的出舱操作效果。

在STS-63之后以及加入STS-103之前，迈克·福尔只进行过一次EMU训练，从1998年7月开始他进入几乎全时段的出舱训练。从哈勃任务回来6个月后他解释说："即使是经历熟练的训练，实际操作也只会处于一个非常低的水平，因为这只是训练。如果你被任命为飞行梯队成员，那么在轨操作水平就会上升一个台阶。例如，从 STS-103 回来以后，我只需要做一轮的准备就可以执行下一次的飞行任务了。”针对于 STS-103 任务，福尔估计他需要进行大约 100 个小时的出舱训练，重复练习他的每一项主要任务“至少 10～15 次”，还要交叉训练史密斯和格伦斯菲尔德的任务，“大约要重复 5 次”。他承认，与和平号的任务相比，他的“训练程度之重，简直令人难以置信，但与其他任何一次 8～10 天的航天飞机任务相比，绝对不能说这个强度大了。在为期 8 天的任务中，如果你把某些事情搞砸了或者你对出现的一些情况没有任何准备，那么你真的会想打自己耳光，因为很不愿意发生这样的事。而且，我们的出舱活动时间达到了 8 个小时，所以对于哈勃或者其他需要在短时间内完成很多事情的飞行来说，必须大规模地进行针对性训练，而且必须在时间管理方面做得更加高效。但是一旦在轨操作时出错，一切就都没有意义了。所有这些就是你所面临的严峻现实。”

福尔说，空间站任务指令长不会担心长达几个月时间跨度出舱任务的具体训练细节，因为他们会在空间站上继续接受训练。但是哈勃望远镜的有效载荷指令长明白，他们抓住每一个机会去训练都是绝对有价值的，因为当他们在几个星期后进行出舱活动时，训练的细节仍然会留在他们的记忆中，而这可能将成为影响成败的关键因素。“哈勃是 NASA 太空项目中最卓著的出舱任务。到目前为止，他们还没有犯过任何错误，我担心我们的姿态太高了以至于会出现重视程度下降，但我们继续成功着，成功之后还能再成功。我们在哈勃望远镜任务中用了更少的时间去出舱，但却获得了更大的成就。”与 JSC 为国际空间站做准备的几十人或者在莫斯科像福尔这样的三四个人相比，戈达德的出舱活动团队太庞大了。但是对于哈勃来说，“失败的代价是极其高的，就像保险一样，一旦出险则下次投保时的保险金会显著增多。”

培训的紧迫性并没有使克莱瓦慌乱。“相比于正常的一年训练周期，对于出舱的航天员则需要一年半，他们告诉我，想要在 6 个月之后进行任务发射。出舱航天员已经在 9 个月前开始了训练，所以如果我们让这些航天员短期内即执行飞行任务，仍然可以完成所需的训练任务。实际情况是，由于来不及充分准备相关硬件配置，所以他们并不会实施所有出舱训练任务，但是他们至少要训练更换陀螺仪的操作，这些是在 10 月前我们能为之准备好硬件的相关任务。有人告诉我，“我们知道你现在就可以开始训练了。”而且我对此很放松。为了 RMS 操作，我真的进行了我所能做的最高强度的训练，而且在我第一次模拟训练之后，我的指令长柯特·布朗印象非常深刻，他对我的能力真的很有信心。

“我的角色也是任务工程师 MS2。就这一点而言，我不得不进行比常规航天员更高强度的训练，因为你需要有与飞行驾驶员一样的专业知识水平，还要跟指令长一样对整个系统有深入的了解，你是唯一一个能够在上升和再入阶段进行操作的人。我不是在说飞行驾驶，因为驾驶任务对两个人来说是最基本的要求，他们可以承担完全相同的驾驶任务。在指令长的头顶配置有计算机管理系统的所有操作开关，左边对应的是所有的环境生命控制系统，即气压、空气成分、二氧化碳、冷却系统等。除了驾驶之外，右边的飞行驾驶员还要负责一些在上升和再入期间只有他能触及的系统开关，即所有的推进系统、轨道器推进系统、上升期间的主推进系统、氧氢燃料组合系统、液压系统、APUs 系统、液压加压系统以及所有的电源系统。所以，我必须熟练掌握所有系统，比我作为一个任务工程师还要更加深入。我作为飞行专家的角色，坐在他们两人中间，是为了帮助他们，并让他们在处理故障时保持稳定。例如，如果斯科特在一侧处理电气故障，而柯特同时在左侧处理泄漏问题，那么柯特需要操作一些开关，但是如果斯科特在处理故障并将一些电气系统暂时关闭时，他就不能进行操作了。这就是为什么 MS2 会像一个指挥一样。他的责任是在出现故障时，确保和前方右侧两位航天员时刻保持协同。与此同时，MS2 必须对目前发生的状况有全局性的了解，至少保证任务在名义上还是在进行的。是的，我受过训练，以便让自己能够像飞行驾驶员和指令长一样快速地反应，在遇到各种系统故障或性能问题时，能够及时明白需要拿起哪本书来用。”

克莱瓦回忆了一次特殊的事件。“当时只有我判断到了有一组设备性能不足，为此所做的终止操作非常关键，而且只有在详细参数比对时你才会发现这样的特殊情况。我在模拟训练中已经对此习以为常了，因为我们会在常规基础上反复做相同的操作以保证自己的熟练度。在每次都相似的模拟训练中，你会习惯于看到相同的故障和相同的情景。当你正在为一个非常具体的任务而训练时，教练会想尽各种办法让你经历各种可能出现的棘手场景，所以你必须非常熟悉你手头的工作。”

在 SM-3A 任务发射前不久，哈勃望远镜上的第 4 个陀螺仪失效，导致望远镜系统非常被动。正如克莱瓦所解释的那样，“有人告诉我说，‘事情并不像我们希望的那样，望远镜不肯跟我们合作，我们无法从地面对它施加命令，当你捕获它时，望远镜可能处在一个不利的姿态’。所以（我知道）我看到的望远镜可能处在太阳能电池阵列以各种姿态指向太阳，望远镜也可能会围绕这个轴线轻轻地旋转，因为对于姿态的控制已经失效了。在望远镜处于应急模式时，我们最期望的是太阳电池阵面能对着太阳，（特别是）当望远镜刚刚从轨道的背阳面出来的时候。”

2.2 SM-3

1997 年 6 月发布的综合飞行梯队信息单列出了继 SM-2/STS-82 之后的哈勃望远镜在轨服务任务，如下[7]：

1）SM-3，1999 年 12 月，STS-103，哥伦比亚号；

2）SM-4，2002 年 8 月，STS-127，哥伦比亚号；

3）SM-5，2005 年 11 月，任务编号和轨道器均待定。

清单上列出了计划要进行的航天飞机任务，其中有很多还在考虑之中，如“等待去解决国际空间站装配序列的细节问题”。大约在发射前 17 个月，主要有效载荷的飞行任务安排已经在航天飞机项目控制文件中确定为基线状态，附带的条文是“一旦被基线化，将会为上述有效载荷保留飞行任务编号，但是如果飞行序列清单发生变化，那些飞行任务数字序号也可能会变化”。事实的确如此。当 1998 年宣布第 3 次哈勃在轨服务的出舱成员时，这次任务已经改到了 2000 年 5 月或 6 月发射，仍然使用哥伦比亚号，且仍指定为 STS-103。当时飞行的主要目标是在创纪录的 6 次出舱活动中，安装高级探查相机并进行常规的维护保养。但是 SM-3 的命运与哈勃状态的“恶化”以及航天飞机梯队越来越多的问题交织在了一起。

2.2.1　STS-95 与 HOST

1998 年 10 月 STS-95 中的哈勃太空望远镜轨道系统测试（HOST）主要目的在于，对 2000 年 SM-3 任务中计划使用的硬件和系统进行评估。戈达德新闻发布中这样说：“HOST 将会确保哈勃望远镜上安装的电子和热学设备能够在太空辐射和微重力条件下正常工作。”哈勃最初计划的任务子项布局使得其配置的设备种类繁多，所以 NASA 希望确保这些设备不仅能够可靠安装在望远镜上，还能承受低地球轨道的恶劣环境。在 HOST 上要验证的技术之一，是为 NICMOS 开发的最先进的低温冷却系统。巧合的是，STS-95 任务的指令长柯特·布朗将在 5 个月后被分配到任务 STS-103 中进行下一次的在轨服务任务，这次任务将使望远镜进行准备以应对接下来的 HOST。HOST 装备包将被运送至约 300 英里（482.70 千米）高的轨道上，并且测试数据会被传输至 KSC。为了证明先前在轨运行设备的重复使用价值，HOST 硬件安装在一个机载支持设备（ASE）上，其中 ASE 最初用于在 1991 年 9 月 STS-48 任务中搭载高空大气研究卫星（UARS）。为适应哈勃任务，在完成相应载荷设备安装后，ASE 被安装在 STS-95 任务发现号航天飞机的有效载荷装载系统中。

HOST 装载的 6 个实验设备是：

1）哈勃 486 计算机：该计算机的部件经过了严格的辐射测试。这台 HOST 中的设备是为了确认计算机能够避免空间辐射引起异常情况从而保持正常运行，并能够对预期的性能进行比对衡量。它还反映了对辐射敏感的硬件和软件能否具备一定的纠错功能。

2）NICMOS 冷却系统（NCS）：这个测试是为了验证反向涡轮布雷顿循环冷却器，希望它能为哈勃望远镜提供比杜瓦系统更长寿命的服务。如果测试成功的话，预计冷却器安装到哈勃望远镜之后将使 NICMOS 寿命延长 5 年。这套设备包括 3 个冷却回路：循环回路，在安装到哈勃望远镜上后，将直接连接到 NICMOS 现有的线圈上，并且在该次测试中通过可控的热负载来模拟；主冷却回路，其含有涡轮压缩机、涡轮发电机以及与另外两个回路连接的热交换器；热管或毛细管泵回路，在与主冷却回路的接口处含有热交换器，其设计的目的是将热量传送到外部的一个散热器。电子支持模块（ESM）具有运行测试系统的电子设备，并能收集和监视系统关键遥测数据。

3）固态存储器（SSR）：已经被开发并用来取代目前安装在望远镜上的工程科学磁带式存储器，它是未来高容量数字存储器之一。

4）光纤测试线：数据通过新的光纤线和标准数据线以 4 kbh 速率传播，方便在手提电脑上进行飞行后的数据对比，以确定周围环境是否对其性能产生影响。测试的数据传输速率与轨道器的有效载荷数据读写器（PDI）相同。预计这种新型光纤技术不仅应用在哈勃望远镜上，而且在航天飞机和国际空间站中也会发挥着越来越重要的作用。

5）脉冲高度分析仪：这是一个数据收集设备，以更好地了解哈勃飞行所处的环境。这个设备并不会安装在望远镜上，它是用来测量可能影响现代电子元件性能的空间重离子辐射水平。

6）自由飞行器空间加速度测量系统（SAMS－FF）：这是为了测量 NICMOS 冷却器引起的振动，以判断其是否会影响望远镜的精确定焦能力。该系统最终并没有被安装在哈勃望远镜上。作为正在进行的微重力研究的一部分，自 1991 年以来，SAMS 已经搭载了 20 次航天飞机飞行。

2.2.2 1999 年哈勃再次遭遇麻烦

新年刚开始，即确定了 6 次航天飞机任务计划，但这其中并没有安排 SM - 3，当时预计到 2000 年 6 月才会执行此任务。1999 年的任务清单里包括了钱德拉 X 射线望远镜的部署任务 STS - 93、雷达测绘任务 STS - 99 和国际空间站的 4 次组装任务。此时所处的背景事实是，在过去的两年中，哈勃的两个陀螺仪在第 2 根软导线破坏后就出现了故障。这些器件会在几个小时至几个月的时间内停止运作。因此很难准确预测它完全失效的时间。当 1999 年 1 月 3 号陀螺仪的软导线失效后，导致陀螺仪运行变得不稳定，同时地面技术人员预计陀螺仪运行将难以持续很长时间。事实上，当年 3 月初它真的出现故障并停止运行了。这使得哈勃只能使用最低限度数量的 3 个陀螺仪来维持科学观测任务。

在担心哈勃健康状况的同时，其他事情也在同步进行。首先，哥伦比亚号计划在 1999 年夏天执行钱德拉 X 射线望远镜的发射部署任务，任务结束后将被送到帕姆代尔的罗克韦尔进行定期的 OMDP 维护，所以从时间上来说它无法执行哈勃望远镜的服务任务，最终发现号航天飞机被指派进行第 3 次哈勃在轨服务任务。然而在 SM - 3 的预计发射日期之前，技术人员评估另一个陀螺仪在 2000 年 6 月将有 50%的概率会失效，在 1999 年 6 月之前失效的概率是 10%～20%。如果情况真的是这样，那么哈勃将不得不在安全模式下持续长达一年的时间来等待航天飞机的到来。这是科学家不得不接受的严峻现实，这种不确定性促使 NASA 实施一项临时任务，以更换望远镜上全部的 6 个陀螺仪。

2.2.3 哈勃的陀螺仪

当 STS - 82 任务结束并于 1997 年 2 月离开哈勃望远镜时，所有的 6 个陀螺仪都按原计划正常运行，其中的 4 个是在 1993 年 12 月第 1 次在轨服务任务时安装的。从姿控系统角度来说，至少需要 3 个功能齐全的陀螺仪，才能确保望远镜具备精确的指向功能，所以能有 6 个陀螺仪已经是很高的冗余设计了。根据 NASA 的飞行规则，在第 4 个陀螺失效之前，必须考虑执行应急操作，并使望远镜进入安全模式，此时太阳能电池阵列将对日定向并中止观测任务，直到 3 个陀螺仪的状态恢复之后才能结束安全模式。1997 年、1998 年和 1999 年的一系列陀螺仪失效让人们忧心忡忡，大家觉得在下一次服务任务（2000 年）之前第 4 个陀螺仪很可能也会失效。这最终促成提前进行在轨服务任务的决定，并在第 4 个陀螺仪失效之前替换掉所有 6 个陀螺仪。

陀螺仪的转子以 19 200 rpm 的恒定转速在气体轴承上高速旋转，转子所在的外部壳体结构相对特殊，它采用与 10W－30 发动机机油类似的一层薄薄的油膜实现密封。陀螺仪的电力传输主要使用两对非常薄的复合铜银导线，科研人员称之为柔性导线，这种导线与人的头发丝粗细很相近，并且浸在流体中。调查发现，当前陀螺仪在装配过程中所使用的净化空气，由于含有氧气将会导致电线腐蚀，所以最终导致破损。最终更换的陀螺仪是在氮气而不是氧气中装配的，从而可以避免上述问题。每一个陀螺仪最终都装备成一个速度传感器组件，这些组件共同构成速度传感装置（RSUs），航天员在第 3 次在轨服务任务要替换的就是 RSUs 装置。

2.2.4 SM－3 分解成 3A 和 3B

1999 年 3 月 10 日，NASA 宣布决定将下一次哈勃在轨服务任务分成 A、B 两次独立的任务。SM－3A 最新计划于 1999 年 10 月发射，之前任命的出舱小组成员，史密斯、格伦斯菲尔德、福尔和尼科尔针对修订后的任务目标，调整了他们的训练计划[8]。两天后，NASA 确定了其他的飞行梯队成员，分别是布朗、凯利和克莱瓦。虽然 7 个月的时间远远少于通常航天飞机任务的训练时间，但是很明显先前航天飞机飞行驾驶舱成员的飞行经验将有助于他们很快地做好准备。

NASA 总部空间科学办公室副主任爱德华·韦勒博士宣布："哈勃太空望远镜是 NASA 太空观测站项目王冠上的明珠，我们需要在合理的范围内尽一切努力来保障这个国宝级的科学财富持续正常运行。我们感谢航天飞机团队对这一要求的迅速响应。"

图 2－3　SM－3A 任务徽标

哈勃太空望远镜项目主管约翰·H·坎贝尔博士说："当哈勃望远镜已经没有备用的陀螺仪的时候，按照飞行任务规则，我们必须采取应急任务来修复这一故障。由于我们已经开始了原计划中在明年执行的第 3 次在轨服务的准备工作，所以我们就基本上决定把原计划中的任务分成两部分，并精简每一部分任务的工作量。"

现在第 3 次服务任务分成了两部分，那么原来计划的 6 次出舱任务也就在下一次飞行中减少到了 4 次。先进巡天相机、NICMOS 冷却系统以及新的太阳能电池阵列的安装被推迟到了 SM－3B 任务中。SM－3A 的任务则是集中精力来更换陀螺仪、精确制导传感器、主计算机和其他一些部件，同时针对受损的热防护层进行更耐久的修复方案。

SM－3A 的出舱任务计划修订为以下几条：

1）使用由 SM－2 任务取回并翻新的精确制导传感器（FGS）来更换当前望远镜上的第 2 个 FGS。而在 SM－3A 任务中取回的这个装置，会在随后进行升级并在 SM－4 任务中再安装回去。

2）更换望远镜的主计算机，旨在减少飞行软件的维护次数，从而能显著降低成本。新计算机则采用了英特尔 80486 微芯片。为了确保它能够适应运载飞行环境，新型的芯片已经于 1998 年在航天飞机上搭载飞行了 10 天的时间。

3）安装电压/温度调节组件，旨在降低电池的充电终止电压，以防止其过热。它们的大小与手机相当，并且在六组电池上都要安装这个装置。

4）更换太空 S 波段接收机。失效的装置将被送回地球进行翻修，并作为未来维修任务中安装所需的备用装置。

5）安装一个备用固态存储器，作为 SM－2 任务中安装在原来机械磁带式存储器所在位置的存储器的备份。这一装置主要用于处理望远镜产生的大量科学数据，使数据能够经过处理后通过 TDRS 网络传输到地球。

6）安装新的外覆盖保护层（NOBL，英文发音为“Noble”），SM－2 任务时曾对 MLI 保温层进行了临时修理，这一次是做进一步的修理。覆盖有热保护层的不锈钢板铺在了已经有多处受损的隔热材料上，以改善热性能。那些铺在望远镜电子舱门上的保护层做了特别的修剪使其与每个门的形状相适应，而且保护层由钢框架结构来作为支撑。他们通过与常用瓶塞相似的扩展插头来作为覆盖的连接点，并与舱门的通风孔相适应，可以进行快速的安装。此外，由许多长条形的编织物替换的保护壳/罩（SSRF，英文发音为“Surf”）将被安装在望远镜的顶端。

7）更换编织保护壳/罩。在背面粘贴有挠性镀铝 Teflon 制成的防撕裂材料，并最终布置于前舱和遮光罩 80％的表面区域，总长度达 22 英尺（7 米）。将会用线夹把七个部件固定连接在方便的位置，例如在扶手、支架和支柱的位置。在发射上升阶段，这些薄片要卷起来存放。

8）安装后舱门锁紧机构。新的锁紧机构将安装在后舱段防护板的舱门外部，之前 SM－2 任务报告说原来的锁紧机构已经过度变形，所以要对它们进行替换。

9）安装扶手包覆层。为了避免后罩区域的污染，计划将玻璃纤维 Beta 布像套管一样安装在精确制导传感器舱上方的扶手周围。这主要是用来解决 SM－2 任务报告中局部包覆层剥落的问题。

2.2.5　MLI 老虎队

当 STS－82 飞行梯队成员报告说 MLI 损坏后，被称为“老虎队”的地面专家组立即成立了，他们 24 小时不停工作，在哈勃还停留在轨道器支架上时，他们得想出解决办法。航天员如何利用他们现有的设备和任务程序来实现临时的修复呢？这样就可以等待后续任务来开发更持久的解决方案。

正如材料工程师本·里德所回忆的那样，“当我登上哈勃时，作为‘MLI 老虎队’的成员之一，其中的一部分工作就是设计更换方案，以解决望远镜上隔热层局部开裂的问题。对此我们提出两种替代材料，其中 NOBL 将被铺在中段位置的设备舱上面，而 SSRF 作为大面积修补方案，长约 10 英尺，向上包覆一直延续到望远镜的前端光圈门区域。”[9]

2.2.6　任务成本

在任务准备期间，NASA 评估这次任务的总成本为 1.36 亿美元。这其中包括 1 900 万美元的启用哈勃临时任务的费用，700 万美元用于从哥伦比亚号航天飞机到发现号航天飞机的转换，以及 1.1 亿美元用于发现号的改装以满足任务要求，并替换原计划分配给另一项任务的硬件。此外，NASA 还花费了大约 6 900 万美元用于

SM-3A 任务中所要更换的望远镜新硬件的制造、测试和交付，以及地面操作和其他相关费用。详细成本见表 2-1。

表 2-1　HST SM-3A/STS-103 任务成本

项目	成本（百万美元）	合计（百万美元）
在轨服务任务成本——哈勃		
在轨服务任务中计划所需的硬件和软件		
陀螺仪	8	
精确制导传感器	13	
高级计算机	7	
其他飞行硬件	11	
模拟器及测试	6	
运营及软件开发	24	
小计		**69**
飞行费用		
额外在轨服务任务的哈勃成本	19	
将哥伦比亚号换为发现号的哈勃成本	7	
小计		**26**
哈勃合计		**95**
在轨服务任务成本——航天飞机		
航天飞机飞行成本	110	
STS-103 任务成本合计		
航天飞机	110	
哈勃	95	
总计		**205**

2.3　发射程序

每年进行数次航天飞机发射任务并确保其节点要求，往往要受限于各方面的因素。在佛罗里达州的秋季和飓风高发的季节，这一点尤其突出。1999 年航天飞机发射延迟的主要原因是用于国际空间站上由俄罗斯制造的硬件交付晚了，由此导致在哈勃维修任务之前的发射任务压缩为只有 2 次，然而这一年发射任务量的下降直接导致新千禧年之初发射任务的严重积压。

2.3.1　线缆上的航天飞机时间表

1999 年 7 月 20 日，载有钱德拉 X 射线望远镜的 STS－93 任务在发射前 T－7 秒时刻被紧急取消，原因是哥伦比亚号尾部发动机舱内的氢气浓度严重超标。[10] 由于受到恶劣天气的影响，7 月 21 日和 22 日的发射计划再次取消，但在 7 月 23 日，哥伦比亚号终于发射升空，这仅仅是今年的第 2 次航天飞机发射任务。7 月 25 日，有消息宣布，轨道器进入的轨道高度比预定计划低了 7 英里（11.2 千米），这可能是由于一个主发动机喷管存在燃料泄漏。在 7 月 28 日返回着陆之后，哥伦比亚号被拖到 OPF 的 3 号大厅进行飞行后检查，特别是对上述主发动机问题和发生在着陆后不久的轨道器计算机短路状况进行了检查。具体故障发生在发射 5 秒钟后，电力系统出现局部短路，导致 3 台主计算机之一损坏，所以针对于此的另一项调查在本月底前已经展开了。同时，技术人员也正在准备利用 SCA 搭载将哥伦比亚号送到加利福尼亚州执行 OMDP 计划。为了调查这次故障，技术人员开始检查轨道器内部的电气线路，然而随着他们观察得越多，发现问题也越来越糟糕。

表 2－2　STS－103 任务时间表

日期	事件
1999 年	
6 月 6 日	发现号降落在 KSC SLF15 跑道，结束了 STS－96 任务；在进行安全和初级检查之后，轨道器被拖到 OPF－1 号大厅进行维护；下一次飞行任务是预定于 10 月 14 日发射的 STS－103
6 月 8 日	TPS 检查显示，在发现号底面有 160 处碎片撞击的痕迹，其中有 60 处碎片的尺寸有 1 英寸或更大
6 月～7 月	开始拆除 STB－96 任务的有效载荷配置，包括哈勃维修任务不需要的 Spacehab 双模块和连接浅缆

续表

日期	事件
6月22日	转移适配器拆除操作将计划于本周 ISS 对接任务之后进行。这项硬件在哈勃维修任务中是不需要的
7月13日	开始拆除原始的 RMS，更换的新 RMS 序列号为 301，将在8月初进行重新安装
8月	在发现号上安装3个 SSME
8月13日	针对于航天飞机任务序列，KSC 工作人员决定采用与奋进号（STS-99）计划的相同的布线检查和维护方法。随后的奋进号线缆工作有助于将 STS-99 任务提前到10月初。此时，及早对发现号的有效载荷进行处理将有助于加快电缆维护过程
8月13日	安装外部气闸舱
8月20日	在1999年的清单上对航天飞机大范围的线缆维修工作进行了重新安排
8月31日	飓风丹尼斯
9月9日	初步设定发射日期：不早于1999年10月28日，并于11月7日返回；在哈勃任务之后，STS-99 任务被推迟到1999年11月19日
9月13-16日	飓风弗洛伊德
9月17日	下一次发射不能早于11月19日，STS-99 或 STS-103 均有可能，主要取决于对奋进号和发现号的布线检查和维修工作
9月20日	热带风暴哈维
9月22日	前、后舱布线检查完成；有效载荷舱上部内衬布置接近完成；有效载荷舱下部内衬工作完成了大约50%；现在的工作重点集中于频繁在轨操作区域
9月24日	根据布线检查和维修工作的进展，管理层决定将哈勃服务任务3A 在 STS-99 之前发射；基于 OV-105 之上的 OV-103 任务的进度，决定将 STS-99 至少推迟到12月份
9月30日	发现号的接线检查工作完成95%
9月末	CEIT 在本月的最后一周进行
10月初	工人们将 RMS 足限位器外壳上一个已经磨损的舱门锁紧机构进行了更换
10月7日	原计划目标发射日期是12月2日，并于12月12日降落；STS-99 现调整在1月13日发射
10月16日	飓风艾琳

续表

日期	事件
10 月 26 日	为了在 11 月 1 日转入 VAB，发现号上的有效载荷舱门关闭，直到 11 月 7 日转出至发射台
10 月 29 日	由于临时决定对轨道器中部 2 号氮气罐上的温度传感器进行维修，转入时间延迟到 11 月 3 日，转出时间仍定于 11 月 7 日
11 月 1 日	管理层完成对发现号转出的审查
11 月 2 日	飞行前准备工作的再审查完毕
11 月 3 日	由于决定更换主发动机 3（序列号 2045），转场时间再次延迟，不过目标发射日期仍然是 12 月初，具体日期未定。在 KSC 发动机常规处理过程中，一个尺寸大约有半英寸（1.27 厘米）且质量不足 0.5 克的钻头折断并残留在发动机冷却剂腔；于是决定在发射台上更换发动机，这大约需要 10 天时间，可与其他发射准备活动并行
11 月 4 日	发现号转入 VAB 并与 SRB 和 ET 配合，开始对电气和机械进行连接，计划转出时间为 11 月 9 日。计划 11 月 8 日将有效载荷转移到 39B 基台，11 月 12 日进行安装；具体发射时间将在 11 月 10 日召开的管理层会议上决定
11 月 8 日	转出的时间推迟；在标准的航天飞机接口测试工作中，工程师在燃烧室-1 内发现连接两个 SRB 的一段安全电缆的指令传输信号丧失；随后的检查显示在 ET/SRB 连接点和 ET 内罐之间的 SRB 交联电缆受损；更换电缆的工作持续进行，12 月份的目标发射日期仍然可以实现。哈勃维修任务 3A 的相关货物在这一天被转移到发射台有效载荷装载大厅
11 月 9 日	趁着发现号推迟转出至发射基台的这段时间内，工程师将 SSME＃3（＃2045）更换为一个新的装置（＃2049）；工作人员们此时也更换了损坏的安全电缆段。12 月 6 日的发射日期和 12 月 16 日的返回日期也被最终确认
11 月 13 日	在成功进行了航天飞机的接口测试之后，STS-103 组合体被转移到 39B 发射台
11 月 14 日	飞行梯队人员抵达 KSC 参加 TCDT，一直持续到 11 月 17 日
11 月 16 日	SM-3A 有效载荷安装在发现号的载荷舱内
11 月 17 日	最终倒计时演练测试（飞行梯队着装演练）
11 月 19 日	KSC 管理人员进行了飞行准备审查，并肯定了 12 月 6 日的发射时间；继续进行发射程序的进一步分析；计划在感恩节之后进行的后续 FRR 计划将使管理层重新解决一些悬而未决的问题，并确立形式上的发射日期
11 月 22 日	管理层将 12 月 9 日定为发射日，12 月 28 日为返回着陆日期；调整的日期将留出时间来修复发现号和 ET 之间脐缆中最近发现的局部损伤；修改后的时间表还考虑到了感恩节假期的影响

续表

日期	事件
11月23日	进行 SSME 测试，以验证更换后的发动机
11月24日	有效载荷舱门为飞行发射而关闭
11月29日	航天飞机接口测试完成
12月1日	管理层建议在发射准备工作最后阶段中采取后续 FRR 计划，并确认于12月9日发射，由于更换发现号上的大容量存储单元1#和 APU2#上的泄漏状态应急断开装置这两项工作还未完成，所以还要等待最后的计划调整；布线检查继续进行。倒计时目前预定于12月6日开始，但各项准备工作仍在审查中
12月3日	管理层决定对发现号进行额外的脐缆布线检查，具体检查在左侧 SRB 上作为 LO 脐缆组件一部分的烟火起爆控制器的工作情况；发射日期调整到最早12月10日
12月6日	飞行梯队成员抵达 KSC；在例行检查中，发现在2号发动机上 SSME 电线的特氟隆绝缘层中存在约1/8英寸的开裂。这条电线提供了对指令和反馈数据的支持。管理层最终决定对破坏的电线进行更换，使得发射时间推迟，最早在12日11日的上午12时13分，但仍在审查中
12月7日	管理层将发现号的发射时间定为12月11日下午11时42分，以允许在轨道器的尾部舱内实施新增工作项；对2号发动机进行飞行准备测试，再次进行检漏
12月8日	管理层决定将发射倒计时开始时间至少推迟24小时，这是因为工作人员在轨道器发动机舱关闭检查期间在主推进系统的4英寸长（10.16厘米）的液氢衬垫上发现了12英寸（30.48厘米）长、0.5英寸（1.27厘米）深的凹痕；如果需要更换衬垫的话，预计发射时间会再次推迟至少几天
12月9日	决定用一条新的6英尺（15.24厘米）长的替换衬垫更换损坏的氢衬垫。预计这项工作需要3天时间，然后进行重新测试和最后的尾舱关闭；发射日期初步调整为12月16日，并于12月26日落地，12月14日开始倒计时
12月14日	按计划，43小时的倒计时开始，计划的发射日期有80%概率会有好天气，12月17日概率相同，12月18日的概率为70%
12月16日	由于工作人员需要额外时间来焊接推进剂的衬垫，STS-103的发射延迟了24小时至12月17日，但仍有60%的概率将因天气原因推迟
12月17日	主要推进系统的调查结果确保了发现号结构的可靠性，但受天气影响又推迟了24小时，而且届时受恶劣天气影响的概率也高达70%
12月18日	不利天气的威胁再次迫使推迟发射至12月19日，届时天气条件有利的概率是60%

续表

日期	事件
12 月 19 日	发射。SRB 回收船解放星号和自由星号于 12 月 15 日从 KSC 部署出发，回收了两个助推器。在拖运期间，确认助推器状态良好，并将于 12 月 20 日将其运抵 Hanger AF

在 8 月份，鉴于完成接线维修所需的工作量，计划于 10 月份发射的 SM－3A 任务推迟，最早在 11 月 19 日发射。现在面临的问题是接下来的两次任务谁先发射：为哈勃服务的 STS－103 还是作为航天飞机雷达地形测量任务的 STS－99？无论发射顺序如何，NASA 都希望能够在今年年底前把两项任务完成。然后在 9 月 3 日，NASA 宣布决定将所有的航天飞机暂停飞行，让技术人员对轨道器上的电路进行检查。在 STS－93 完成任务一个月后进行的检查发现，发射后 5 秒电子线路的故障造成了短路。检查团队共找到了十几处存在裸露的电线。分析认为线缆损坏不是由于老化或逐渐磨损造成的，而是由于在任务过程中电线被摩擦、踩踏或被重物挤压造成的。对此，技术人员在局部线缆外增加了保护套以防止受损加剧。在本月末，NASA 成立了一个专项小组，来审查航天飞机维护和改造措施的整体安全性。

9 月 23 日，前航天员迈克尔·J·麦卡利（现任美国联合太空联盟副总裁兼副项目经理）和 NASA 太空飞行副助理威廉·F·雷迪向美国航天科学研究分委会表示，电子线路检查和维护成本为 3.5 亿美元，这还不包括正在对航天飞机系列进行的安全性检查工作。麦卡利承认 USA 对电缆损坏负有全部责任，并正在采取行动确保类似的问题不再发生，但他指出，这个问题很可能在公司接管航天飞机运营之前就已存在。

在 11 月 13 日，哈勃的陀螺仪 1# 失效了，这样只剩下两个陀螺仪能正常运行，使得望远镜不能达到所需的指向精度。随后地面控制人员决定暂停了科学观测任务，将光圈门关闭，并将太阳能电池板对准太阳，以确保有足够的电力来保持系统运行。自从 1990 年发射以来，这种“安全保持模式”已经过了两次完整的功能检测和唤醒测试。在这种状态下，即使在航天飞机到达之前再次发生陀螺仪失效，哈勃也没有危险。

戈达德的哈勃项目总监约翰·H·坎贝尔博士说：“这个事件凸显了将第 3 次哈勃服务任务分成两部分的必要性。服务任务计划 3A 在 1999 年 12 月就要执行，所以科学研究暂停的时间只有 3 周。”当然，这一次任务仍旧依赖于航天飞机的发射，这并不是很简单的事。NASA 不仅因为假期工作会带来额外成本而不太愿意执行这次任务，而且也不希望在时间表改变的时候，有航天飞机待在太空中，因为此时会对航天飞机上计算机系统的工作方式产生影响。此外，随着 1999 年转入 2000 年，人们普遍担心全球计算机会发生潜在的问题，就是所谓的“千年虫”风险。

2.3.2 忍受飓风的季节

哈勃的陀螺仪失效、航天飞机电子线路和燃料泄漏问题，还有国际空间站发射硬件及任务的一再推迟，诸如这些显示出 1999 年并不是 NASA 幸运的一年。最糟糕的是，在 9 月中旬，弗洛伊德飓风沿佛罗里达东海岸向北飞去，尽管没有对航天飞机或哈勃相关的硬件设施造成严重损坏，但计划在 STS-103 中搭载发现号的 LC39B 却出现轻微受损，所以为此又花费了几个工作日。紧接而来的是 9 月 20 日的热带风暴哈维和 10 月 16 日的艾琳飓风。艾琳飓风对存储 SM-3A 有效载荷的应急保护装置造成了一些轻微的破坏。幸运的是，有效载荷硬件已经被完全包覆，并做了充分防范处理，因此没有造成危险。LC 39B 的有效载荷更换室有一些入水，但它和 LC39A 都没有受到风暴的损害。这些密集的状况促使 NASA 重新评估了此类天气下 KSC 航天飞机和其他设施的保护方法，以及今后如何对其进行改进。

工程师本·里德介绍了他在航天飞机飞行任务支持方面的经验[11]。“STS-103 是 NASA 历史上延误最多的发射之一，我们原定于 10 月份发射，但随后由于不断推迟，一直等到 12 月中旬才发射。一开始因为天气原因而延误，然后因部分文档未及时受控而再次推迟，之后又是其他很多原因而再次延误。最后我花费了许多机票，有好几千美元，这是因为在我最终飞往休斯敦之前，不得不经历共计 17 次的计划更改。对于所有的哈勃任务来讲，我是第一个在休斯敦任务控制中心工作的材料工程师。我的两位前任一直都是留在戈达德，但我坚持进入任务控制中心，并在飞行任务期间，在一个控制台上进行工作。那真是太棒了，是我职业生涯的亮点之一。在 3 次任务中（SM－3A、SM－3B 和 SM－4），我都坐在靠近污染处理团队的一个控制台上。在 NASA 历史上，哈勃所拥有的污染处理团队可能是历次任务中最大的，材料科学与污染处理团队所做的工作非常相似，所以我跟他们工作在一起，在某种意义上来说我也是这个团队的一部分。我们向屋子内系统工程那一边的系统管理人员按要求进行报告。在 30 号楼二楼的有效载荷操作控制中心（POC）内，我坐在出舱控制小组和 SSE 小组之间，出舱控制小组有 14 个人，SSE 小组负责太空支持设备和运载器，也有十几个人。我的岗位位于这两个小组中间靠右的位置。”

由于发射日期调整到了今年的最后一个月，飞行周期也从原计划的 10 天缩短为 8 天。最初认为 12 月 18 日是发现号在 1999 年内发射的最后一个可能的日期，不过任务周期缩短后使其可以推迟到 19 日发射，这也将意味着飞行任务要跨过圣诞节并于 27 日返回地面，着陆的时间有可能是 28 日或 29 日。随着任务周期缩短，任务工作量也减少到了只进行 3 次出舱。

克莱瓦回忆说，在准备工作完成后，“就在发射的前几天，丹·戈尔丁在 KSC 的飞行梯队成员驻地看望了我们，并说：‘我希望你们重新展示 NASA 应有的形象，因为我们刚刚损失了我们的火星探测器。另外还有比伊·鲍勃，你可别忘了，你手上的东西价值好几百万美元。’”

2.3.3　分享太空冒险经历

20 世纪 90 年代后期，一项受人欢迎的进步就是互联网技术的发展和 NASA 网络资源的迅速增加，尤其是在航天飞机执行飞行任务的过程中这项进步更加凸显。此前，大多数任务背景和飞行信息材料都是天对地传输或在新闻发布会上通过硬件拷贝或发表第一手的评论。NASA 通过网站，为文件、报告、文章和采访信息的传播提供了十分便利的渠道。在如今“社交媒体世界”中，人们很容易忘记，就在几年前，能够直接获得太空中航天员随时更新的信息是难以想象的。从 20 世纪 90 年代后期，航天员开始在网上发表关于他们的飞行任务的体验和想法。STS－103 航天员约翰·格伦斯菲尔德和让-弗朗索瓦·克莱瓦就是这种情况[12-13]。

格伦斯菲尔德于 12 月 14 日（♯1）开始发布他的“太空笔记”，他解释说：“这份报告是我对于望远镜任务的一系列描述中的第一部分，其中包括了我对漂浮在发现号舱外时的描述。我希望能够和其他天文学家来分享我的一些冒险经历，不管他们是年轻人还是老年人，也不管是专业的还是业余的天文观测者。”

第二天，在任务开始前的 24 小时，格伦斯菲尔德写下了他的第二条记录，其中他提供了一个内部人士关于发射前几天被隔离的观点。“在今年冬季，隔离处理对我们 7 个人来说是一项考验，其目的是防止接触流感。”他们将在计划发射日期前一周左右飞往 Cape，并在曾经处理有效载荷的一处设施内居住，此时这里已经变成了宿舍。“虽然住得很舒适，但与朋友和家人的隔离也使我们比较难过。”另一方面，隔离措施也使得飞行梯队成员能够专注于即将到来的任务。格伦斯菲尔德写过关于与尼科尔和史密斯一起观看双子座流星雨，讨论宇宙和地球生命起源的经历。他还写了曾经组织即兴的“星星派对”，他们用 4 英寸（0.1 米）的卡塞格伦反光镜来观察星星，尤其是巨大的行星。“虽然我们的在轨服务任务将使哈勃恢复提供梦幻般的照片，但是个人仅利用自家后院布置的一个望远镜同样也能提供无可匹敌的魔幻般的图像。”他指出，跟将要一起升空的队友分享这个魔幻经历，它会变得更加有意义。

2.3.4　“发射前的那个晚上”

在 12 月 18 日，格伦斯菲尔德完成了他的第 3 份“太空笔记”，尽管此时他还没有离开地球。由于天气原因，预定的发射已经取消了。为了保持节日的气氛，他写下了这天的体会。他的前 4 个单词总结道：“今天天气很糟糕。”然而，在此之前他们满怀欣喜地登上发现号，并开始进行在平时训练中已十分熟悉的操作，几乎都没有注意到天气的问题。但是，窗户上的雨点声说明了一切。在发射前倒计时 T－9 分钟时刻，当天发射再次宣布取消。“当我们得知发射取消时，会因为今天到不了太空而感到一些失望。当你试图开始执行任务的时候，在心里就会有一个特殊的声音提醒你‘加油去干’，在发射取消之后，要抹平这种心态是需要一些时间的。”另一天将会进行再一次发射尝试，但正如格伦斯菲尔德所写：“在拖延到明年之前，我们所剩的发射机会已经不多了。”

在格伦斯菲尔德的在线报告中，转载了由任务指令长柯特·布朗的朋友在发射取消后所写的一篇“季节调侃诗”。[14]

对于所有在航天飞机上的人，那是发射之前的最后一分钟，
演讲者从不因为一点反驳而愤怒。
航天员小心翼翼地将自己固定在座椅上，
希望能顺利发射入轨。
此时在海湾外面出现了一个状况，
这会导致任务的延迟。
从任务控制中心传来了一个响亮的声音。
说出这些话的是飞行主管：
“现在布朗！现在克莱瓦！现在福尔！现在凯利！
现在史密斯！现在尼科尔！现在格伦斯菲尔德！做好准备！
我们需要推迟 24 小时，

等待雨和云的消退。”

他们没有说话，只是径直去忙自己的工作，

为轨道器再待一个晚上而做准备。

“让我们在‘千年虫’之前点燃这枚火箭!!!!”

2.4 20世纪最后一次载人飞行

如果说，在年底之前试图把发现号发射出去是为了把事情做得更完美，那么这种说法是不准确的。当它在12月19日最终发射之时，已经是年前最后一次可以利用的机会了。而且距离上一次航天飞机的飞行任务已经过了惊人的149天。NASA表示，STS-103是20世纪也是旧千禧年的最后一次人类太空飞行，但后者的评判还取决于如何衡量千禧年，有人坚持认为下一年不能算作新的一千年[15]。

2.4.1 1999年12月19日/发射阶段

当发现号到达大西洋上空并飞向它的轨道之时，哈勃正飞过东非。发现号发射仅仅八分半钟后，就已经安全地入轨了，并开始了为期两天的与望远镜交会对接的过程。自从11月13日六台陀螺仪中的第4台失效以来，哈勃已经处于休眠状态。它已经终止了科学计划，并将太阳能电池板面向太阳来获取电能，使它在等待救援人员到来之前保证存活。由于接近年底有时间的限制，人们对几次出舱任务进行了优先次序的规划，将6个陀螺仪的更换视为最重要的任务，而且确保更换任务能够在第一次出舱时进行。

12月20日，在克莱瓦的第1篇“太空速递”中，有一个对“家人和朋友的记录”，其中写道，“这次发射非常棒，比以前的飞行更加震撼。我希望一些有权利在KSC多待一天来观看这景象的人们也能有这样的感受，当然得具有特殊许可。地球是很大、很蓝，也很美丽，而且非常的圆!!!”

12月21日格伦斯菲尔德在他的第5篇“太空笔记”中写道：

“经过数不清的发射推迟之后，天气终于有了一个间歇期。”他注意到他的第 3 次航天飞机发射过程感觉很平缓，好像比以前飞行中的震动要少一些。“我不知道是不是我对能量的感觉迟钝了，或者是不是这个运载器和有效载荷的组合本来就很好、很流畅。这是我第一次搭乘发现号进行太空飞行。”他继续说道，“在发射后两分钟进行的 SRB 分离结束后，每个人都松了一口气。主发动机工作的感觉就像电动火车一样，而不是像桀骜不驯的野马发出砰砰声。”这次发射进行得完美无瑕，“甚至连我们紧张的打嗝声都没有”。经历了 STS－93 发射遇到的一系列问题之后，此时对于飞行梯队成员来讲肯定是一种解脱！“在主发动机临近关机时，我们的加速度是重力的 3 倍，这就像有一个 600 磅的大猩猩站在我的胸口上。在这个加速度下，呼吸很费劲。在 MECO 阶段开始的失重是一个魔幻的体验。在很短的一段时间内，你被发动机的力量紧紧钉在了座椅上，而接下来的时刻，好像重力一下子关闭了，你漂浮在座位上，靠皮带才能把自己扣住。”格伦斯菲尔德写道，第一次进入太空的斯科特・凯利散发出来的喜悦感具有传染性；同时，这是迈克・福尔的第 5 次任务，“又回到了和曾在和平号空间站上度过 134 天相类似的太空生活”。

2.4.2　任务正在进行

当飞行梯队人员在太空经历第一个整天后醒来时，哈勃在发现号前方 3 700 海里（4 257.96 英里，6 852.4 千米）的位置，而且发现号在每一次 90 分钟的轨道周期内都可以缩小 340 海里（391.27 英里或 629.68 千米）的距离。在这一天，两组 OMS 发动机在初始点火，每秒内可以将发现号的轨道速度增加 79 英尺/秒（24.07 米/秒），而且较小的 RCS 又增加了 8 英尺/秒（2.43 米/秒）的速度。到这一天结束的时候，距离已经减小到了 1 100 英里（1 769.9 千米），而且仍在以每圈 150 英里（241.35 千米）的速度在接近。

飞行梯队成员第一天的大部分工作就是为他们后面的任务做好准备。ESA 航天员让-弗朗索瓦・克莱瓦启动了 RMS，以验证其系统状态，然后用机械臂上的摄像头检查了有效载荷舱内的货物。将一天的任务分配完之后，有效载荷指令长史蒂夫·史密斯和 MS3 约翰·格伦斯菲尔德将有效载荷舱内的哈勃支持设备通电。与此同时，飞行指令长柯特·布朗和飞行驾驶员斯科特·凯利检查了轨道器的飞行控制系统以及将在接下来的交会对接中需要使用的导航援助装置和手提电脑。当天晚些时候，格伦斯菲尔德在克劳德·尼科尔和迈克·福尔的协助下，检查了 4 套出舱服，并且作为出舱活动准备的一部分，舱内压力也被降至 10.2 psi。格伦斯菲尔德写道："准备出舱活动和准备爬山很相似，你需要整理各种设备，还要背上一个大背包。"

在他的第 2 篇"太空速递"中，克莱瓦写道，第 2 天是在为交会对接做准备。"设备和人员都准备好了。我们都兴奋地期待着这次对接。"他报道说，经过法属波利尼西亚时感觉非常棒，"让我们有了下一次去那里度假旅行的想法"。满月使整个半球都能看到很棒的景色，它"神奇的光辉非常亮，我们感觉在上边看到了陆地和海洋的轮廓"。这位法国人对于他在太空中胃口大开而感到惊讶，他说，"这可能是因为来自图卢兹附近吉蒙的法国美食而引发的，我可以把它们带到航天飞机上来。"

部分梯队成员在飞行早期阶段所涉及的工作是每次航天飞机飞行时都常规进行的日常琐事，包括膳食准备、更换清除空气中二氧化碳的氢氧化锂储罐，以及装载或拆卸各种物资和设备。在飞行过程中，还有一些来自媒体和国内、国际电视台或广播网站发起的采访。

在航天飞机上有 3 名天文学家，所以克莱瓦对于太空中天文景观的兴奋之情就有些黯淡了。他在 12 月 21 日发出的第 3 篇"太空速递"中说，当他们开始进行交会对接时，他用双筒望远镜观测了行星，还有满月，非常明亮，"非常清晰"，看上去"距离很近"。在更远的地方，"木星显现出了它的条纹，而且至少可以看到它的两颗卫星。土星不那么明亮，但仍然可以通过其独特的光环来进行识别。"他还在那个早晨"环绕地球进行了一次非常美好的自行车骑行（锻炼）"，同时还听着他最喜欢的鼓舞人心的法国歌曲。

图 2－4　接近哈勃

2.4.3 STS-103 交会对接的临近

在梯队成员还在睡觉的时候，发现号继续以每圈 125 英里（201.25 千米）的速度靠近哈勃望远镜。为了提前预示即将到来的活动，任务控制中心用布鲁斯·斯普林斯廷的歌曲“约会”将梯队成员唤醒，并告知他们现在距望远镜仅 330 英里（530.97 千米）。

STS-82 飞行根据＋R Bar 方法最终确定了稳定的交合轨道，这是 1983 年 4 月开发出的航天飞机的基准测定规范。尽管从 1994 年 11 月 STS-66 开始的一些任务中已经成功地使用了这种方法，但在推进剂使用方面还不是最高效的。因此人们开发出了新的稳定轨道，并将其命名为 Optimized R Bar Targeted（ORBT 英文发音为“Orbit”）轨道维持准则。这在 1997 年前往和平号空间站的 STS-86 任务中首次使用，并且在稳定轨道器和轨道制动方面，只需要较少的 RCS 进行补偿。STS-103 是哈勃项目中第一个使用这种方法的任务。

在星追踪器经历的第一天交会对接中，明亮的月亮进入了哈勃的视线，预计会触发星追踪器的快门使其自动关闭。为此，控制人员为飞行梯队成员提供了禁止使用星跟踪器的时间段。然而，明亮物体感应器并没有如预期的那样关闭快门，直到月球完全处于视野范围后才关闭。这意味着在第一次视场捕获的 7.5 分钟和第 2 次约 8 分钟时间内，航天员必须禁止星跟踪器的测量。尽管如此，在两次捕获期间都获得了足够的导航数据[16]。梯队人员使用双筒望远镜确认了哈勃在计划捕获之前大约一个小时，就进入了对日定向的硬件姿态。此时推进剂的消耗量比预期的要高，但是如果哈勃没有进入这种 V1 轴靠近轨道平面的姿态的话，消耗的推进剂会更多，因为这种错位会使得捕获过程更加复杂。高推进剂消耗量是由许多因素造成的，包括有噪声的雷达距离测量，RCS 射流交叉耦合等，而且太阳靠近轨道平面并在望远镜的上方，不仅使得对望远镜的观察非常困难，而且把对于飞行驾驶座舱的视线也“冲洗掉”了。在距离

1 500 英尺（457.2 米）处的低 Z 制动也增加了推进剂使用量。

“我们的对接计划是在追上望远镜时，让它重新处于试图捕获太阳方向的状态。”克莱瓦解释说，“所以我不得不做一些追踪和捕获。通常情况下，飞行驾驶员可以操纵轨道飞行器使其对目标卫星进行非常稳定的逼近。在这种情况下，望远镜有一个轻微的旋转角速度，所以我们没有太多奢侈的时间。如果我花太多时间来使机械臂的运动和望远镜的运动相匹配，那么我将达到机械臂单一联合控制的极限，比如需要一次运动 1 个关节。机械臂一共有 6 个关节，有一个肩关节通过偏转来使机械臂左右摆动，也有 1 个肩关节通过俯仰来抬高或降低机械臂，在末端有控制手臂在两个主连接点之间张开和合拢的球关节，然后在手腕上有 3 个关节，用于偏转、俯仰和滚动。”

“你一个接一个地控制每一个关节，来抓住望远镜。所以每次都得具体选择一个关节，通过开关控制给它一些冲力，把它稍微打开一点，或者稍微关闭一点。然后再换另一个关节，然后移动它，并重复这些动作。快速地将 6 个关节都操作一遍，要每分钟操作 10～20 次的速度，才能做出连续的动作。这很有挑战性，如果你思考不够快，就不知道该按照什么顺序去移动哪一个关节。那么你可能会错过一次步骤，就得告诉你的指令长：‘对不起，我超出了预定的范围。你能把轨道器调整使其再次逼近望远镜吗？这样我就可以再试一次了。’如果这样错过机会的话，会浪费宝贵的推进剂和时间。”

2.4.4　捕获哈勃

STS－103 发射日期的多次延迟和改变使交会对接过程变得更加复杂，这是因为轨道交会的过程改变了，而且文件和计算机程序也必须进行修改以反映最新的信息和预测事项。正如克莱瓦所回忆的那样：“每一次延误之后，交会对接的日期都会发生变化，恒星和太阳的光照状况也会发生变化。”

但是克莱瓦迈过了这道难关。“我感觉很顺畅，操纵机械臂的速度很快。从我开始控制直至捕获到望远镜，这个过程非常迅速，我

图 2-5　在逼近哈勃的过程中，格伦斯菲尔德通过一个双筒望远镜来观察哈勃

的意思是很快，而且是有史以来最快的一次。当我捕捉到望远镜时，我得到了一份特别的许可，而且我认为我是唯一一个可以这样做的人。我得到了飞行主管的特别许可，可以使用机器人操作系统的粗速率模式进行运动。当你使用上述操作系统时，可以选择标定速率模式或者粗速率模式。对于一定的（控制）杆的偏转，不同的模式对应了不同的速度范围。在标定模式的范围内，当你将控制杆移动到完全偏转状态时，所产生的运动是非常慢的。如果你想快一点，那就需要使用粗速率模式。实际上按照名义上的规定，对于货物舱或正在出舱的航天员，当机械臂在靠近目标约 3 英尺范围内时，粗速率模式是被禁止使用的。因为我能控制得很好，所以我能得到飞行控制人员的信任，而且飞行主管授权我使用粗速率模式将望远镜移动到货舱中，并使其停靠。在接下来的 3 天出舱活动中，我也会用粗速率模式来转移我的同事以保障他们实施各种出舱操作。他们不得不相信我，如果我搞砸了并在粗速率模式下把控制杆完全偏转了的话，那就真的太快了。”

飞行后的任务文件中显示，在飞行第一天，备用释放模式下的末端执行器抓捕装置存在一些问题，但这似乎没有产生严重影响，只涉及到太空第一天中测试机械臂效率和性能的一项方案制定。克莱瓦证实了这一点，“是的，第一天我们测试了所有用于交会对接和抓捕的系统，而且我们测试了所有的电源，包括主电源和备用电源。有一些备份功能模块的电源供应出现了异常，当时我并不清楚故障出现的几率，但我肯定出故障的是备份系统。”文件数据很明显地显示，备份的释放装置表现没有预期的好，但在地面对数据进一步分析之后，发现并没有对任务造成影响，并且系统不需要重新启动，而且克莱瓦在使用机械臂过程中也没有任何严重的问题。

发现号绕地球飞行 30 圈之后才最终靠近了哈勃，此时望远镜正处于关闭光圈门朝向地球的姿态。布朗通过操控使航天飞机从望远镜的下方来接近它，然后在其附近飞行并最终将航天飞机停靠在足够靠近望远镜的位置，以方便克莱瓦伸出 RMS 并抓住望远镜侧面的抓捕被动端。捕获过程于美国中部时间 1999 年 12 月 21 日下午 6 时 34 分开始，此时再过 16 分钟，就距离发射时间整整两天了。RMS 牢牢地抓住哈勃，克莱瓦通过 RMS 操控完成望远镜姿态调整并将其朝向航天飞机有效载荷舱内的飞行支持结构进行转移，并在完成捕获后的 56 分钟将其向下轻轻放到捕获装置上。在有效载荷舱内，望远镜就像一个直径 14 英尺（4.2 米），有四层建筑物那么高的圆柱体，或者像一位航天员所说的那样，像一辆铁路油罐车朝向它的尾端倾斜了一样。

在哈勃望远镜固定在有效载荷停靠舱后不久，RMS 就对其进行了初步的成像查看。在飞行梯队成员的睡眠周期内，有效载荷舱内的其他相机继续对望远镜进行了成像测试，以在第一次出舱之前获得对于望远镜状态的完整图像记录。

格伦斯菲尔德在他 12 月 21 日“太空笔记”系列第 6 篇中写道：“这是太空中令人难以置信的一天”。他没有太多时间来写记录，但是提到了 RCS 工作时听起来就像是航天飞机上发出去的炮弹。在交会对接的阶段，哈勃看上去像一个接近满月的小亮点。“这是一个令人难以置信的景象！哈勃距离我们大约 50 英里，是那会儿看到的最亮的‘星星’，尽管此时小天狼星也可以看到。此时的满月恰好与地球位置非常接近，而且正值非常接近太阳的时候。虽然有些人说在最近的 133 年内有更亮的月亮，但我觉得此时它已经足够的明亮。”他所说的是指太阳与地球以及地球与月球之间的距离随时间在发生变化。冬至是在每年的 12 月 21 日，此时地球离太阳最近，而夏至时距离则最远，但最远和最近距离之间只相差百分之几千米。这是 133 年以来月亮第一次在冬至的时候达到了满月，所以此时的月亮显得特别明亮。这会儿对于木星、土星和猎户座星云也能有很好的观察视野，在几天之前的地球上也能看到，但是在太空轨道上用 20 倍的双筒望远镜可以更清楚地观察到土星和木星的细节。“没有大气来阻挡我们的视野真是太美妙了”，他解释说，“当然，哈勃也正是因为摆脱了大气的阻碍才成为了如此好的一个望远镜。”当哈勃固定在发现号上之后，格伦斯菲尔德结束了一天的忙碌并开始收工，他说：“今天晚上我们完成了明天出舱活动的准备工作，现在我必须去睡觉了。明天对我来讲是个大日子。我的第一次出舱活动，将有机会亲密接触哈勃。作为一名天文学家，我对于明天的工作充满了兴奋与期待，但也有一点小小的压力。”

2.4.5　1999 年 12 月 22 日/第 1 次出舱

最初 SM－3 任务一共规划了 6 次出舱活动，但现在只有 3 次了，所以每次的出舱活动都必须小心细致地来规划，以确保在第 1 次出舱即完成优先级最高的任务，这就更加凸显出更换三个失效陀螺仪的任务非常重要。11 月份时 6 个陀螺仪中的第 4 个也坏掉了，这就使得任务更加紧迫了，因为这迫使望远镜中止了科学观测任务。

6 个用于替换的新陀螺仪两两成对放置在 3 个速度传感器单元中。有效载荷指令长史蒂夫·史密斯和约翰·格伦斯菲尔德走出舱外，在克莱瓦操作 RMS 以及其他梯队成员提供辅助支持下，有条不紊地安装了这 3 个速度传感器单元。然后，他们在两个太阳电池阵和 6 个电池之间的电路上安装了 6 个电压/温度调节组件，以改善使用了 10 年的旧电池的充电性能。

得益于这次任务的重要性，整个出舱活动过程比较顺利，只出现了一些小问题。其中一个问题发生在航天员试图将包含一对陀螺仪的速度传感器单元放入保护盒，盒子比预计的要紧凑些，但他们最终还是设法将其放进去并关上了盒盖。另一个问题是，在为 SM－3B 进行的一项预先测试任务中，他们发现当试图打开 NICMOS 仪器上的阀门和盖帽以准备将其恢复到全面使用的状态时，操作要比预期的困难很多。原计划 6 小时 15 分钟的出舱活动持续了 8 小时 15

图 2－6　在 STS－103 的第 1 次出舱活动之前，迈克·福尔正在帮助史密斯和格伦斯菲尔德进入气闸舱

分钟，比 1992 年 5 月 STS-49 3 人出舱最长时间的记录只少了 14 分钟。为了保证更换陀螺仪的任务能够顺利完成，飞行控制员已经决定从出舱任务中排除掉一些工作量更小一些和相对次要的事项。电压/温度调节组件的摄影特写任务被取消，并且对于望远镜一个通道门上计划持续 10 分钟的润滑工作也被延后至第 2 次出舱来进行。其他任务，例如安装扶手盖和检查支架等，只好安排在出舱活动顺利完成且时间有富余的时候进行。

图 2-7 在第一次出舱期间，既是有效载荷指令长又是出舱“老手”的史蒂夫·史密斯作为自由漂浮的航天员，而出舱新手约翰·格伦斯菲尔德则倚在 RMS 的末端

意料之中的是，格伦斯菲尔德在出舱后的第二天才有时间去记录他前一天的出舱活动，因此他的“太空笔记”系列的第 7 篇署名日期为 12 月 23 日。“昨天跟史蒂夫·史密斯一起执行了出舱任务，到现在我的手还很痛。我们不断地遇到一些小问题，比如，螺栓被

冻住了、盒子尺寸太小了、舱门很难关闭等。最后，我们完成了所有预定的任务目标，但是我和史蒂夫都累坏了。”他高度肯定了之前训练的价值和整个哈勃团队的努力，这些训练和配合使他们能够克服“遇到的无数问题”。他的脑海里充满了“很多零散的记忆”，所以只能回忆起一部分。他写道，在他的两年训练中，他不得不训练一些反应能力，在转动轮盘的时候，如果他用了太多的力量，就很容易失去控制。他必须习惯第一次在无重力环境下自由地漂浮出气闸舱。“那时的视野太清晰了，以至于很难相信这是真的。映入我眼中的是一片明亮的蓝色海洋，上面布满了被地平线所切割的细小云朵，能够阻挡我视野的只有哈勃望远镜，而它的表面像镜面一样反射了地球的景象。在 600 千米的高度上，地球弯曲的样子仿佛可以用手掌盖住。”后来他又说他“伸出手触碰到了望远镜”，这真是一个“神奇的时刻”。

起初一切顺利，但是当他们试图打开后舱门时，螺栓特别紧，即使用电动扳手旋拧也不能提供足够的扭转力。所以他们不得不求助于手动棘轮来克服摩擦力，并且这也需要“相当大的力量”。最终格伦斯菲尔德打开舱门，第一眼看到了望远镜内部的结构。“黑色的内衬能够阻止杂散的光线对仪器造成干扰，这使望远镜的内部看起来很单调，但是其真正的复杂性却远不止于此。”

接下来，在更换陀螺仪的过程中，克莱瓦操纵着 RMS 将格伦斯菲尔德“送入到哈勃心脏里”。此时 NICMOS 和 FOC 两个仪器间相距仅几英寸，格伦斯菲尔德的视野与望远镜的视野平行。他后来写道：“埃德温·哈勃以前常坐在帕洛玛望远镜的焦平面盒子里，虽然我这会儿看不透光圈组件，但是能有跟他类似的感觉。”

在第一次出舱之后，克莱瓦在 12 月 22 日写下了他的“致朋友和家人笔记”系列中的第 4 篇也是最后一篇。“能够做好一次成功的出舱任务是多么的令人欣喜啊，尽管在某些地方遇到了困难。任务的效果跟模拟训练一样。作为机械臂操纵员，我有很好的观察视角，窗外的景色非常好，无论白天还是黑夜，在 99％的时间内我都能够透过后窗向外看，有时甚至都不需要确认 RMS 面板上的参数状态。机械臂移动得很好，跟模拟器中的其他操纵杆相比，我更喜欢移动控制手柄那种流畅的感觉。当我的眼睛对着后窗时，我感觉自己仿佛跟老朋友史蒂夫和约翰一起在舱外。为了能随时空出我的双手，我使用了连接到 FRED（机器人工作站的太空座椅）的耳机接口适配器，并用右脚控制麦克风的按键。我既可以操纵机械臂使它旋转，也可以让它移动，并能同时通过无线谈话交流。这次在轨服务任务的主要目标已经实现，所以哈勃可以自主运行了，从今天起它可以凭借当前的设备来恢复科学观测任务。但是我们会更加努力地使它性能更好。”克莱瓦还说，在他享受“鸡尾虾肉卷、烧烤扁豆和香草茶”的小吃进行短暂休息的时候，尼科尔已经开始负责 RMS 的工作了。

2.4.6 使用 FRED

每次航天飞机任务都会有详细的补充目标（DSO）或详细的测试目标（DTO），这是为了在实际投入使用前对所开发设备或程序进行评估。其中一项就是足限位器（FRED），这是微重力工作站约束评估项目中的人体工效学研究的一部分，涉及在地面、KC-135 Vomit 彗星状态和太空中的一系列评估。这次的验证案例，是为了评估在时间跨度较长的任务中（如哈勃维修和国际空间站组装任务）使用 RMS 时后部微重力工作站约束装置的设计和应用的有效性。在 1998 年 12 月的 STS-88/DSO-904 任务中，曾有一名身材相对矮小的航天员南希·柯里，在后部 RMS 工作站工作期间使用过 FRED 约束装置。她的经历被录像下来，以便飞行后分析，并与 KC-135 中的测试进行了比较。[17] 作为这项研究的一部分，在 STS-103 中克莱瓦使用了带有耳机接口适配器的 FRED，这是得益于他在 1997 年 STS-84 任务中访问和平号空间站的经历而开发的。

图 2－8　在发现号航天飞机上，克莱瓦正在使用足限位器（图片由 J·F·克莱瓦提供）

“我是唯一一个这样做的人，”克莱瓦解释说，“这来源于我第 6 次参加与和平号空间站对接的飞行任务。我跟约翰·格伦斯菲尔德谈过，就在 STS－81 之前他执行过那次任务。约翰和杰里·利嫩格

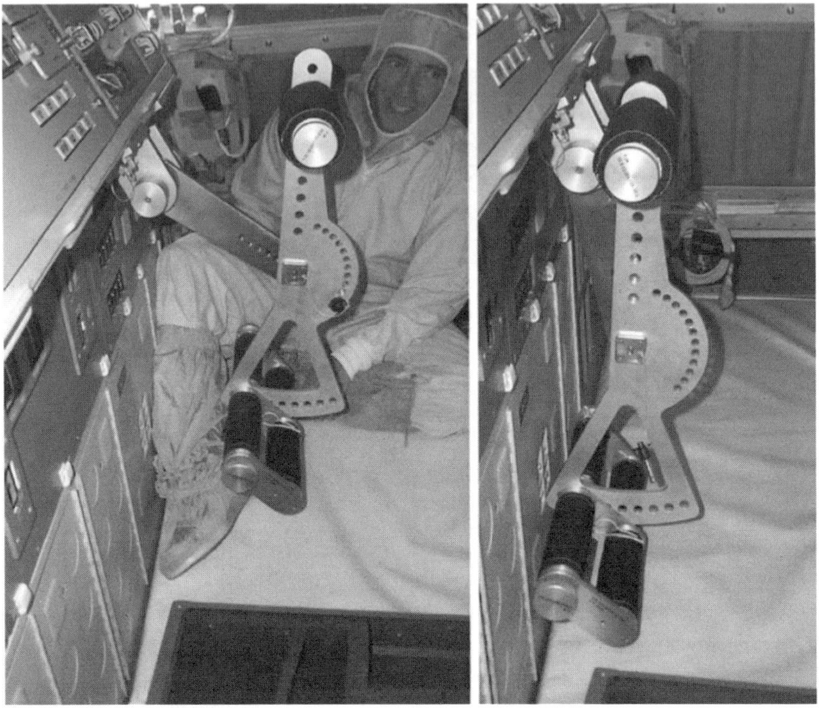

图 2-9　安装在发现号后驾驶舱内的 FRED（图片由 J·F·克莱瓦提供）

一起飞到了和平号上，而我的任务是把杰里接回地球。跟约翰一样，我是生物试验平台托架的主要操作员，这是一个实验，你必须在手套箱内手动进行大量的操作。为了在操作过程中同时舒适地进行对话，约翰发明了称之为 taping 的概念：将一个通信盒（耳机接口单元）进行固定，它有两个按钮用于对讲（其中一个是 PTT，意思是按下可以讲话）。他没有把这个放在皮带上，而是放在平台托架靠近他脚趾的地方，这可以让他把手始终放在手套箱中，用脚趾按下按钮后就可以进行通话，然后再释放。他告诉我，使用 taping 方法使得生物试验平台的相关操作节省了很多时间，否则必须得从手套箱中取出一只手来按下按钮。我在和平号任务中使用且体会很好。所以我告诉约翰，我在哈勃任务操作 RMS 时也会这么做。”

通常情况下，RMS 操作员必须将其中一个手持控制器设置为“空挡”状态，然后将他们的手从手柄上移开，以便能够按下连接在腰带上的 PTT 切换按钮来跟出舱航天员进行交谈。对于倚在机械臂上的航天员所要求的每个动作，机械臂“飞行驾驶员”必须重复指令以确保没有误解，然后抓住 RMS 控制器并将其从“空挡”位置释放。克莱瓦为 STS－103 开发的这个系统可以节省很多出舱操作的时间，“我们所有的 3 次出舱持续时间都超过了 8 个小时，所以对此来讲，时间真的是至关重要的。”[18]

“所以在 FRED 的底部，我用灰色胶带将这个带按钮的对讲盒固定。FRED 是一种可调节的太空椅，它可以从膝盖后面舒适地将你的脚抬起。柯特·布朗对这个系统则比较谨慎。他认为这就像我们法语中所说的 Pre Collage，意思是像你在工作坊里发明的东西。”布朗告诉克莱瓦：“从你出现的第一刻起，我就不知道你要怎么做。但是我会要求你马上拆除并拿走它，然后使用附带在腰带上的常规设备。”

正如克莱瓦事后在记事本上愉快地记录道，“RMS 工作完成得非常非常好。我采用粗速率模式，所以我可以非常快速地从一个位置将我的队友移动到另一个位置。事实上，我能够不断地用手去操纵旋转控制杆和移动控制杆，同时我还能正常地与地面对话，这节省了很多时间。柯特·布朗跟我说，‘你是国王，你赢了。’他对此印象非常深刻。”

2.4.7　1999 年 12 月 23 日/第 2 次出舱

新的一天从对第一次出舱期间安装的电压/温度调节组件的功能测试开始。这是一个长达 90 分钟的测试，在测试过程中，轨道器通过脐缆对哈勃望远镜内的电池进行充电，而控制人员同时对新电压组件的性能进行实时监测。

迈克·福尔和克劳德·尼科尔曾为了此次出舱任务进行过专门的训练，但发射时间的推迟也导致了预计持续 6 小时 15 分钟的第 4

次出舱活动，也即原计划的最后一次，在飞行前被取消了。这需要对任务的优先级做进一步的重新分配。如果时间允许的话，原来为第 4 次出舱计划的一些任务或者在训练中练习的事项，将会被加入到第 2 次出舱过程来执行。

图 2－10 福尔（左）和尼科尔正在为哈勃安装一台精确制导传感器

哈勃待在太空漫长的十年中，计算机技术取得了巨大的飞跃，所以望远镜原始的计算机也过时了。因此，第 2 次出舱的重点就是安装一台具有 6 倍内存和 20 倍速度的新型高级计算机。此外航天员还要更换一个 550 磅（249.48 千克）的精确制导传感器。这个特殊的装置在 1997 年 SM－2 任务中从望远镜中取出，带回到地球进行了翻新和升级，之所以这样处置，是因为重新研制新设备的成本要高出很多。经过 30 分钟的安装之后，戈达德的控制人员报告说，这两个装置均正常工作。这让处于监测出舱状态的约翰·格伦斯菲尔德宣布："哈勃的大脑已经被顺利替换。"晚间新闻发布会的报道也通报两个新项目都进展顺利。

第 2 次出舱历时 8 小时 10 分钟，成为历史上第 3 长的出舱任务，仅次于前一天的出舱和 STS－49 任务中的出舱。这也使克劳德·尼科尔获得了瑞士"第一个进入太空的公民"的荣誉。

2.4.8　1999 年 12 月 24 日/第 3 次出舱

第 3 次出舱原计划持续 6 小时 15 分钟，但经过修订之后，计划持续大约 7 小时 30 分钟，并且是第 1 次在圣诞平安夜进行的任务。格伦斯菲尔德在他的第 8 篇"太空笔记"中写道："我愿向地球上的人们致以和平的祝福，并祝他们假期快乐。"

这是本次任务的最后一次出舱，由史密斯和格伦斯菲尔德来完成，他们安装了一台新的无线电发射器，取代了在 1998 年失效的旧信号发射器。它的备份件一年多来一直在发送数据，这让望远镜的科学项目得以正常进行。据了解，这些信号发射器原本是非常可靠的，但在初始设计时它们不是可在轨维修的部件。因此，为了使航天员能够移除和替换那些未曾设计为可在轨维修的设备，就必须开发出特殊的操作工具。两名航天员还安装了一台固态数字存储器，取代了旧式的机械卷轴式装置。新装置的存储能力是原装置的十倍。最后，航天员还在望远镜的两个设备舱上安装了新的隔绝材料，以协助保护观测站内部和外部免受热损伤。正如史密斯所言，"在平安夜之前完成第 3 次出舱活动真的是我们的愿望。因为我们知道，要在圣诞节那天把哈勃望远镜部署回轨道，所以此刻我们比平时更兴奋。"

第 2 天，12 月 25 日，格伦斯菲尔德的第 9 篇也是最后一篇"太空笔记"完成，他说，他的第 2 次出舱"跟第 1 次一样，既兴奋又很疲惫"。但是这一次他成为了一个出舱老手，能够更加灵活地运用

图 2－11 尼科尔正在 FGS 中移动

他的知识和经验。不过，这一天的开头并不是很顺利。在对出舱服检查时，内置的测试电路表明他的出舱服存在一些问题。“我们费了好大的劲儿，努力把迈克·福尔出舱服的尺寸变成跟我的一样大，”他写道，“大约在 40 分钟之后，我们开展了一场竞赛，并准备做好持续战斗。”格伦斯菲尔德形容自己和史密斯在出舱期间的工作就像两名医生在病人身上工作一样。“对我来说，这些任务有很多手上的活儿，干了 3 个小时都还没有搞定。我可以这么说，即使在山上攀岩（这是我最喜欢的运动之一）一天之后，我的双手也从未如此疲惫过。而在当下，情况有些不同，在操作过程中曾出现好几次，我不得不让我的手浮在我面前休息一下。所有的工具都被绳子牵着，所以我可以随时让它们漂浮在我的面前。不过在地面上可没有人能这么做，毕竟把工具随手一甩感觉挺尴尬的。”

图 2 - 12　在这次任务的第 2 次出舱期间，迈克 · 福尔正在使用一个电动工具，此时他的脚被牢牢固定在足限位器上

图 2 - 13　在哈勃任务的出舱期间，尼科尔正在使用一个手持电动工具

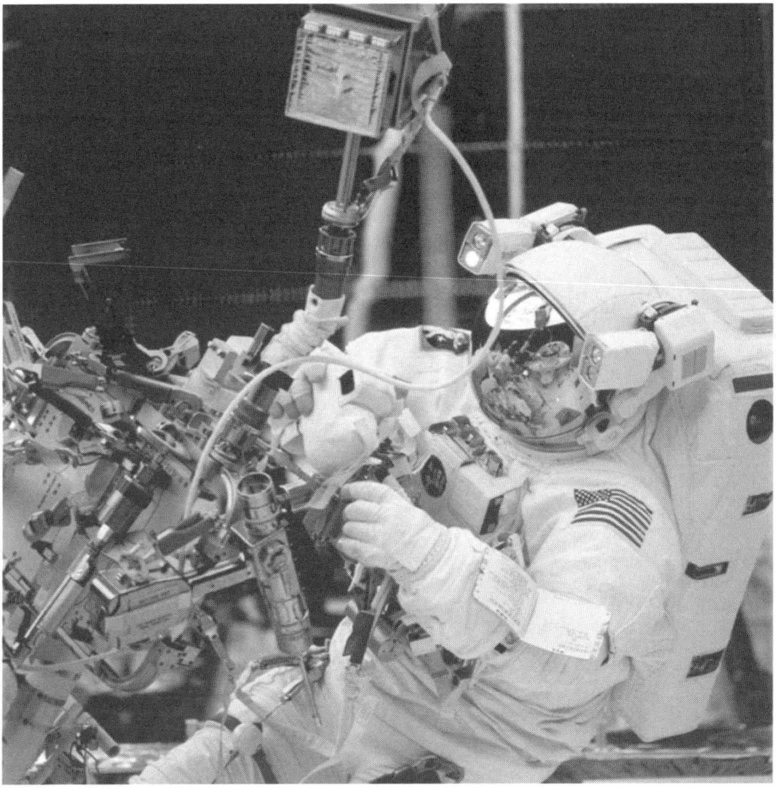

图 2－14　在出舱期间，史密斯正在准备使用一部电子静态照相机。注意他左手袖子上的备忘清单。在他周围是他出舱期间需要使用的工具和约束设备

尽管任务项目非常多，但每完成一项时总有一点时间来歇一歇。当史密斯和格伦斯菲尔德工作时，他们偶尔会互相微笑致意，“我们意识到了那个时刻我们工作在一个独一无二的特殊场合里，”格伦斯菲尔德解释说，“在地球上空 330 英里，我们正在全世界最伟大的望远镜上面工作，而且乘坐我们自己的私人航天飞船。”在每秒超过 5 英里（8 千米）的轨道速度下，他经常向下看世界的样子。“当我们漂浮在空中时，时间似乎暂停了。我轻轻敲了一下史蒂夫的肩膀并指了指。我们看了一眼之后就又重新开始了工作。”

图 2－15　格伦斯菲尔德正在准备为哈勃安装一部无线电发射机

当出舱任务临近结束，格伦斯菲尔德正处在有效载荷舱的底部，从那里可以抬头看到望远镜的整体。“多么伟大的一台机器啊，”他写道，“完全是人工制造的，但却如此的美丽。在银色的外部保护层上，我可以看到蓝色和白色地球的映象。在望远镜的底部还覆盖着一层反射涂层，我可以在其中看到自己穿着航天服的映象。我以一种象征性的姿势向镜面里的自己挥手，仿佛是哈勃在向我挥手，说：‘谢谢你把我修好了。’在修理望远镜以及同它在一起度过平安夜的祈祷时，我觉得我在宇宙中找到了一个新朋友。”

在晚间的新闻发布会上，飞行主管琳达·哈姆宣布，任务已经达到了所有的标准，取得了圆满的成功，据戈达德控制人员的报告，所有新安装的设备也都能正常运行。

每次出舱执行任务时，克莱瓦都要与舱外的航天员同步工作。“我感觉这不是很难，因为这个机器人操作系统就像是我自己身体的延伸。我正在操纵这台机器，这个长约 50 英尺的人工机械臂，这种操作对我来说很自然。当他们要求道，‘鲍勃将我向望远镜移动 2 英尺，向我的左边移动 2 英尺，向我的左边偏转 10 度，再向左转 20 度，然后向下降 30 度。’我会在心里默默形成这项思考，这是数学中所谓的转移矩阵，是坐标参考系的变化。你可以从一个 xyz 坐标系更改到另一个 xyz 坐标系。因为大多数时候，梯队成员与我不在同一个坐标系内，所以当他要求向前倾斜 10 度时，实际上是相对于他的身体向前偏移，不是相对于望远镜或者载荷舱的轴线。所以，当我的操纵杆指令所在的坐标系与出舱航天员的身体不匹配的时候，我就得在脑海中快速进行坐标系转换。这对我来说是可以很自然做到的事情。我意识到我很幸运，因为我的大脑对此还是很清楚，相比之下，可能我的很多同事根本无法做到这一点。”

克莱瓦说，飞行梯队成员中只有另外两名队友接受了 RMS 方面的培训。“他们是克劳德·尼科尔和约翰·格伦斯菲尔德。克劳德·尼科尔在他第 2 次太空飞行中这样做过，那是一次哈勃望远镜的任务，而约翰·格伦斯菲尔德是因为自己想学才去培训。他们确实在模拟器上操纵过手臂进行一些捕获和跟踪以及对一些出舱活动的支持工作。但当实际到了太空中时，他们会感觉很累也不太舒服。我对他们说：‘克劳德、约翰，你们是为此训练过的。我很乐意做这项工作，也做的不错。但是你们知道，我不想因为独自霸占 RMS 而受到批评。’所以我很愿意接受他们的帮助。但是他们说，‘不，不，比伊·鲍勃你做得很好。’我认为我完成了 90%～95%的 RMS 飞行工作。克劳德可能只参与了 30 分钟的工作，而约翰则大概仅仅只有 15 分钟。”

图 2-16　发现号有效载荷舱内的外部气闸舱的清晰图像。在后驾驶舱的窗户（左侧）里，可以看到 RMS 操纵员鲍勃·克莱瓦

2.5　值得庆祝的事情

在不受 Y2K 问题影响的情况下，让 STS-103 发射升空并将哈勃恢复到正常运行的状态，这是团队努力的又一杰作。与这些成就相伴的还有好几项记录和完成的其他事项，这些都是那个时代的光辉作品。

第 3 次出舱成为了历史上耗时第 4 长的任务，持续了 8 小时 8 分钟，部分原因是在气闸舱内格伦斯菲尔德很难将他的 EMU 挂到轨道器系统上。在这一次任务中，飞行梯队成员创下了第 2、第 3 和第 4 长的出舱耗时记录，总计 24 小时 33 分钟。如果加上前两次服务任务所积累的出舱时间，用于维修望远镜的总时间是令人印象深刻的 93 小时 13 分钟。就航天员个人的出舱总时间而言，史蒂夫·史密斯 5 次出舱累计为 35 小时 33 分钟，排名历史第二，仅次于杰里·罗斯 7 次出舱所累计的 44 小时 11 分钟。

图 2－17　在 1 次出舱服务工作出色完成之后，有效载荷指令长史蒂夫·史密斯竖起了大拇指

2.5.1　太空中的圣诞节

第 2 天就是 12 月 25 日圣诞节，对美国载人航天工程来讲，这是重要的一天。不仅仅是因为在轨服务之后的哈勃太空望远镜要在这一天重新进入轨道，而且在 1968 年的同一天，阿波罗 8 号中的弗兰克·博尔曼、吉姆·洛弗尔和比尔·安德斯这三位航天员在平安夜环绕月球飞行之后返回地球。这是人类第一次离开地球并穿越深邃的太空（奔向月球），这一点使得他们在航天飞行历史中的地位不可动摇。

STS－103 仅仅是美国航天员第 5 次在太空中度过节假日。在阿波罗 8 号之后的 5 年，另一个美国飞行梯队在远离地球的太空中庆祝了圣诞节。1973 年 12 月下旬，第 3 批天空实验室的飞行梯队杰里·卡尔、比尔·波格和埃德·吉布森，正处在他们 84 天破纪录飞行的中间阶段。12 月 25 日，卡尔和波格在圣诞节当天进行了首次出舱，这是一次耗时 7 小时 1 分钟的短距离出舱活动，他们更换了阿波罗望远镜上的胶卷盒，并为 Kohoutek 彗星拍了照。这 3 个人后来又继续成为了第一个在太空庆祝新年的飞行梯队。

在 23 年之后，才有另一个美国人在太空中度过圣诞节。那是 1996 年约翰·布莱哈在俄罗斯的和平号空间站上度过的。紧随其后的一年，戴夫·沃尔夫又在太空中度过了圣诞节。相比之下，1977—1978 年的圣诞假期俄罗斯人曾在礼炮 6 号上有一个太空飞行梯队，而且值得一提的是，在 1989—1998 年之间的每一年，累计共有十个不同的飞行梯队在和平号上。在新千年的前几年里，我们已经习惯了这样一个事实：自从 2000 年以来，国际空间站上一直都有飞行梯队存在，所以他们经常在太空中庆祝假期，所以这已经不算是什么新闻了。

然而，航天飞机的飞行梯队第 1 次在太空中度过新年假期，确实是非常新奇的事情。对于在节假日工作的地面控制人员来说，主要的任务已经完成了，是时候把哈勃部署回去了，还要在年底之前确保发现号顺利返回。因为跟国际空间站上的计算机不一样，航天飞机中的计算机可能无法设置以适应任务过程中历年的变化。

2.5.2　家人的担忧

任何一次太空任务都会给家人带来巨大的压力。长时间的培训、与供应商协调、高强度的学习以及偶尔的隔离都会造成家人的担忧。然后在发射阶段、太空生活和工作阶段以及再入地球阶段都存在一定的风险。太空中的航天员很难以正常的方式来度过假期或周年纪念，而在有人生病或者去世时，对家庭的支撑就显得尤为困难。此次任务从侧面体现了航天员犹如过山车般的情绪变化。

“我数了一下，我们曾经共计设定过 13 个不同的发射日期。”克莱瓦解释说。“距离飞行任务越近，两次调整日期之间的间隔就越短。一开始是 10 月中旬，然后变成 11 月，再然后 11 月中旬，最后是越来越多的日期。但是当我们真的发射后，我们就知道将要在太空度过圣诞节。一个很困难的事——不能说困难，应该是我一个很大的牵挂，就在圣诞节前的几个月里我儿子生病了。在我执行任务前 2 个月的时候他被诊断为白血病。好像是在 9 月 4 日或 5 日宣布的。当时任务已推迟到 11 月份。柯特·布朗把我拉到一边单独问我：‘比伊·鲍勃，你现在想做的是什么？你想和家人待在一起吗？或者你还想继续执行任务？你的决定是什么？我会尊重并全力支持你，但我的管理层正在问我他们需要做什么。’”布朗给在家里的克莱瓦的妻子打了电话，他们谈了半个多小时，对此她非常感激，“她很高兴，他们甚至通过电话互相开玩笑。布朗告诉我的妻子，‘如果你想让丈夫和你在一起，请告诉我，我会让他离开飞行梯队，之后他可以执行任何他想要去做的飞行任务。’同时，在 NASA 层面、航天员层面、指令长层面，以及 JSC 管理层层面，所有人都充满着担忧。我为此同我的妻子谈了很多。那时我的儿子已经在恢复了，就在开始治疗的两周之后，他身上已经没有了任何白血病细胞。这就是我们所希望的治疗计划，医院专家告诉我们，‘你的儿子暂时不会有危险，因为治疗效果很好。’如果我放弃这次飞行的话，妻子和我都担心儿子会因为影响了爸爸的工作而认为自己的病情很重。所以我们认为一切都还好，飞行是可以继续的。”

“我们可以在航天飞机上放一些纪念品，但在飞行期间我们不能去碰它们。纪念品都放置在舱内，还有一个我们要送给人们的飞行证书。按照规定，20 件 PPK（个人偏好套件）里的每一件体积都必须小于 1 立方米，而且不得具有任何商业用途。所以你不能带收藏爱好者的硬币，但你可以带上妻子的戒指或手表。OSK（官方纪念品）有 10 件，它们属于一些机构、官方组织或非常重要的人（规定中没有对大小或重量的限制）。你可以为你的大学、政府或科学研究机构携带这些物品。在飞行梯队中，我负责管理这些物品。所以我们可以每人带 5 件物品，另外还有 5 件作为整个飞行梯队的纪念品。此外，我们所携带的物品里至少会有一张家庭的照片。我曾经带过我儿子玩射箭的照片，还带过魔方，此外我很喜欢中国的各种谜语，

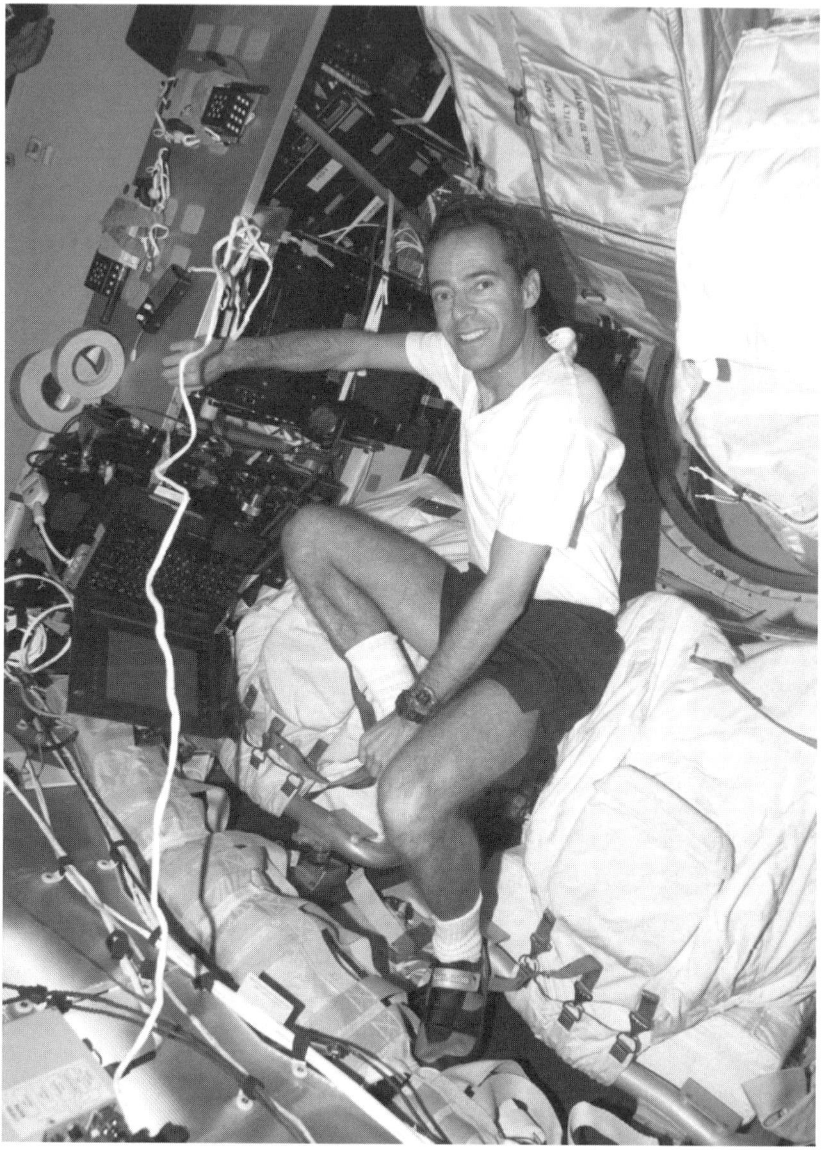

图 2-18　在执行飞行任务期间，发现号航天飞机储物舱内的克莱瓦

而且我还带过其他一些象征性的东西。每个航天员还会有一两个我们所不知道的东西，这是属于航天员的惊喜。为了庆祝圣诞节，我们准备了迷你蛋糕和蜡烛，并用电池点起了假的火焰。我们还为所有人带了红色的圣诞帽和一套完整的圣诞老人服装。在圣诞节当天，圣诞老人在录像前实时地向地面做了讲话。至于这个圣诞老人是谁，大家都默认这是飞行梯队共同的秘密。他们知道这肯定不是我，因为圣诞老人是对着麦克风说的话。梯队里没有女性。他确信他的声音不会被认出来，但听上去更像是美国口音。在航天飞机上，我们有一个圣诞庆祝仪式，并伴有蛋糕和蜡烛。克劳德从瑞士带来了非常好的巧克力。除了 NASA 的官方标准菜单，我还带了一些法国菜。我们可以在新鲜食物储物柜里带一些我们喜欢的食物。起初，储物柜里仅存放新鲜水果，如香蕉或苹果等，可以在飞行初期的几天内食用完。但随着时间的推移，后来也允许梯队成员把任何喜欢的食物放进储藏柜，只要它们可以通过基本的安全检测。”

2.5.3　把哈勃送回轨道

在发现号上，飞行梯队成员在宾·克罗斯比最受欢迎的“我会回家过圣诞节”的歌声中醒来。此时柯特·布朗回应说：“所有在地球上的人们，圣诞快乐！哈勃将在圣诞节回家，因为今天我们要把它释放回去。”这将是献给科学观测领域最好的礼物。

当 RMS 牢牢握紧望远镜之后，飞行支持结构的脐缆就被释放，锁紧机构打开，此时克莱瓦将望远镜抬高到有效载荷舱上方。望远镜已经在有效载荷舱内度过了 3 天 21 小时 33 分钟。随后，地面控制人员向望远镜发出指令，使其光圈门重新打开。在美国中部时间 12 月 25 日凌晨 5 点 03 分，克莱瓦将捕捉装置上的机构解锁，哈勃重新进入了高度为 370 英里（595.33 千米）的任务轨道，此时它正飞过澳大利亚东北部的珊瑚海。在释放后不到 30 分钟内，戈达德的控制人员报告说，哈勃已经恢复了正常的运行模式。在恢复科学项目之前的接下来两周内，他们将对望远镜进行全面的测试。

图 2－19 飞行任务期间，克莱瓦展示了他家中小儿子的照片（图片由 J · F · 克莱瓦提供）

当克莱瓦以一个敬礼般的姿势竖起机械臂时，布朗开始了与哈勃分开的轨道机动，并踏上了漫长的回家旅程。第 2 次轨道机动发动机启动，发现号轨道高度逐渐降低，在每圈内约降低 6 英里（10 千米）。

格伦斯菲尔德写道："当我看着哈勃优雅地从我们身边飘过时，我感到一丝悲伤。我没有太多时间去认识这位新朋友。我们在太空中能逗留的时间很短，既然我们的使命已经完成，那就是时候把望远镜送回去了。让它成为我们的眼睛，望向深层的宇宙。"他指出，这个独一无二的望远镜对每一个人都有影响，无论是直接在望远镜上工作，对它进行日常控制操作、科学数据分析的人，还是为它拍摄的震撼图片而惊叹的人。"能够跟如此伟大的天文望远镜一起分享地球轨道，是多么美好的一件圣诞礼物!"

哈勃太空望远镜项目主管约翰 · H · 坎贝尔在望远镜释放之后，不仅向全体哈勃/航天飞机团队，也向许多放弃正常圣诞节计划的工作人员及其家属表示感谢。"哈勃现在再次自由地运行在轨道上，而且拥有全新升级的状态，新型陀螺仪正在全力稳定，并受到全新的计算机控制。哈勃团队非常感谢航天飞机飞行梯队成员、发射和飞行任务的团队，以及所有使这项服务任务成功实现的人。我们特别感谢整个 STS－103 团队的家属，为了使哈勃恢复科学探索的航行，他们在这个假期做出了如此多的个人牺牲。"显然，望远镜已变成了一种非常个人化的情感纽带，这不仅包括直接参加这个项目的个人，也包括他们的家庭。

2.5.4　急需返回

有媒体报道，在 12 月 31 日变到 1 月 1 日时，航天飞机是不能飞行的，因为机载系统将会出现故障并给飞行梯队造成不可预料的问题，其中一些问题可能是无法修复的。显然，根据这些报道，航天飞机必须要在 12 月 31 日前到达地面并关机。之前确实没有航天飞机在天上跨年的历史。唯一有此经历的载人飞船只有天空实验室、礼炮号空间站、和平号空间站和国际空间站。而与他们对接的阿波罗号和联盟号飞船都处于休眠状态，随时准备紧急撤离或任务正常结束后返回地球。在 1999 年 12 月的最后一周，此时发现号还待在太空中，这时候让它返回地球的紧迫性不仅仅是为了让飞行梯队和工作人员去休年假。而是在 20 世纪奔向 21 世纪的那一刻，人们普遍担心全球运行的电脑可能会发生突发情况。

据工程师本·里德说，STS－103 的一些任务被取消了。“这是因为 NASA 想在 1999 年至 2000 年日历过渡期间采取防护措施，所以他们需要航天飞机及时回到地面并妥善处置。由于发射推迟了，我们无法执行计划的第 4 次出舱，所以我们在这一天计划要安装的硬件也没有安装。其实有一些装备从来都没有安装过，比如 Surfs。我们研制了这个硬件，但是还是把它带回了地球。我不知道发生了什么事，我想它还被放在某个地方。另外我非常担心扶手包覆层，因为我们怕望远镜上的油漆剥落，然后进入仪器并弄脏光学器件。一个价值数百万美元的新相机，如果它被油漆碎屑污染了，那将令人无法接受。”

2.5.5　圣诞节中的发现号

12 月 25 日对于发现号上 7 位航天员每个人来讲都是全新的体验，这一天给予了他们各自独特的回忆。他们用多种语言从太空传来了节日的祝福。

指令长布朗发出了一条圣诞节消息：“熟悉的圣诞节故事提醒我们，千百年来，不同信仰和文化下的人们都望向天空，去研究恒星和行星，寻求对生命更深层次的理解和更大的智慧。我们作为发现号飞行梯队成员以及哈勃太空望远镜在轨服务任务团队，都为这项超越自己的持续探索而感到自豪。我们希望并相信，宇宙所教给我们的经验，将会体现在我们所知道的人类内心深处，那就是对人间和平的愿望和对全人类的美好祝福。当我们进入新千年的时候，我们向你们致以问候。”

圣诞节当天，航天员安排了一些休息时间，期间通过一系列新闻媒体介绍他们的这次任务。

约翰·格伦斯菲尔德写道："我们现在是太空中唯一的 7 个人（和平号空间站，自 8 月份以来就一直没有航天员），成功修复了一个望远镜，这个望远镜的唯一目的就是丰富地球上人们对于宇宙的想象，让大家更加了解宇宙。我想没有比这更好地利用空间的案例了。今天是太空圣诞节，我们在航天飞机上执勤时戴上了红色的圣诞帽。这看上去有些呆萌，但却能帮助我们在这个传统的家庭团圆日内振作精神。"

史蒂夫·史密斯回顾了他在远离地球和家人的这次特殊圣诞节中的感受："那个时候还没有太多的航天员在太空中过圣诞节，所以还是有点不寻常。而且我的孩子还很小，分别是 2 岁和 6 岁，所以我有点牵挂他们。我们原本应该在 12 月初发射，在圣诞节前就能回来。所以我已经计划好了，当我回来的时候我要买很多圣诞节的东西。但后来发生了很多事情。返回后我们在佛罗里达隔离了 17 天，所以最终我们的飞行跨过了圣诞节。我没有为孩子买任何圣诞礼物，我实际上在 Cape 度过了我的假期，当时我们被例行隔离在海岸附近，只能走动去寻找一些有趣的东西，然后请别人帮忙传递给我的孩子。通常会有漂亮的贝壳、岩石，或在沙滩上冲刷出的不寻常的东西。所以，那是我能准备的唯一的圣诞节礼物，我不能去购物中心或者类似的地方。但无论如何，那时是身不由己的。不管在什么时候，太空中的感觉都是非常酷的。但太空中的圣诞节是很不寻常的。虽然我们带着圣诞帽还有其他的装扮，但使人略感忧伤的是，当在做捕获 22 号任务时，你虽然对自己的工作感到兴奋，但还是想去其他地方。幸运的是我有一个非常坚强的妻子，她照顾着孩子，也会做圣诞节的购物准备等等。"当然，他执行完任务回家后就可以和家人一起庆祝一个迟到的圣诞节了。

图 2-20 在圣诞节，STOCC 哈勃任务控制室内的工作人员正在值班

2.5.6 12 月 27 日/着陆

“你知道，关于千年虫，有太多的大惊小怪、杂音和传言，它让一些计算机科学人员赚了很多钱，”克莱瓦表示，“根据我们所掌握的有关计算机行为的一切情况，可能无法预测所有的故障，所以我们倾向于返回地面，并及时关闭控制中心。”

格伦斯菲尔德在 2014 年写道：“后来我才知道航天飞机本身已经通过了对于千年虫的安全考验，但在加利福尼亚州应急着陆场的地面支持设备却没有。因此，轨道器在 1999 年 12 月 31 日可以通宵通电，但是没有经过提前认证的地面支持设备也跟着一起通电了！我不知道为什么我们没有把轨道器或地面支持设备关闭掉，然后在第 2 天早上再开通。但我们还是很幸运。”[19]

图 2-21　在 STOCC 桌子上的哈勃模型中增添了节日的玩偶

在预定着陆的前一天，飞行梯队人员对轨道器的系统及发动机做了返回前的检查，收拢并设置了一些设备，并将航天飞机转入返回地球的姿态及轨道控制状态。跟每次航天飞机任务一样，为了应对天气或其他问题对名义上的返回计划造成的推迟，梯队成员提前设计了长达两天的任务延长方案。在佛罗里达州的 KSC 和美国加利福尼亚州的德莱顿飞行研究中心都可以有降落的机会。世界各地的一些应急着陆点也准备好为返回做备份支持。但幸运的是，天气比之前一周发射时要好。尽管在加利福尼亚州降落的机会是可行的，但航天飞机管理层更愿意在 KSC 降落，因为这可以避免在新年假期之前把航天飞机运回佛罗里达州，或者也可以把航天飞机留在加利福尼亚州直到年假结束。

由于担心在着陆地点会有横向风干扰，发现号多做了一圈轨道飞行，然后在美国东部时间 12 月 27 日下午 7：01 顺利着陆在 KSC 基地的 33 号跑道上，结束了为期 7 天 23 小时 10 分 47 秒的任务，共计飞行了 3 267 000 英里（5 256 603 千米）。

对轨道器的初步检查发现，在右侧舷内升降舵靠近机身的位置上，有一处黑色的防热瓦丢失，尺寸为 9×4.5 英寸（22.86×11.43 厘米）。人们推测，防热瓦是在最后接近着陆时、距离跑道之前不久脱落的。除此以外，检测结果显示系统没有其他重大损坏。

在航天员出舱并采取初步保护措施之后，发现号被转移至 OPF，在那里完成服务系统解除，并在接下来的 2 天内完全被保护起来，准备在剩余的假期中保持休眠状态。2000 年 1 月 4 日航天飞机恢复了正常的地面操作，开始为下一次任务做准备。

返回当晚，航天员在飞行梯队驻地就宿，然后于第 2 天也就是 12 月 28 日飞回休斯敦抵达埃林顿菲尔德机场，并参加了 JSC 举办的公众欢迎仪式。

2.6　任务完成之后

即使第 3 次哈勃服务任务还在进行，对于未来服务任务的计划已经延伸到了 2010 年，最新计划是望远镜要在航天服役 20 年。人类太空计划在今后十年的重点是将 1998 年和 1999 年间缓慢起步的国际空间站迅速扩大，包括在 2000 年运送第一批常驻航天员。这样做会减少“单独”的航天飞机任务的数量以及其所提供的航天员搭载任务。对于一些航天员来说，在俄罗斯、欧洲或者日本进行的长期国际空间站常驻任务的训练，并没有太多吸引力。有些人对空间站组装的任务不太感兴趣，他们更倾向于执行科学探索的任务，但对他们个人来讲，这种选择是很有限的。

“当我们执行完任务回来，以飞行梯队的身份拜访了巴尔的摩的太空望远镜科学研究所，”克莱瓦回忆说，“我问那边的科学家，‘哈勃望远镜对科学的主要贡献是什么？’他们只告诉了我 3 个方面，但在那个时候，我认为哈勃的贡献不止这 3 方面。在评估宇宙年龄方面，哈勃作出了巨大的贡献，使我们确定了宇宙的年龄为 137 亿年。哈勃的观测有助于证明黑洞的存在。也许最重要的是，它还显示了可见宇宙中星系的数量比我们以前想象的要高出几个数量级。不过，对于我来说，哈勃相当于为 4 000 名科学家提供了工作岗位。我的意思是，因为这项任务的存在，我们可以为高学历、高技能的人提供工作，来让我们更好地了解宇宙。所以对我来说，从事哈勃太空望远镜的工作就是直接地在帮助人类增进对自我的认识。这本身就是一个很大的荣幸，而且这是 ESA 和 NASA 联合开展的项目。因此对于克劳德和我来讲，能够作为欧洲人来成功完成这样一个极具挑战性的任务，真是一个伟大而又感动的事情。”

2.6.1　经验传递

每次航天飞机任务结束后，飞行梯队通常会把他们的经验传递给下一次任务的梯队人员。对于哈勃任务来讲，情况也是如此。事实上，史蒂夫·史密斯将经验从 STS－82 带到了 STS－103，史蒂夫·霍利从 STS－31 带到 STS－82，肯尼思·D·鲍尔索克斯和克劳德·尼科尔从 STS－60 带到 STS－82 和 STS－103，大家都是如此执行。迈克·福尔将他的和平号空间站的经验带到了 STS－103，“最关键的一个经验是关于出舱绳系系统。航天飞机飞行梯队人员通常在卷轴上使用一个绳系组件，在过去如果绳子断了的话，只能指望航天飞机来靠近你。因为哈勃附在航天飞机上，如果要让航天飞机接近脱落的航天员就必须要先把望远镜抛掉（抛掉望远镜需要一定的时间），等到那会儿你可能已经牺牲了。最终我们决定最好还是确保航天员不脱落。我们引入了第 2 根系绳，实现了这个目标。我认为应该利用在空间站上的方式来将航天员束缚住，就像在和平号空间站上一样。整个飞行梯队的成员都考虑了这一点，并且同意在工作场所无论何时，我们都会有第 2 根备份绳索。”然而，由于绳索的弹性，他们不想遭遇杰里·罗斯在 STS-88 任务中的经历。当时他在 100 英尺的绳索上摆动，失去了控制。在哈勃上面有很多部件是很脆弱的，所以防止损害是最重要的。福尔最初建议每个人都应该像在和平号上的出舱活动那样进行操作，要手拉手地进行移动。但是在哈勃望远镜上，需要用手去携运物品，像和平号那样操作对于哈勃来讲太笨重了。正如福尔指出的那样，“一只手放在设备上，另一只手放在扶手上，当你把手从扶手上移开时，你的动作就可以控制你的移动，所以你可以到达下一个地点。在工作的地方，也要设置另一套安全系绳，这样你就不会从工作的地方飘走。这种方案应用非常成功，并成为了航天飞机的标准。”福尔将继续协助指导下一个哈勃服务梯队，因为 SM-3B 按照计划将会是一次更为复杂的服务任务，所以要想避免出现重大问题是非常困难的，总之是需要进行充足的准备。

2.6.2 RMS 操作经验

当克莱瓦从 STS-103 返回时，他给南希·柯里写了一份备忘录，列出了他所积累的所有经验和教训，因为南希·柯里将在下一次的哈勃任务中操作 RMS。在此之后，他又花了大约 2 个小时来给她提供建议。“当我在队友出舱活动期间操作机械臂时，我脑海中有 3 条规则，首先就是我要坚决避免机械臂触碰到望远镜。有时候它们之间只有几英寸间隔。我从来不想因为自己的工作而使舱外活动受到延迟。也从来不想出现被队友问及的这样情景：‘比伊·鲍勃，你能把我拉近望远镜 2 英尺吗？’然后我回答说，‘收到，靠近望远镜 2 英尺，但请等一下，我正在做别的事情。’我不想让出舱的队友因为我而等待，他们会因此而很沮丧。所以这是我给自己的责任要求，只要舱外的队友有要求，我都能立即去实施。此外，每当舱外队友要求我把他们旋转或者移动或者两者都有时，我的工作是使 RMS 运动开始阶段必须朝着旋转或移动的正确方向。因为我知道，当队友做出一个相对于驾驶舱的位置非常奇怪的移动要求时，他们一般是在尝试并缓慢试探，以确认所移动的方向是否是正确方向。但我从来不想处于一种失去队友信任的状态。任务完成后，我感到很自豪，因为他们完全信任我。另外，我在粗速率模式下，把他们移动得非常快。他们告诉我，“比伊·鲍勃，我们知道是你就觉得很好。因为如果我们不知道谁在操纵机械臂的话，我们就会感到担忧，然后会要求他立即停下来。”

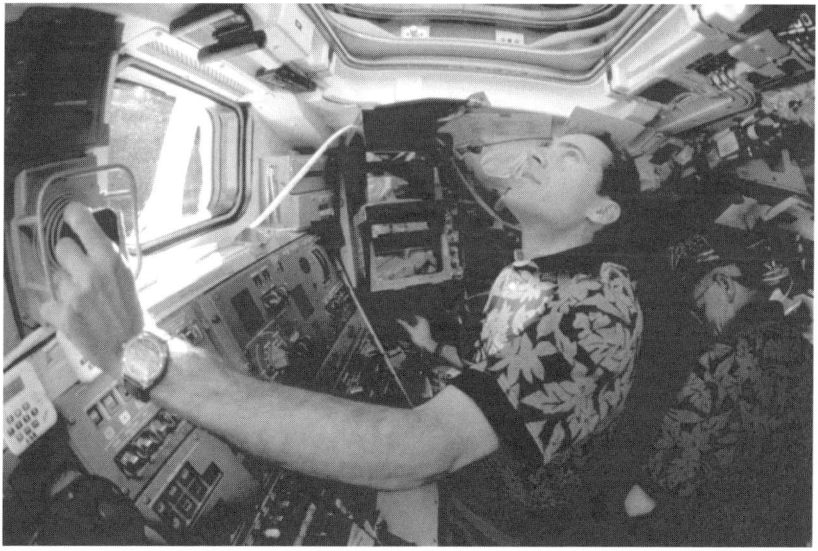

图 2－22　在飞行任务期间，克莱瓦正在控制 RMS

克莱瓦在报告中指出，除了在 BUp 释放检查模式，RMS 都运行良好。在这个模式下，需要 5～6 秒的延迟才能做出反应，这比预期的时间要长[20]。脚部运动系统运行良好，在所有的 RMS 活动中都用到了它。克莱瓦建议通过一次额外的地面释放测试，以便更好地了解其在飞行中的行为。而且，用于支持 RMS 的机械臂情境感知显示（RSAD）和机械臂鸟瞰图（RBEV）需要进行更有效的整合，从而将其重新配置为一个应用程序，而不是两个需要由 RMS 操作员分别加载的实时应用程序。克莱瓦说，在模拟过程中机械臂操作员"应该想象这是一次真正的飞行"，而在真实飞行时"应该想象是在模拟训练中"。总之，RMS 操作岗位共计有 4 项完全不同的任务需要掌握：检查、分析研究、抓捕/部署和出舱支持。他的报告详细介绍了具体操作。对于出舱工作的支持，他写道（如上所述）：操作人员应避免机械臂与其他物体有任何物理接触，必须留出安全的工作空间裕度；不能因为 RMS 的操作而耽误舱外工作的时间；不能向错误的方向作出运动等。

2.6.3　未来服务任务规划

在 SM－3A 任务执行期间，已经计划在 2001 年和 2003 年再派遣两次在轨服务任务，而有可能在 2010 年的收尾任务计划也正在论证过程中。SM－3A 并没有安装任何新的仪器，所以截至 1999 年年底，只有 3 个实际运作的仪器：WFPC－2、STIS 和 FGS－1R，后者是天体测量研究的主要精确制导传感器。自 1999 年 1 月以来，NICMOS 一直处于休眠状态，原因是固态氮冷却剂出乎意料地迅速消耗掉了；FOC 已经"退役"；而 COSTAR 现在已经是多余的了。为了迫切地更换失效的陀螺仪以使望远镜恢复到工作状态，SM－3 任务拆分成了两部分，并使 SM－3A 早于预定的日期来执行，这也意味着为望远镜升级的 SM－3B 任务必须要推迟发射，这次任务的飞行将比最初的设想晚一年。

图 2－23　RMS 将哈勃望远镜抓起，以将其第 4 次部署回任务轨道

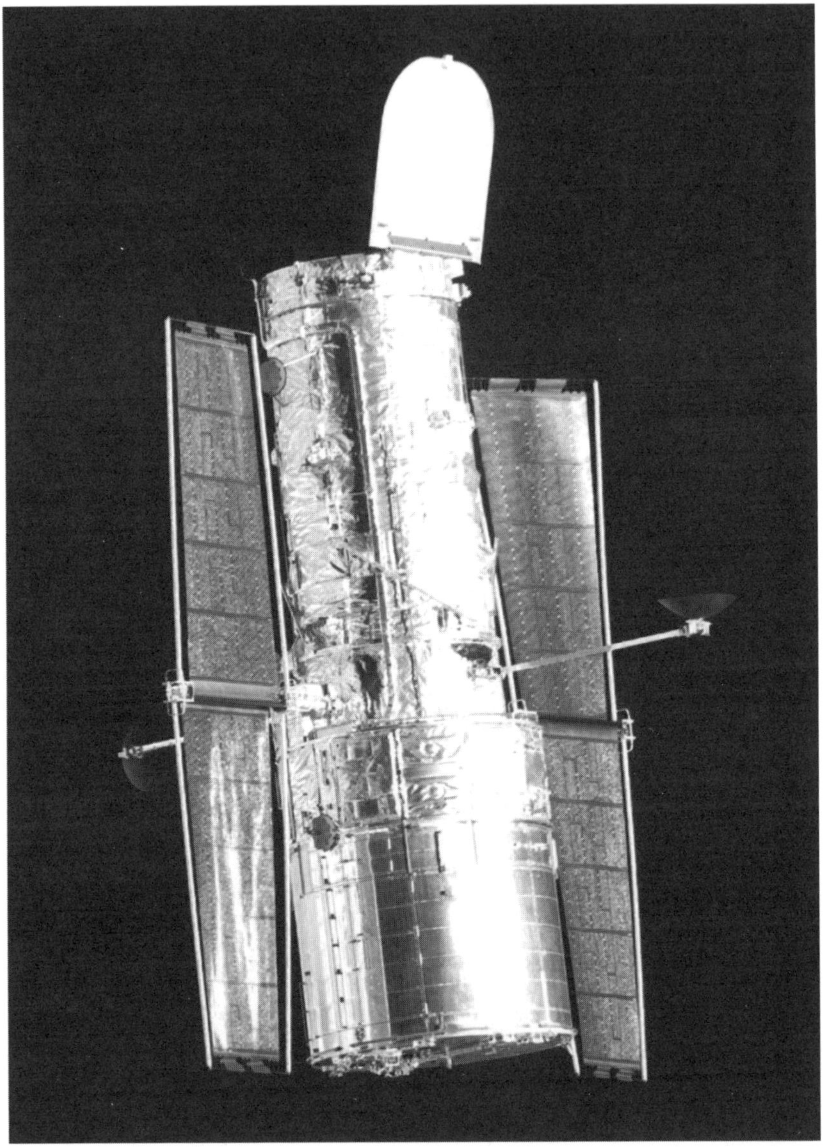

图 2-24　在第 3 次在轨服务之后，哈勃再一次自由地飞翔在太空中，此时它已经在太空轨道中度过了将近十年光阴

2.6.3.1　2001 年春天/SM - 3B

这项任务计划安装一个新的仪器，更先进的太阳能电池阵列和外部隔热层，并试图在 NICMOS 上安装一个先进的冷却系统，以恢复仪器功能。

1）高级探查相机（ACS）：用来替代原来的模糊成像相机，可以产生“研究模式的图像”，这其中会包含对暗物质分布的映射。随着 ACS 的成功安装，预计哈勃望远镜的观测能力将提高十倍。

2）第三代太阳电池阵：新的刚性阵列被设计用来取代在 SM - 1 任务时安装的太阳电池阵。其体积更小、效率更高，可以减小大气阻力对望远镜的影响，从而提高轨道寿命。

3）NICMOS 冷却系统：这是一项实验机械冷却器，将连接到 NICMOS 仪器上以恢复其运作能力。它已经在独立的航天飞机任务中做过有效载荷舱实验的测试。

4）后罩冷却系统：这有助于将望远镜后罩部分的科学仪器产生的多余热量散去。降低仪器的温度可以使它们更有效地工作，并且可以允许几个仪器同时工作，从而提高望远镜的整体输出能力。

5）可能的升级：如果有必要的话，哈勃将提升到更高的轨道高度，以消除自上次服务任务以来空气阻力所产生的影响。

2.6.3.2　2003 年/SM - 4

在 STS - 103 任务执行期间，SM - 4 的计划还处于早期规划阶段，此时正在开发两种新的仪器：用于取代 WFPC - 2 的第 3 代相机和用于取代冗余的 COSTAR 包的宇宙起源光谱仪，另外还计划安装一个翻新的精确制导传感器。

1）WFPC - 3：全色摄像机，可将望远镜的成像能力从紫外波段延伸到近红外波段，为可见光 ACS 做备份，并取代老化的 NICMOS 的近红外能力。

2）宇宙起源摄谱仪（COS）：这种中等分辨率的摄谱仪专门设计用于在近紫外和中紫外波段范围进行观测。

3）精确制导传感器：这是一个循环式的翻新计划。当一个 FGS 被送回地球时，它将被拆卸和翻新，然后在下一次服务任务中重新安装到望远镜上，以用来更换另一个 FGS。计划在 SM－4 任务结束后，3 个 FGS 都将被升级到最佳状态。

2.6.3.3　2010 年的收尾任务

在新千年的伊始，NASA 对于哈勃的最终归宿仍旧犹豫不决。最初设想的 15 年任务周期将于 2005 年结束，但现在已明确至少延长到 2010 年。对哈勃的后续处理存在以下几种选项：1）进一步延长其使用寿命；2）通过轨道抬高技术，将望远镜无限地抬高至停泊轨道；3）进行受控的再入大气层坠毁；4）返回地面进行飞行后分析，然后让公众参观以及最终在博物馆进行展示。

2.6.4　飞行梯队的后续任务

STS－103 的梯队成员在履行了飞行后的一些职责之后，就被分散安排到新的任务中去了。对于柯特·布朗来说，他已经完成了 3 次航天飞机任务，所以要离开 NASA。斯科特·凯利、史蒂夫·史密斯和迈克·福尔都转移到国际空间站项目上，而凯利和史密斯要一起进行基于航天飞机的组装任务训练。福尔开始为国际空间站长期停驻航天员的计划而训练，因为 3 年前在还未执行和平号任务的时候，他对 NASA 管理层做出过承诺，所以这是他对诺言的履行。ESA 的两名航天员让-弗朗索瓦·克莱瓦和克劳德·尼科尔返回所在部门并进行了岗位调整。约翰·格伦斯菲尔德被分配到了 2002 年飞行的 SM－3B 任务。但是这并不是他与哈勃之间联系的终点，因为在第 5 次也是最后一次的在轨服务任务中，他将继续飞行。

参 考 文 献

[1] AIS interview with Steve Smith, February 15, 2013.

[2] NASA News, Headquarters H98 - 138.

[3] ESA #26 - 98.

[4] NASA News: JSC 99 - 41; ESA #10 - 1999.

[5] AIS interview with Jean - François Clervoy, December 9, 2011.

[6] AIS Interview with Mike Foale, JSC, June 23, 2000.

[7] Payload Flight Assignments, NASA Mixed Fleet Manifest, June 1997.

[8] NASA News March 10, 1999, JSC 98 - 38.

[9] AIS interview with Ben Reed, October 25, 2013.

[10] Chronology of KSC and KSC Related Events, Elaine E. Liston, February 2000, NASA TM - 2000 - 208588.

[11] AIS Interview with Ben Reed October 2013.

[12] Notes to Family and Friends, Jean - François Clervoy, NASA Shuttle Archives STS - 103, Crew pages http: //spaceflight. nasa. gov/shuttle/archives/sts - 103/crew/cn. html last accessed December 27, 1999.

[13] John Grunsfeld Reports, Notes from Space http: //spaceflight. nasa. gov/shuttle/archives/sts - 103/crew/. gr. html last accessed December 27, 1999.

[14] Grunsfeld Report Notes from Space #3, December 18, 1999.

[15] NASA Shuttle Status Reports, MCC No 1 - 17, December 19 - 27, 1999.

[16] Hubble Servicing Challenges Drive Innovation of Shuttle Rendezvous Techniques, John Goodman and Stephen Walker, 2009.

[17] Ergonomic Evaluation of the Foot Restraint Equipment Device (FRED), August 1, 1999; M. Whitmore, C. Chmielewski, A. Qazi and F. Mount.

[18] Email from J - F Clervoy 30 December 2014.

[19] Grunsfeld Hubble Legacy p65.

[20] PDRS Lessons Learnt - STS - 103, J - F. Clervoy.

第 3 章　在轨服务任务 SM－3B

STS－109 是最后一次在轨服务任务得以实施的纽带。

——航天员杜安·凯里，STS－109 任务飞行驾驶员

1999 年圣诞节后不久，STS－103 飞行梯队成员返回，第 3 次哈勃服务任务的“另一半”计划准备工作顺利推进。这次任务将争取完成原来分配给 SM－3 任务的剩余部分。按照计划，服役时间最长的哥伦比亚号航天飞机将在加利福尼亚经过升级之后，执行此次 SM－3B 任务，此后还将执行另一次单独的有效载荷研究任务，还可能再继续执行国际空间站的一些装配任务，但此时突然有人质疑哥伦比亚号能否在 2002 年以后继续服役。

3.1　是否封存哥伦比亚号

2001 年 4 月，NASA 开展了距航天飞机首次飞行（即哥伦比亚号执行的 OV－102）20 周年纪念活动。然而就在 3 个月之后，开始有一些传言：由于该机构在未来 6 年的预算减少了 8 亿美元，所以按计划哥伦比亚号不会再安排一次彻底的维修升级，而是停止使用并且封存。

在哥伦比亚号服役的前 20 年里，它已经完成了 26 次任务。在太空度过的 274 天时间里，曾携带 115 名不同的航天员，共计环绕地球运行超过了 1.15 亿英里（1.851 亿千米）。哥伦比亚号质量达 90 吨，导致它无法执行搭载国际空间站组件的任务，只能进行一些非空间站的任务，但它表现仍然非常出色。哥伦比亚号也曾经有过几次低谷，比如 1997 年执行材料科学实验室任务时的任务时间缩短

和应急返航，以及 1999 年 STS - 93 任务在发射期间的一些问题，但它仍是美国航天技术的象征和任务主力，也是最受人们喜爱的，因为它是第一架飞向太空的航天飞机。

2001 年 3 月，哥伦比亚号在经过 OMDP 后归来，此时它已经减掉了 1 102 磅（500 千克）的质量。它现在配置了包含多功能电子显示系统（MEDS）的新型“玻璃驾驶舱”，装载了 11 个平板全彩显示屏，替代了原来的 32 个机械仪表。哥伦比亚号总共进行了 133 次以上的结构检查和升级，包括对电子线路的详细检查。哥伦比亚号的姐妹们已经完成了国际空间站的大部分装配任务，为了让哥伦比亚号在此之后能够飞往国际空间站，现在有了一个固定装置来安装一个外部的气闸舱并与其他单元进行对接（虽然仍然保留了它的中部气闸舱），气闸舱的引入将有助于持续为空间站提供货物，并及时清除其不需要的设备和飞行垃圾。

图 3 - 1　进入太空的第一架航天飞机——哥伦比亚号，此时它正在 KSC 的 VAB 中进行处置

在 2001 年夏天，太空任务的规划人员有很多种规划选择。在 2002 年为哥伦比亚号制定了两次任务的计划。其中，STS-107 任务将执行为期 16 天的飞行，利用双货运模块在国际空间站上做一些实验研究，而 STS-109 将执行哈勃 SM-3B 在轨服务任务。然而，之前计划搭载用于飞行梯队救援的典型轨道飞行器飞往国际空间站的任务已经被取消。尽管规划人员针对搭载军事载荷的相关计划进行了讨论，但这一提案和其他飞行任务都没有取得太大进展。在 1986 年挑战者号失利后，总统发布一项指令，禁止航天飞机搭载商业有效载荷进行飞行。因此，哥伦比亚号也不可能以商业的形式来“出售”它的太空搭载服务。

人们预计哥伦比亚号将被封存起来，但会处于“准备好重新启用”的模式，如果有需要，NASA 可以继续将它用于运营服务。因此，它会被长期地封存起来，甚至有可能会把它的一些零件拆分下来，为它“年老”的航天飞机姐妹们使用。不过，现在最重要的是，在不久的将来，哥伦比亚号即将执行它的第 27 次任务，即服务哈勃望远镜的 STS-109 任务，随后是 2002 年夏天的双货运模块科学任务。

3.1.1 发射程序

哥伦比亚号航天飞机由于重量太大，所以被认为无法参与国际空间站的组装任务，至少在空间站的早期阶段是这样的。所以，在 20 世纪 90 年代中期，哥伦比亚号只执行单独的飞行任务，而它的航天飞机姐妹们则先后执行了和平号空间站和新建国际空间站的相关飞行任务。它最近所执行的任务是在 1999 年 7 月部署了钱德拉 X 射线天文望远镜。因此，为了加快在新千年内组装国际空间站的进度，不得不把访问哈勃望远镜的 SM-3B 任务交给哥伦比亚号。哥伦比亚号在经过 OMDP 并返回卡纳维拉尔角（简称 Cape）后，工作人员就开始有序地执行他们所熟悉的程序，让航天飞机为发射做好准备。由于国际空间站的的一些任务需求，任务发射时间稍微有些延迟，但 STS-109 的发射过程相对来讲还是很顺利的。STS-109 任务程序时间表见表 3-1。

表 3－1　STS－109 任务程序时间表

日期	事件
2001 年	
3 月	哥伦比亚号离开加州的帕姆代尔市搭载飞机运往 KSC，进行为期 17 个月的 OMDP；其中有几天天气不好，轨道器后来被转移到 OPF Bay 大厅执行运送之后的相关工作程序；哥伦比亚号的下一次任务正在审查中，但可能会在今年秋季执行
3 月中旬	哥伦比亚号被指派执行 STS－109 任务，即哈勃在轨服务任务 3B，这是哈勃服务任务的第 4 次飞行。初始计划发射时间为 2001 年 11 月 19 日，于 11 月 30 日返回地球，但计划仍在审查中
4 月	计划将哥伦比亚号转移至 VAB 存放，从而腾出 OPF－3 号大厅以备奋进号从 STS－100 任务返回后使用。受恶劣天气的影响导致奋进号返回 KSC 的时间推迟了
5 月 8 日	将哥伦比亚号从 OPF Bay－1 号大厅转移到 VAB－4 号大厅，因为第二天奋进号将从加利福尼亚返回，所以要为其腾出空间。目前亚特兰蒂斯号在 OPF－3 号大厅内，而哥伦比亚号将一直留在 VAB，直到亚特兰蒂斯号转移到 VAB 进行 ET/SRB 配接，哥伦比亚号则会转移至 OPF－3 号大厅以继续 STS－109 的任务流程
5 月 10 日	STS－104 任务程序的延误导致了其他剩余任务都被推迟到了下一年发射，而 STS－109 推迟到了最早于 2002 年 1 月执行。SM－3B 任务目前计划于 1 月 17 日发射，并于 1 月 28 日返回着陆
5 月 24 日	STS－104 任务延误，意味着哥伦比亚号将被继续保留在 VAB 内；当天，轨道器被运送到转移通道，以适应 ET 移动的运行
5 月 29 日	亚特兰蒂斯号被转移到 VAB，同时哥伦比亚号被转移到 OPF－3 号大厅；工作人员开始进行一些测试、验证和维护项目，为 STS－109 任务做准备
10 月 1 日	评估对哥伦比亚号最近安装的 OMS 小舱的技术对整个航天飞机群可能产生的影响。工作人员在每个直槽的承力连接处都发现了细长的螺栓孔。正在进行的调查将确定这种情况要么是哥伦比亚号特有的，要么是其他三架航天飞机所具有的共性问题。如果连接件的强度不能通过分析、测试或查看的方法来确定，那么预防性的检查就必须完成，但是可以与其他的处理操作并行完成。不过，由此仍可能会导致发射日期的推迟
10 月 4 日	航天飞机管理层宣布了 STS－109 最新的发射日期为 2 月 14 日，返回着陆日期则为 2 月 25 日；这一变动既满足了其他任务流程的要求，也仍然维持了哈勃服务任务在 2002 年初执行的预期目标
11 月 13 日	所有三台主发动机（＃1 2056；＃2 2053；＃3 2047）均在哥伦比亚号上安装完成，并正在进行检漏测试

续表

日期	事件
12 月 17 日	因圣诞假期，哥伦比亚号上的有效载荷舱门关闭
12 月 19 日	由于反作用轮组件的问题正在解决，航天飞机管理层决定将服务任务 3B，即 STS－109 的发射推迟一周（即 2 月 21 日发射，3 月 4 日返回）；在新年来临之后，还会对新的发射日期进行评估
2002 年	
1 月 3 日	发射前的处理流程在假期之后重新恢复
1 月	进行 SRB（Bi－111）的总装，紧接着进行了 ET（112）的对接
1 月 10 日	航天飞机管理层决定将 STS－109 的发射日期延迟至 2 月 28 日，从而留出更多的时间将更换后的反作用轮组件添加到有效载荷舱，以便后续任务安排
1 月 16 日	哥伦比亚号转移至 VAB
1 月 17 日	哥伦比亚号在起吊状态与 SRB/ET 对接；预计 1 月 23 日转移至发射平台；近红外照相机和多目标光谱仪（NICMOS）低温冷却器在这天抵达 Cape，并完成安装
1 月 23 日	飞行梯队在垂直处理车间内检查了相关的飞行硬件；反作用轮组件即将于 2 月初在 Cape 交付使用
1 月 23 日	在准备将 STS－109 发射组合体移至发射台时，4 个履带式运输机的其中一个“履带”转向连杆轴承出现故障，需要进行故障排除和验证。这个问题调查完成后，也对其他的履带进行了检查和验证，所以推出到发射平台的过程被延误了，但预计不会对发射时间造成影响
1 月 28 日	STS－109 发射组合体从 VAB 转移至 39A 发射台
1 月 31 日	为期两天的 CDT 完成，飞行梯队就位
2 月 14 日	管理层团队进行了飞行准备审查，以评估 STS－109 任务的状态
2 月 15 日	服务任务 3B 的有效载荷交付给 39A 发射台的有效载荷装载间；在有效载荷被放置在有效载荷舱之前，反作用轮组件得到新产品替换，而有效载荷总装时间计划在 2 月 17 日；同时风险评估团队继续调查液压泵和 3 个 APU 间连接螺栓的应力水平
2 月 16 日	在戈达德进行的另一个反作用轮组件测试结束之后，哈勃管理层在当天晚些时候决定不再替换目前用于 STS－109 的反作用轮组件
2 月 18 日	安装有效载荷
2 月 22 日	在哥伦比亚号有效载荷、戈达德太空望远镜操控中心以及休斯敦任务控制中心之间进行了端到端测试

续表

日期	事件
2 月 25 日	飞行梯队抵达 KSC，在 LC-39A 上花了两个小时对有效载荷进行了最后的检查；最终的倒计时开始于 T-43 小时，但 APU 液压泵的问题仍在评估当中
2 月 26 日	在为了起飞而关闭有效载荷舱门之前，需要进行一些额外的检查，这也使得倒计时推迟了几个小时；飞行梯队完成了飞行前的体检；奥尔特曼和凯里在训练机上完成了 1.5 个小时的模拟飞行；天气预报显示 2 月 28 日有 40%的概率会使得发射延迟
2 月 27 日	任务管理团队评估了最新的天气预报和航天飞机的飞行状态；奥尔特曼和凯里完成了一对 T-38 秒的 2 小时模拟飞行，进一步完善他们的航天飞机着陆技术；受到天气的影响，管理层取消了 2 月 28 日的发射，倒计时也恢复到 T-11 小时并暂停。航天飞机工程团队报告说，经过对起落架轴承问题的评估后发现，影响 STS-109 着陆的技术约束已经解除
2 月 28 日	为了在 3 月 1 日进行发射，倒计时重新从 T-11 开始
3 月 1 日	发射；在两年半内第 1 次为 OV-102 任务返回太空

图 3-2　通过卡车和 C-5 飞机将 SM-3B 有效载荷运到 KSC（图片来自戈达德航天飞行中心）

图 3-3 在 KSC 处理期间的 SM-3B 有效载荷状态

图 3－4　在垂直操作大厅内，有效载荷被覆盖保护并放置在转移装载系统内（图片来自戈达德航天飞行中心）

图 3-5 关闭有效载荷舱门

3.2 服务任务 3B

在 STS-103 之后，迈克·福尔对 STS-109 安排 6 次出舱的计划表示担心，他认为在完全不考虑失败风险的前提下，这次出舱计划要求过高。NASA 哈勃望远镜项目经理普雷斯顿·伯奇告诉媒体，即使出舱总数减少到 5 次，仍然有很多人认为这次任务过于冒进，目标很难完全实现。

SM-3B 的目标是安装新的仪器，使望远镜的成像能力在当前基础上提高 10 倍。该硬件原定于 2000 年在 SM-3 上飞行，但由于第 4 个陀螺仪失效促使 SM-3 拆分成了两次飞行任务，导致该计划被推迟了。这导致所有新的科学仪器和大量的硬件更换推迟到 3B 任务进行安装，以便让第一次任务专注于更换失效的陀螺仪。随着 1999 年 12 月 SM－3A 顺利完成，工作人员随即开始准备 SM－3B 以完成剩下的工作。

图 3－6　SM－3B 任务徽标

除日常维护活动外，SM－3B 的计划还包括：

1）先进巡天相机（ACS）：这是为了取代 FOC，将望远镜的观测能力提高十倍。

2）第三代太阳能电池阵列：为了解决望远镜在进出地影时由于温度环境变化而导致的振动，1993 年 SM－1 任务完成电池阵更换。SM－3B 将安装第 3 代阵列，新阵列为刚性配置，与先前阵列的柔性和可展收设计不同，它无法卷起收拢，但刚度得到显著改善。另外，阵列体积的减小可以减小大气阻力，从而减小望远镜轨道降低时的速度。这些电池阵是从用于铱星通信卫星系统的生产线上购买的。

“H”形结构采用由单对角支撑件支撑的锂铝合金管制成，被铰接后，它们可以收拢运输，并且可以在部署后随时锁定。

3）电源控制器（PCU）：该装置将太阳能电池和蓄电池的电力分配到飞行器上的各个系统。这个新单元将取代自 1990 年哈勃望远镜发射以来一直在运行的旧单元。该装置安装前要求望远镜完全断电，这将是 12 年来望远镜首次完全断电。

4）反作用轮组件（RWA）：对 4 个 RWA 中的一个进行更换。

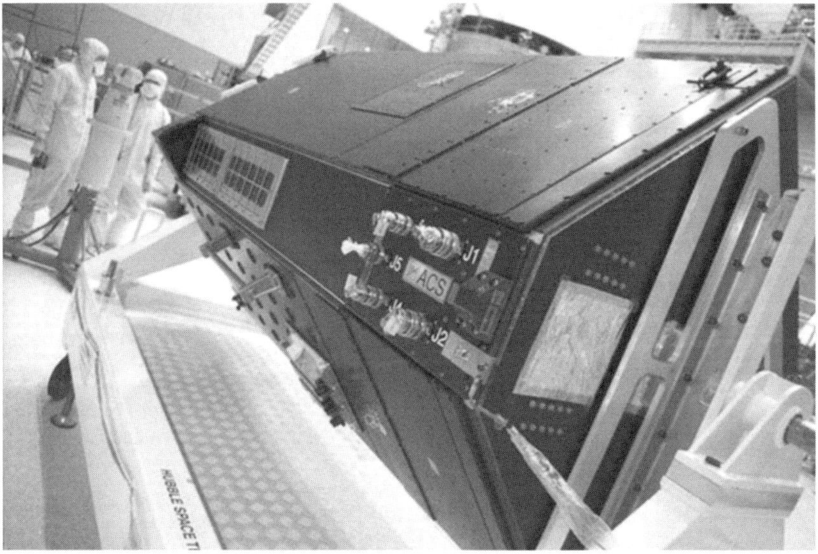

图 3－7　ACS 正准备运送至 KSC（由戈达德航天飞行中心提供）

4）NICMOS 制冷机：NICMOS 将安装一个低温实验冷却系统，为仪器上的红外探测器提供机械冷却，该仪器自 1999 年用完冷却剂后已停止工作。该单元已于 1998 年经过 STS－95 的 HOST 实验测试。

5）可能的升级：通过航天飞机再次提升望远镜轨道高度的选项已被纳入任务计划。SM－1 和 SM－2 已完成了类似的操作。

图 3－8 第 3 代太阳能电池阵正在测试中

3.2.1 选择飞行梯队成员

2000 年 9 月 28 日，NASA 任命了执行 STS－109 的共计 5 次出舱活动的航天员梯队[1]。约翰·格伦斯菲尔德被任命为有效载荷指令长和 MS1，他曾参加过 SM－3A 任务，詹姆斯·H·纽曼被任命为 MS4，理查德·M·利纳汉被任命为 MS3，他们都是经验丰富的航天员。新手航天员迈克尔·J·马西米诺则被任命为 MS5。格伦斯菲尔德于 1992 年加入 NASA 第 14 组航天员队伍，这将是他的第 4 次任务。纽曼于 1990 年加入第 13 组，并参与了 1993 年的 STS－51、1995 年的 STS－69 以及 1998 年的第 1 次 ISS 组装任务的 STS－88。利纳汉是与格伦斯菲尔德同组的成员，参与了 1996 年的 STS－78 和 1998 年的 STS－90。对于 1996 年加入的马西米诺（第 16 组），这次任务是他的首次飞行。在这 4 人中，格伦斯菲尔德已经执行了两次服务于哈勃望远镜的舱外服务活动；纽曼执行了 STB－51 的舱外活动，该舱外活动为出舱发展演习之一，旨在为维护哈勃和组装空间站奠定基础，并且他在 ISS 任务中，与杰里·罗斯合作，将前 3 次舱外活动的经验良好地应用于实践之中。

3.2.2　绝对不允许误操作

在为 STS－109 任命轨道器内的飞行梯队成员之前，NASA 行政官丹·戈丁尔召集出舱活动航天员前往华盛顿进行交谈，航天员们本以为这会是一次愉快的交谈。戈丁尔本身对哈勃很感兴趣，因为他在 1992 年上任时不得不面对的首要问题之一是主镜球面像差的重大缺陷和相应计划的维修任务。NASA 最近在火星探测器方面遇到了困难，戈丁尔向航天员承认人们有时会犯错误，进而导致不幸的结果。然后他毫不含糊地告诉 4 位航天员："但对于哈勃来说，失败是不允许的。"航天员的回应是："哦，先生，我们很高兴你这么说，我们完全领会了这一点。"[2]

在出舱活动小组的训练中，他们与参加过 STS－61、STS－82 和 STS－103 的前辈们进行了交谈，了解到一些有关注意事项和有用信息。而且，纽曼解释说，"避免误操作成为我们的目标，我们了解到哈勃价值 70 亿美元左右，一旦破坏则后果不堪设想"。事实上，他们的一位前辈告诉他们，"哈勃是国宝，如果因为任何误操作导致哈勃受损，那就别回来了！"

2001 年 3 月 27 日，"轨道器内的飞行梯队成员"被逐一任命。指令长是斯科特·D·奥尔特曼，他于 1994 年入选航天员培训班（第 15 组），并曾在 1998 年 STS－90 和 2000 年 STS－106 担任右座飞行驾驶员。这个任务的飞行员是位新手航天员——杜安·G·凯里，他在 1996 年加入的第 16 组。另一位航天员是南希·J·柯里（原名舍洛克），她在 1990 年与纽曼一起被选中（第 13 组），并在 1993 年 STS－57、1995 年 STS－70 和 1998 年 STS－88 上飞行。她担任发射段和再入返回段的 MS2/FE 岗位，同时也是 RMS 主操作员，奥尔特曼作为备份。柯里和纽曼曾一起在 STS－88 上飞行，奥尔特曼和利纳汉曾一起在 STS－90 上飞行，这是第一次安排两位新手执行哈勃任务。

当斯科特·凯利被指定执行 STS－103 任务时，他是 1996 年航

图 3－9　STS－109 的飞行梯队成员，前排从左至右：柯里、奥尔特曼和凯里（轨道器内的飞行梯队），后排从左至右：格伦斯菲尔德、利纳汉、纽曼和马西米诺（出舱飞行梯队）

天员班组中第一个接受飞行任务的飞行员，所以他的所有新手同学都渴望听到真正任务的训练是怎样的。迪热·凯里和凯利谈过几次[3]，“我有一个神秘的愿望，那就是强烈渴望参与执行哈勃飞行任务，因为在我试图成为一名航天员时，哈勃发挥了不可或缺的激励作用。我在 1982 年参加飞行员训练，在 1982 年的夏天，我作为一名摩托车手在得克萨斯州的卢伯克［里斯］空军基地进行飞行训练，一般在长周末时我和我的妻子会跳上自行车，跑到大弯国家公园，这个公园是得克萨斯州西南部一个壮观的国家公园。当我们到那里时，首先会搭建帐篷准备野营，我还准备了一对蜡烛灯笼，当时我正在读一本名为 *Analog Science Fiction Science Fact* 的科幻小说，上面有一篇关于 NASA 发射计划的科学纪实文章，我猜这是一个在轨红外望远镜，并且具有望远镜高于大气层的优势。不知什么原因，这个想法引起了我的共鸣。我放下书，悄悄地打开了帐篷——当时我的妻子正在深睡——我走到外面仰望天空，在得克萨斯州的这个地方完全没有城市灯光，天空真是太棒了。我记得我在想，我正在进行飞行员训练，但是在我生命中的某个时刻，我想成为探索这个不可思议的宇宙的一份子。宇宙是如此的美丽，我们仅仅开始破解它的外壳和找出是什么让宇宙运作。从那时起，我开始为成为一名航天员做准备。这是激发我产生成为将望远镜送入轨道任务成员的最初动力。”

19 年后，这一进程的初始步骤已经实现。凯里因在空军作为飞行员和试飞员的职业经历被 NASA 选中，并完成了航天员选拔训练。他作为航天员执行的第一个任务是作为升级轨道器梯队的技术支持。“所以，早在 2001 年年初，当我听说 STS－109 到来时，出舱飞行梯队成员已经进行了几个月的训练。当时只剩下最后 3 名需求人员：飞行员指令长和飞行工程师。我从来没有和任何人分享过我想要参与这个任务的愿望。当时我飞任何任务都会很高兴，但对于这项哈勃任务，对我个人来说真的很特别，我很高兴有机会成为这次任务飞行的成员。”他没有收到任何待任命的指示，并且也不曾预料到；事实上他什么消息都没听到，甚至没有听到他是否参加 ISS 任务的消息。“很多时候，在航天员办公室里，你需要保持高度警觉，以便听到谁将被任命的传言。但我不记得之前有任何传言。我们知道哈勃飞行的任命很快将要到来，当时我想：‘哦，我真的很想参加这个任务。’但是我不想告诉任何人。”当哈勃任务出现时，他正好处于工作间歇期，幸运的是，这也是对他很有吸引力的任务。

2001 年 3 月 8 日，凯里与经验丰富的航天员特里·威尔卡特一起在 Cape 驾驶航天训练飞机（STA），为 STS－102 的发射提供（WX）天气条件预测支持，并期望在他下一项任务中获得类似的工作。STS－102 没有发生事故，STA 一降落，凯里就跳进 T－38 飞回休斯敦。“当时还是一大早，在飞机操作处正好有一个打给我的电话。我接起电话，不记得是肯特·罗明格还是鲍勃·卡瓦纳，或者是其他人问我是否想成为哈勃太空望远镜 STS－109 的飞行员，这个问题只有一个答案！所以我非常高兴，并且那天早上再次饿着肚子飞回休斯敦。”

在 STS - 88 任务之后，吉姆·纽曼致力于用于 ISS 的机械臂和加拿大视觉系统，并且申请了第二次任务。大约在 SM - 3A/STS - 103 的时期，他正在度假，当他接到查利·普雷特的电话时，他正在旧金山的金门大桥上驾车。航天员办公室准备派出一批新的飞行任务，纽曼希望他能得到一个组装的飞行任务，因为他十分想回到空间站。他曾经问过：“我不能做吗？”当他发现他被派到下一个哈勃任务时，他认为这将是一个很好的飞行任务。尽管他仍希望回到国际空间站，但遗憾的是，飞行任务安排并未如愿[4]。

3.2.3　训练

约翰·格伦斯菲尔德在他的“太空笔记，STS - 109 版”第一页中写道：“这是一个我用整个生命来训练的任务。”[5]这是他在 STS - 103 任务期间开始记录的笔记的延续。“能够以新飞行梯队成员的身份重返哈勃望远镜，并完成我们显著提高望远镜科学观测能力的任务，我真的很高兴。”

吉姆·纽曼表示，他的任务职责在每个任务中都有所不同。“在我的第一次飞行中，我是 MS1，第二次是 MS2，第三次是 MS3，所以我要求这次 MS4 以组成一个系列，并且想要在我的第五次飞行中是 MS5。”他开玩笑说：“我有幸两次登上驾驶舱：MS2 和之后的 MS3。由于我此前的工作经历，所以我认为我做好了充分准备，并且按要求多给予新人机会。我非常喜欢做的一件事是设备更换后的相关操作，并在返回之前负责着装工作，有图片显示我喜欢为离轨操作安排中部客舱。我必须让每个人都穿上航天服，我真的很喜欢这样子，穿上它时我会非常高效。我发现入轨的最好办法就是保持忙碌，让轨道器准备好成为轨道工作室。”MS2 有特定的岗位职责，但是 MS1 和 MS3 通常会互换位置进行发射和入轨。作为 MS2 的替补，需要交替协助指令长和飞行员，一系列任务调整则带来不小的训练压力。

纽曼为 STS－88 做了很多虚拟现实训练，他对 JSC 的虚拟现实实验室非常熟悉。这对 ISS 来说非常有用，但是因为他们在 JSC 的模拟水池里有“非常高效的哈勃模型”，他后来不记得在戈达德为了 STS－109 进行了多少次虚拟现实训练，尽管哈勃任务并未过分强调虚拟现实训练。但是随着国际空间站活动的增加，一般的出舱训练变得越来越困难。正如纽曼所解释的那样：“他们一直在努力取消出舱活动的训练时间，如果航天员都需要 10∶1 的训练比例，即为了出舱 1 小时在水池里训练 10 小时，那么他们不知如何训练每个人。因此，一旦飞行开始出现差错，他们可能无法重新计划整个时间表，所以组织确定以努力学习和灵活复习相结合的新型训练方案。我认为对于空间站，其训练任务量比例约为 13∶1 或 14∶1，但是哈勃并没有太大的差错，与计划更接近。”

虽然哈勃任务的训练集中在出舱梯队和 RMS 操作员上，以帮助出舱活动航天员进行维修和维护任务，并最终释放望远镜，但梯队人员还需要指令长、飞行员和 MS2 来驾驶轨道器往返哈勃。大多数飞行员-航天员被任命到众多的航天飞机组装任务中，哈勃任务中的飞行任务较少且时间间隔长，导致岗位相对稀缺，具体反映在 1990 年 4 月至 2009 年 7 月之间的 92 次航天飞机任务中，只有 6 个涉及哈勃；184 个航天员岗位，只有 12 个涉及哈勃。而到 2000 年，只剩下 4 个（也有可能是 6 个）飞行员座位。

3.2.4 出舱任务规划

出舱飞行梯队成员将再次由一位出舱活动“老将”和一位出舱新人组成两人小组。比如格伦斯菲尔德和利纳汉负责执行第一、第三和第五次出舱，纽曼和马西米诺则负责第二和第四次出舱。作为 EV1，格伦斯菲尔德的航天服具有红色实条纹标识；作为 EV2，利纳汉的航天服没有条纹；作为 EV3，纽曼的航天服具有红色虚条纹；作为 EV4，马西米诺的航天服具有虚对角线的红色条纹。当一小组在外面执行任务时，另一小组将担任 IV 飞行梯队成员和出舱活动协调员。

纽曼解释道，尽管格伦斯菲尔德是有效载荷指令长和首席出舱航天员，但是出舱活动的编排是由整个飞行梯队成员完成的。“他以前到过哈勃，所以显然在这方面他很有帮助。他已经到访过哈勃，所以作为负责人他十分尽责。在任务规划时，我们都在努力，他乐于接受意见，我们经常提出建议来提供另一种解决思路。”独立任务的优化分配是小组努力的结果，并争取将任务与任务优先级相匹配，并将其安排到最佳时间。他们像星期一到星期五的一个工作周那样分配了 5 天的出舱，这样的结果纯粹是偶然的。“所以约翰和利纳汉负责星期一、星期三、星期五，我和迈克尔负责星期二和星期四，如果我们需要的话，星期六作为备用日。”纽曼解释道。

图 3 - 10　出舱飞行梯队成员：（前排左起）纽曼和马西米诺，着装部分 EMUs 中的格伦斯菲尔德（左）和利纳汉

开始，纽曼被指派去更换电源控制单元，格伦斯菲尔德安装 ACS。“好吧，我想我短期内需要做这个工作。”纽曼说。“但这就是它解决问题的方式。更换 PCU 是一个繁重的工作，这是一个重复的艰巨任务，如果你要完成它，你只需要去做，然后就可以完成工作，不过很快你会感到疲倦，但是，嘿，就是轮到你来做这种工作。”整个出舱计划是一个高强度的工作。最初这些任务是由航天员想要做哪个任务来分配的。作为首席乘员，约翰·格伦斯菲尔德选择他想做的任务，等等。当考虑任务的优先顺序和任务的完成时间时，PCU 和 ACS 的优先级被调整，所以格伦斯菲尔德和纽曼分别将实施更换 PCU 和 ACS。通过多种因素综合分析以决定谁做什么以及什么时候做，然后对每一天的风险因素进行分析。对于出舱活动的新手航天员来说，正确的做法是让他以乘机械臂操作开始，让他有更多的时间去适应外面的环境，而老将可以自由飘浮。

3.3 驾驶员的角色

在航天飞机项目的早期，以及哈勃服务任务之前，太空中很少有以单独目标为交会和接近操作目标的任务。随着为 ISS 组装做准备的 Mir 任务的出现，对接复杂性的增加成为了航天员的一个新挑战，使人想起了先驱航天员杰米尼和阿波罗航天员开发交会和对接新技能的时代。对于哈勃来说，因为它飞行的方式，不会出现这样的对接，而是通过捕获和停靠进行，但总体挑战与 ISS 任务类似。正如杜安·凯里所解释的那样，“我们曾经在航天员办公室里开玩笑说，任务中唯一真正模块化的飞行梯队成员是飞行员、指令长以及某种程度上的飞行工程师，因为我们觉得在各个任务中的工作是相似的，只要经过几个月的训练就可以投入到任务中去，而且你会完全胜任那项任务。需要完成特定训练的是机械臂操作员、出舱乘组人员等，但飞行乘组人员、飞行员、指令长、飞行工程师往往是十分通用的。”

在 20 世纪 80 年代，有这样的一个想法：指令长、飞行员和 MS2 的核心乘员可以组成一个能够飞行多个任务的单元。另一种可能性是，一个团队可以专注于某些特定类型的有效载荷，例如 TDRS 和其他 IUS 部署。鲍勃·克里平于 1984 年 4 月被指派到 STS-41C，1984 年 10 月被指派到 STS-41G，这样安排也可以评估在通用“核心乘员”发展过程中航天员可以多么快速高效地飞行。这个想法在原有状态基础上进行了调整，但是几位航天员通过几个相似类型的任务取得较大收获，扩展了他们的训练和经验，特别是 ATLAS、ASTRO 和 SRL 任务，当然还有哈勃任务。

在 STS-31 和 STS-61（1988—1993）的训练期间，交会模拟器的训练时间由于参与交会任务的人员非常少从而很容易得到保证。到 STS-82 和 STS-103（1996—1999）时，因为航天飞机-和平号的训练正在进行，时间争夺比较激烈。到 STS-109 机组人员开始他们的交会训练（2001—2002）时，被指派到即将到来的 ISS 组装飞行的飞行梯队成员的数量显著增加，这些乘员都要在有限的模拟器上争夺时间，但是组织仍顺利安排了相应训练任务，确保每个航天员获得特定任务所需的培训数量和质量。凯里从系统内部提出了一个观点，赞扬为使飞行梯队成员远离后勤困扰而作出的巨大努力，使乘员能够专注于自己的特定角色和任务。“由于在轨负载状态，组合体尤其是不同时期的在轨质量属性等有较大变化，因此模拟器建立方式在很大程度上要突出软件化特点。如果遇到困难和时间安排的限制，对我来说是显而易见的，随后的培训顺利地进行，并没有出现我知道的其他培训流程遇到的困难。我认为，如果你和培训者交谈，他们可能会给你更多的见解，但是作为一名飞行梯队成员，极有可能遇到任何困难，因此训练的充分性尤为重要。最终，ISS 和哈勃望远镜有很多出舱训练基本上是同一时间进行，印象中实施起来可能有些困难，具体情况已记得不太清楚了。”

作为 OMDP 的结果，哥伦比亚号有一个新的驾驶舱，与早期的布局完全不同，其大部分的测试和试验都是在 STS-109 飞行时完成

图 3-11　任务期间迪热·凯里在哥伦比亚号驾驶舱的座位上查看飞行参考资料

的，正如凯里所解释的那样："虽然哥伦比亚号新装了玻璃驾驶舱，但我们不是第一个应用这个系统的。印象中亚特兰蒂斯号是第一个拥有这种驾驶舱的，而且它第一次飞行是可能有 DSOs，但放进哥伦比亚号的材料几乎和亚特兰蒂斯号完全相同，具体的航空电子设备测试或检验已印象不深。你可以在地面上进行大量的检验，因为我们拥有 SAIL 设施，并且在休斯敦设立有软件集成实验室。由于系统在我们飞行的时候进行了彻底的测试，所以我们不需要做任何特别的事情，我们只是随系统飞行。现在，就 MEDS 的培训而言，在我们开始培训流程时，一切都是新的，而且我的大部分培训都是使用旧的汽轮原理仪表，这适用于 MS2 和指令长，他们的训练主要是用这些旧的仪表完成的。如果一切进展顺利，玻璃驾驶舱使用起来会更容易，但是模拟器培训中很大一部分都存在故障，所以对于我们乘员来说，MEDS 系统是一个新的挑战。这对我们而言是一个新的系统，我们需要学习以成为专家，学习可能发生的各种故障。我想说，由于我们的背景以及我们所有人都对这些旧仪表很有经验，所以用旧仪表的话，我们的训练流程可能更容易进行，但使用新的仪表更有助于飞行。他们给我们提供的显示状态有点复杂，但是我们并不需要花很长时间掌握它。所以我会说，有一个新的驾驶舱可能使我们的飞行更容易。这个系统的工程师和开发人员做得很好，我们真的很喜欢它。”

3.3.1 2002年3月1日至2日/发射

当哥伦比亚号于3月1日从肯尼迪航天中心发射时，哈勃太空望远镜正处在佛罗里达的萨拉索塔西部上空360英里处，由于望远镜的亮度，可以看到它在黎明前的天空上掠过，同时航天飞机向望远镜发出第一次服务通信。

图3-12 在发射台上处于发射准备阶段的哥伦比亚号

入轨过程的8.5分钟旅程十分顺利。新手航天员迈克尔·马西米诺看到景象后感叹：“哇，地球是一个星球！”但是不久之后，休斯敦的任务控制中心的控制器报告显示，左舷氟里昂回路（1号）流量明显下降[6]。轨道器有两个氟里昂冷却回路，其为主动冷却系统的一部分。它们位于有效载荷舱的左舷和右舷，用于在轨道任务期间除去多余的热量。尽管读数仍在飞行要求限制之内，但飞行任务管理人员检查了实时数据，并检查了通过回路测量流量的传感器历史记录，以确保系统能够安全地支持飞行任务[7]。

格伦斯菲尔德写道："发射过程非常平稳，"一旦固体燃料点燃，"我们知道我们很快地离开了这个城市"。[8]他用文字巧妙地表达上升速度的变化。当他们笔直向上飞行时，"令人难以置信地，有几秒钟时间似乎慢了下来"。然后，当他们进一步升高时，正常状态又回来了，他可以控制速度，因为"云层在压缩，我们再次向上驶入深邃的太空"。他记录了杜安·凯里发现当加速度把他固定在座位上时，说话很难。离开发射台 8.5 分钟后，"我们正在通往哈勃太空望远镜服务任务的路上，熟悉的自由落体感觉再次袭来，我露出了微笑。"

3.3.2 航天员的视角

随着发射任务逐步公开，因迪热·凯里仅安排一个太空任务，所以他在轨时间相对充裕，对于任务的具体经历和回忆相对深刻。"实际的发射体验本身是独一无二的，我相信大多数人都会说，你无法完全模拟这种体验。在拥有如此强大动力的飞行器中，发射是一次难以置信的独特体验。我甚至被告知，实际的发射体验取决于你在哪一个轨道器。我只记得在起飞的那一刻自己曾这样说道：'呃，这真的发生了，它是这样子的。'在这大约 2 秒钟的放纵想法之后，思绪又回到了作为飞行梯队成员和监控系统的责任中，以及应对接下来的 8.5 分钟。但我的大脑里有一块区域是用来享受和欣赏正在发生的事情，也许往远了想，这可能是我唯一的机会，因为在我职业生涯中，我很清楚自己何时将离开航天员岗位，我不知道是否还会有另一次飞行的机会，但这的确是一次令人难以置信的经历。至于在轨道上，我还是有时间去注视地球。"

一旦在太空中安全了，飞行梯队成员就开始他们的轨道操作计划，把发射和入轨的航天服以及飞行任务专家的座位放在驾驶舱和中部座舱上，并为未来的任务配置舱内状态，包括打开通向气闸室的内舱盖。在驾驶岗位上，奥尔特曼和凯里执行了一系列发动机启动操作中的第一个动作，这将使轨道器在2天后与哈勃望远镜进行交会。

格伦斯菲尔德后来写道，第一天，“是一场将我们的火箭变成我们太空家园的比赛”。尽管哥伦比亚号刚刚完成了大规模升级和改装，飞行梯队成员仍必须建立一个由8台计算机组成的局域网来支持他们的任务，然后才能在太空享受第一次餐饮和休息。“当天的最后一个程序是安装我们的睡袋，按要求布局于舱内天花板、底板、舱壁等不同位置。指令长斯科特·奥尔特曼和航天员杜安·凯里按计划在驾驶舱休息。对我而言，睡觉姿势有些特别，我的腿在气闸舱里，但是我的头却伸出舱盖（进入中部座舱）。”

一开始就发现了一个问题：气闸舱的内舱门无法打开。在1996年STS-80上出现过类似的问题，并迫使取消了两次计划中的出舱活动。当哥伦比亚号从这次任务中返回后，相关部件被拆卸下来检查，确实发现由于里面有一处螺丝松动，从而导致舱门解锁机构卡住。如果此时STS-109机组人员无法打开舱盖，那么将严重影响服务任务实施。幸运的是，纽曼能够松开手柄并打开舱盖，说明问题解决了。

3.3.3　“太空愚昧”

凯里说：“你可能听不到很多新手航天员说他们的训练过度，但是当你经历发射45分钟后逐步进入稳定的近地微重力轨道时，由于不断绕地球运行加上航天飞机内逐步紧张的活动节奏，使得你需要有一个调整周期，我自己和许多人把它称为‘太空愚昧’阶段。曾到过ISS的老将说在太空中能真正进入良好的工作状态大概需要1个月左右的时间，在那之前你还处于一个环境适应的曲线过程中。

在短暂的飞行中，你从来没有真正进入节奏，你的身体从来没有真正地适应环境，特别是作为一个新手，所以你不在最好状态中。在训练过程中我曾经觉得训练有些过度，因为重复次数实在太多。‘嘿，这个我已经会了，接下来我们要进行下一步的工作。’但是训练仍旧不断重复。当我进入轨道时，我终于体会到应该感谢那些反复的训练。任务训练必须是如此重复和如此经受过考验，这样才能让它几乎成为你 DNA 的一部分。当你进入太空时，你本能地知道该怎么做，因为你所有的神经元都像在地球时一样在运转。但是前辈们曾告诉我，他们在第 2 次航天飞机任务会比在第 1 次时感到更舒适一点，当然我从来没有经历过。”

在第 1 次睡眠期间，冷却液回路问题的调查继续进行着。第 2 天早上，飞行梯队成员被告知，尽管左舷冷却剂管线的流量低于计划流量，但任务仍将按计划进行。当天晚些时候召开的一次任务管理会议将会最终决定是否实施与哈勃对接和开始出舱准备工作。哥伦比亚号上没有明显的冷却剂回路退化迹象，其功能不影响乘员的正常活动。值得关注的是虽然只需要一个系统来冷却轨道器上的电子设备，但是如果主系统出现意外，则需要第 2 个系统作为备份。在航天飞机项目中，冗余设计已经成为每个任务系统安全的重要组成部分。

纽曼从飞行梯队成员的角度评论了这类事件。“这是有关地面团队和飞行梯队成员的一件大事，即使你知道有这样的问题存在，但没有必要去担心它。我知道我担心的是什么，我需要担心什么。至于其他方面的，由其他人负责。在此特殊情况下，入轨后我的工作是离开我的座位，脱下我的航天服，并准备好操作空间。我听说后台发生了一些事情，但是我在设备更换后的状态检查及清单的梳理工作中，并没有注意他们正在处理的那个轨道器问题。如果问题确认，我们需要做一个紧急的离轨准备，我会停止正在做的事情，并随即执行离轨相关的工作。在到达轨道后不久，我就假定我们要留下来，并且非常努力地工作，以确保我们在第一天就做好了准备。”

确实有很多事情要做，一旦确定他们将会在太空中留下来，驾驶舱的乘员将逐个转移到中部座舱，脱下航天服。这使纽曼的准备工作变得更加重要，以确保驾驶舱乘员能够尽快返回以继续他们在设备安装后的相关任务。纽曼说，他太投入于当下的任务，“当我得知我们差点回家时，我有些担心。”

在等待决定的过程中，飞行梯队成员继续检查他们的航天服，为严格要求的出舱做准备，同时测试 RMS 的功能，准备飞行支持结构以与望远镜对接，以及检查当靠近望远镜时要使用的交会装置。管理会议最后决定，虽然冷却液回路仍然以低于标称效率运行，但是仍满足任务要求。有了这个鼓舞人心的消息，哥伦比亚号继续以每圈减少 1 000 英里（1 600 千米）的速度逐步向哈勃靠拢。

3.3.4　再次追赶哈勃

与哈勃的交会过程涉及大量的电脑工作，这对包括吉姆·纽曼在内的乘员是有足够信心的，纽曼曾多年担任航天员办公室计算机组组长，致力于航天飞机的计算机问题。“我参与的第一次飞行任务，是由弗兰克·卡伯特森指挥的 STS-51，当时我们已经开发了第一个轨道器笔记本电脑数据传输系统——或者用当前的术语，我们能够灵活管理轨道器数据流，当然我们是在被许可的情况下做的——拿到这些数据，并把它放到一台笔记本电脑里。在 1993 年的这次飞行中，我们还制作了第一个叫作交会和接近操作程序（RPOP）的交会状态反馈工具。随后当我致力于这样的工作并在计算机部门工作时，我对 STS-69 上的机械臂做了类似的补充设计。它是机械臂的一种特殊末端，通过传感器等测量设备布局，形成机械臂状态感知显示系统（RSAD）。而在 STS-88 上，我们建立了第一个有线太空网络。然后，在所有的飞行中都能够应用，使用它来传送驾驶舱周围的数据，尤其是交会和接近操作。对于具有对接需求的 ISS 来说，它确实非常有用，对于哈勃来说同样如此。我们设置了驾驶舱，确保指令长清楚地看到交会接近的操作程序，它可以接收各种类型的数据，包括输入的数据以及测距雷达传来的数据。对哈勃来说，这是我们的主要事情，但对于 ISS 来说，事情要更多。所以交会过程中的驾驶舱和尾部驾驶舱一样拥挤，但是我们通过完善设计，可以使指令长获取他需要的工具及备份，机械臂操作员南希·柯里可便利地获取她所需要的工具。”因此，在之前的 3 次飞行中，纽曼都是运用自己的专业知识，在笔记本电脑上开发状态感知与反馈工具，以记录交会接近操作和机器人手臂活动过程中发生的事情。现在，在第 4 次任务中，他能够看到他所有努力的结果已经投入使用。

图 3－13　纽曼正在哥伦比亚号驾驶舱中为他的指令长在电脑上管理交会对接操作的相关设备。他在航天员办公室从事上述应用设备的开发已有多年

在 1999 年 SM－3A 任务释放哈勃之后，其轨道高度已经大幅降低，使得 STS－109 任务的交会高度低于哈勃初始部署状态。这意味着在第一颗恒星跟踪仪工作之前的交会机动是逆向的。考虑到 Mir 和 ISS 任务的经验，交会轨道周期缩短为一圈而不是理论上的两圈，因此就可以不必启动备份星跟踪仪，但是在捕获之后的飞行期间，

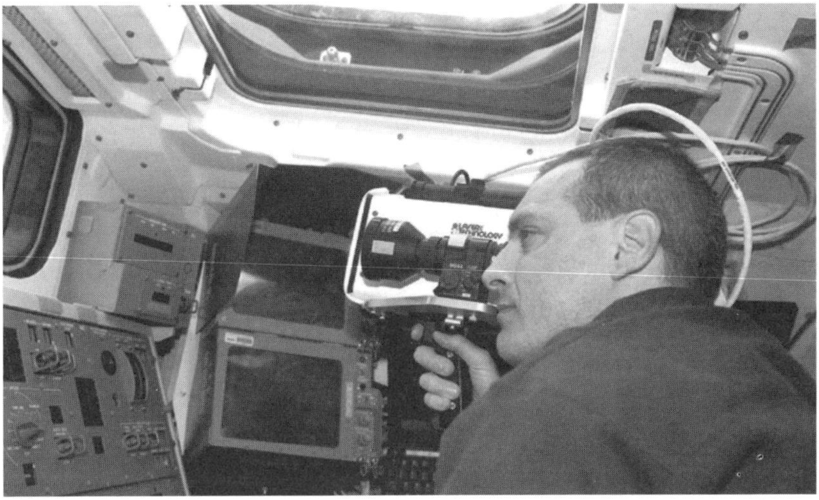

图 3－14　利纳汉使用激光测距设备测量在交会的最后阶段哥伦比亚号和哈勃之间的距离

为乘员提供额外的时间进行操作，这是他们乐于接受的。哈勃的第 4 次交会与 SM－3A 的＋R Bar 模式非常相似。机组人员再一次发现，实际的接近速度比模拟速度慢得多，测距中的“噪声影响”以及在阳光直射下观测望远镜的困难，导致对接过程中的推进剂消耗比原计划要多，开心的是最终捕获成功。3 月 2 日下午 10 点，最后一次的接近见证了航天飞机历史上最长的交会发动机点火时间，即计划在 3.5 分钟发动两个 OMS 发动机。它将最初 150 英里（240.7 千米）的轨道低点提高到超过 200 英里（321.8 千米）[9,10]。

最后的阶段于 3 月 3 日凌晨 1 点开始，此时哥伦比亚号距离哈勃 9 英里（14.48 千米）。发动机工作使轨道器进入拦截过程。90 分钟后，轨道器处于目标下方约半英里的地方，奥尔特曼接手操纵手动控制，将距离缩小到 35 英尺（10.66 米），南希·柯里操控长约 50 英尺（15.24 米）的 RMS，成功捕获望远镜。借鉴以前乘员的经验，他们戴着类似焊接人员使用的专业护目镜，以便在强烈的阳光下观看望远镜，但同时这也给观察驾驶舱显示器带来了困难。

3.3.5 实践和经验

正如迪热·凯里所透露的那样，重复的训练提供了执行任务所需的技能，但没有什么可以替代在真实太空环境中实践生活和工作。“对我而言，在任何交会任务中，从发射到捕获的这段时间的工作是相通的。无论是空间站还是哈勃太空望远镜，或者任何目标，启动OMS发动机，进入转移轨道，然后跟上你要与之交会的目标，这些操作都是通用的。当然，第1天的任务是离地升空至快速入睡，第2天则是检查机械臂并准备好航天服，所以说还是有些不同。因为我被指定为负责照片和TV的人，所以我在第2天做的第一件工作就是建立一套复杂的记录设备，来记录所有将要在轨道器外进行的任务。完成所有的设置是我的工作，我很想在第2天上床之前让一切都可以完美地工作，因为当我在第3天醒来时，就是切换到飞向并捕获哈勃交会模式的时候了，我不想被照片和TV记录系统造成的麻烦所困扰。”

“我在训练期间做的一件事情是，我会在模拟器运行的早晨提前约两小时，请求培训人员将所有的照片和TV设备放在一个盒子里，然后在我的同事到达之前，我会在模拟器中将它设置好。我一次又一次地做这件事情，直到我在睡梦中几乎都能够把所有这些东西安装在一起。我真的很高兴我这样做了，因为当我进入轨道时，我是迟钝的（对微重力适应缓慢），但我还是能够做到这一点。我也做到了甚至在地球上我都从未做到的事情：一个新的音频设备或者电脑设备或者其他，当我第一次打开它的开关时，它运行得很完美。这就是它在轨道上的情况。对于这部分，我训练得非常多。我想把一切都做好，这样在之后的第2天我就不必考虑它了。为了利用时间，我不想在剩余的在轨期间处理它。现在是第2天，我有些生病的感觉，倒是没有吐。你知道，低头设置设备并不能使我的病变好，但是我只是本能地那样做了。这就是我一天的工作。”

十几岁的时候，凯里和他的朋友们会拿上野营装备出发，如果有任何一辆自行车坏了，他总是那个随时能拿出修理它工具的人。后来，当他使用摩托车时，他总是自己维修，在休斯敦时他做汽车相关的工作。换而言之，凯里说："我认为自己是一个相当不错的业余机械师，虽然不是专业人员，但我知道要抓住扳手的哪一端。第 1 天当我们进入太空时，斯科特·奥尔特曼打开手电筒，灯泡烧坏了。他打电话给我说：'嘿，迪热，你能不能把这个灯泡换掉，我正忙着其他事。'所以你知道，我开始了这个任务，但我发现这是一个令人难以置信的沮丧经历，因为我拧开了所有的部件，就像我在地球上做的那样，突然之间所有的这些部件都在浮动，这是一个'我该怎么处理这些部件？'的情况，所以我把它们放在我的口袋里，继续完成任务。把灯泡拿出来之后，我低头看着那些部件从我的口袋里飘出来，我所做的一切都不像它在地球时一样。最后，我想到了一个办法，我想我们在太空都是这样做的，但是没有人和我分享过这个诀窍，我只是取了一小段胶带，把它弄成一个圈，然后把它固定在墙上，再把所有拧下来的部件粘在胶带上。这使得这项工作变得更容易一些。与在地球上相比，我了解到，你在太空中所做的每一项机械工作，都需要额外的时间。现在那些生活在 ISS 的人，可能达到了几乎像在地球上一样完成任务的效率水平，但是，在一个短暂的航天飞机任务中，你永远没有机会真正学习这些。因此，在微重力环境中，我们略微有些挫败感，这在任务过程中一直困扰着我。"

3.3.6　在轨驾驶体验

凯里解释说，航天飞机梯队成员总是希望有机会在轨道上升或下降过程中担任"驾驶"岗位，以便获得对指挥下一任务非常有用的经验。"这很大程度上取决于你的指令长。我认为斯科特（奥尔特曼）要么天生就是一个好人，要么就是他相信我不会把任务搞砸。相比于我所听说的其他新手航天员在第一次飞行中所做的事情，我只能开玩笑说比他们多飞了很多。这很可能与他们的能力无关，尽管他们在办公室仍是新人，我不太清楚这是指令长的个性还是他们之间的信任水平导致的。但是当我参加 STS－109 时，我和斯科特已经认识 6 年了，甚至在我们组队之前，我们已经一起做了很多事情，有了一定程度的信任，所以他让我在任务期间担任驾驶一岗。我忘了是哪一天，也许是在第二天，我已经记不起来了，那时可以精确地将轨道器指向一颗恒星，从而对 IMU 进行微调，并告诉计算机你正在指着那颗恒星，接着我把轨道器急转 90 度，指向另一颗恒星，控制然后计算机就可以再次进行微调。他让我长时间负责驾驶，尤其是在与哈勃的实际交会中，我有很多实践驾驶的机会，这真的很有趣，当然更难得。”

3.3.7　“拜访一位老朋友”

格伦斯菲尔德在轨道上的第 3 篇笔记中写道：“当距离哈勃几英里的时候，我能用双筒望远镜看清它，感觉我正在拜访一位老朋友。在杜安·凯里的支持下，斯科特慢慢地将航天飞机靠近。吉姆·纽曼在笔记本电脑上调用程序来提供实时状态反馈，在电脑屏幕上显示我们的轨迹。利纳汉操纵手持式激光器（类似于警方用来抓住超速驾驶者的那种）来监控与哈勃之间的距离。南希·柯里和迈克尔·马西米诺准备伸出机械臂，抓住哈勃。我的工作是运行哈勃通信程序，这使我能够在接近的过程中拍摄哈勃。”

在 3 月 3 日凌晨 3 时 31 分（CST），当奥尔特曼和凯里在太平洋（靠近墨西哥）上空约 350 英里处将哥伦比亚号逼近哈勃时，南希·柯里控制机械臂抓住望远镜。然后，她将机械臂降低以接近飞行支持结构，并启动锁紧机构将望远镜锁定在有效载荷舱中。首要操作之一是收拢两个预定要被更换成更先进版本的太阳能电池阵列。早在 1993 年 12 月的 SM－1 任务中，哈勃上就已经安装了上述旧阵列。由于它们从展开工作从未收拢过，所以旧阵列的电动机自从展开以来就没有工作过，因此尽量在轨道光照状态使其升温时卷起它，以帮助它们收拢。命令下达后，电池阵在 5 分钟内完成收拢。格伦斯菲尔德在记录上写道：“当阵列开始收拢的时候，有一些惊慌……幸运的是，两个阵列都顺利地收拢，没有任何问题，我们都松了一口气。我想我们甚至听到了望远镜控制中心所在的休斯敦和巴尔的摩的地面工程师们和我们一起感叹！我确信地面上十分欢腾。”

现在航天员的注意力转向了这次任务的五次出舱计划。格伦斯菲尔德期待着“给我的老朋友哈勃一个拥抱”。未来几天计划事项的挑战和强度意味着他这次只能抽空写一些“太空笔记”。

3.3.8　3 月 4 日/第 1 次出舱

约翰·格伦斯菲尔德和理查德·M·利纳汉将执行第 1 次出舱。吉姆·纽曼和迈克尔·马西米诺协助他们做准备工作，然后以 IV 号小组的角色监控出舱的进程。南希·柯里操作 RMS，斯科特·奥尔特曼和杜安·凯里负责操控哥伦比亚号和照相记录工作。

第 1 次出舱计划耗时为 6 小时 30 分钟，但实际上持续了 7 小时 1 分钟。格伦斯菲尔德和利纳汉很轻松地将右侧太阳能电池阵列移除，将其安置在临时位置，并安装了替换阵列及其二极管组件。然后，旧阵列被存放在有效载荷舱中，以便返回到地球后评估它在 9 年的时间内在太空环境中的适应情况。新的太阳能电池阵列的特点是开始就处于展开状态而不是设计为先收拢再展开的形式。虽然它们的尺寸是第二代产品的三分之二，但更先进的技术使其能够多提供 20%的功率。随着尺寸减小设计，不仅可以减小大气阻力，还减小哈勃轨道降低的速率，从而延长其使用寿命。

对于出舱活动的第一部分，出舱新手利纳汉倚着 RMS，但在 5 小时 15 分钟时，他与格伦斯菲尔德交换了位置，换成格伦斯菲尔德倚在机械臂上。尽管格伦斯菲尔德所穿的航天服无法将所有需要的数据传输到任务控制中心的出舱控制台，但飞行医生仍然可以实时监控他的身体医学数据。之后，当两人返回到驾驶舱时，航天服的通信系统被成功重置。

图 3－15 一张显示着工作中的 RMS 操作员的视角和清晰度均较好的照片。南希·柯里使用 RMS 控制器操控机械臂，她的脚被固定在 FRED 中

图 3－16　飞行指挥员杰夫·汉利（站立）和他的同事布赖恩·奥斯汀。汉利被认为是书写“哈勃圣经”的人——一个得到了许多为哈勃任务服务的航天员赞扬的详细服务文件编写人

为了说明航天员在出舱中的角色，凯里解释了他需要做的具体工作，这在媒体报道中经常被忽视。“在一个典型的出舱日子里，我有一整套维护轨道器的清单，这是非常寻常的事情，比如保持厕所、过滤器和舱内空气始终处于洁净状态，以及所有类似这样的事情。由于五个连续出舱日的强度，我们预先设置了两种可以自动完成的轨道器空气控制的基本模式，但是我们没有使用其中的任何一个，我们仅仅使用了一个必须手动添加氧气、手动跟上压力以及手动处理轨道器整个空气环境的模式。然后在某些时候，有人不得不下到中部座舱，打开一个氧气阀，将原氧喷入轨道器的内部，这些都必须手动完成。除此之外，不管实际的轨道器压力和氧气含量维持得如何，用于净化机舱空气污染物的氢氧化锂罐的更换必须完成。”

在出舱期间，我负责航天飞机轨道控制相关的所有工作。其中一个比较繁重的任务是：我们有 5 个单独的正在运行的记录设备，它们的磁带都只有 45 分钟。我戴着一个 6 000 美元的欧米茄手表，是我在以前任务结束后自己购买的，只是觉得价格有些高。一件关于手表的很酷的事情是它上面有一大堆计时器。当我正专注于某一项工作时，一旦计时器响了，我就要上去更换磁带。当我做另一项工作时，另一个计时器又响了，我就去更换下一个磁带，如此重复。我只是想确保所有磁带都能按时更换，因为我们不想丢失任何可视数据。视觉文件的一个主要作用是，如果一个出舱活动航天员在做某个部件相关的工作时犯了一个错误并且返回了舱内，地面可以审查这些材料，来追溯查看这个环节，我们想要回到磁带上看看到底发生了什么，这样我们就可以在第 2 天出去修理。对我来说，保持不间断的视觉数据准时传输非常重要。出舱日对我们所有人而言都是非常忙碌，你可以想象有 IVA 正在进行，外面有两个人，南希在操控机械臂，斯科特也是支持整件事情的一员，我照顾轨道器，真的是忙碌的一天。这就是我在出舱期间的日常状态。

“我确实记得，我实际上并没有拿相机照相，但是南希在负责操控机械臂的工作中也会调整有效载荷舱中摄像机的焦距，斯科特也

图 3-17　在这次任务的第一次出舱中，利纳汉正在安装第3代太阳能电池阵列

会做同样的事情。由此带来的影响是：一些从 STS-1 以来就开始报道航天飞机的媒体工作者告诉我们，我们的任务因在太空任务中拍摄到最惊人的影像数据而引人注目。每个人都在注视着我，并给予我足够的信任，但这不是影像文档这么好的真正原因，而是斯科特和南希在跟踪相机焦点、手动调焦以及类似事情上的勤奋。我想我可以肯定的是，我确信我们没有丢失任何数据，在出舱活动时间结束的时候，我会多花1小时的时间把数据打包并发送到地面，这是责任之外的工作。由于我们任务的时间安排，我们公共事务部门的人告诉我们，如果我们能很快地下载下来，那么它会出现在6点钟的新闻中，这对 NASA 来说是一件大事，所以我需要负起责任来确保在出舱日结束时，他们能报导一些非常好的新闻图片。”

“因为这是斯科特·奥尔特曼的第3次任务，所以在我们的训练中他多次告诉我这句话，并且从来没有改变过。他说，‘迪热，如果没有记录，那么在轨任何事情相当于没有发生。’现在，由于斯科特在他执行的两次飞行任务中担任了影像工程师，且在轨操作表现极为优秀，因此他早已在办公室享有盛名。所以他作为我的领导，一直强调任何想做好工作的人都会把对自己领导重要的事情搞清楚，所以同样紧跟他的节奏仔细落实每一件事。斯科特定下了我们影像任务的主要工作思路，我知道这对他来说很重要，所以我花了一些额外的努力，以确保他满意。”

3.3.9 3月5日/第2次出舱

吉姆·纽曼和迈克尔·马西米诺执行了第2次出舱任务，由格伦斯菲尔德和利纳汉辅助任务规划，柯里操作机械臂，凯里和奥尔特曼则负责摄影和轨道器内的相关工作。

这次出舱比计划的7个小时多花了16分钟，在此期间的主要任务是替换另一个太阳能电池阵列及其相关的二极管盒组件，即重复前一天的活动。当两个新的太阳能电池阵列被安全锁定在望远镜上之后，航天员们开始了第二项工作，即在6号设备舱安装一个新的反作用轮组件（RWA），它在望远镜拍摄宇宙时负责控制系统的相关工作，以确保望远镜系统的精准指向。

马西米诺仍旧倚在RMS末端，柯里将他移到6号舱位，在那里他小心地拆下旧的RWA。然后柯里把他移到有效载荷舱，他把旧装置放在临时安置架上。之后马西米诺被移动到持有替换装置的纽曼身边。一旦马西米诺拿到了新装置，柯里就把他移回到6号舱来进行安装。当马西米诺在安装时，纽曼正在处置旧装置以便带回地球后进行飞行后的分析。在出舱的最后阶段，两人拆下了5号舱的隔热屏，并安装了舱门外延组件，在6号舱上安装了一个隔热屏。最后，他们为第二天的出舱做了准备工作，安装了一个足限位器。

在舱外期间，纽曼和马西米诺检查了保护NICMOS和STIS仪器的舱门，结果显示两个固定螺栓需要更换，因此为了确保在安装完成后前门能关紧，他们安装了后罩锁更换组件。

3.3.10　3 月 6 日/第 3 次出舱

第 3 次出舱也是计划 7 小时，但是格伦斯菲尔德和利纳汉在 6 小时 48 分钟内完成了任务。

他们的首要任务是安装一个新的电源控制单元（PCU）来替换旧设备，以解决其遭受的间歇性故障，自从 1990 年 4 月以来，它就成为哈勃中央配电“总部”，为望远镜系统、各种科学仪器以及 6 个镍氢电池分配来自太阳能电池阵列的电力。新 PCU 也能够处理新太阳能电池阵列比旧设备多产生的 20％的电力。这是一项重大的行动，因为其要求望远镜自发射以来首次完全关闭。在出舱计划启动的大约 2 个小时之前，戈达德的控制中心开始向哈勃发送系统断电的信号，在新 PCU 到位之前将不能供电。然而，由于格伦斯菲尔德航天服的问题，出舱延迟了 2 个小时才开始。

纽曼在接受采访时指出，在哈勃断电当天，“因为我们正在处理航天服，所以我们之间有很多相互影响。”漏出的水在航天服外聚拢，纽曼看见后说：“这有些糟糕。”后来他解释说：“我们必须与地面通话，让他们知道我们没有按计划进行，至少，我们需要更换航天服，因为哥伦比亚号还没有碰到过航天服的特殊故障。”

与此同时，戈达德控制中心通过指令传输，按计划关闭了望远镜，以便为更换 PCU 做好准备。听到出舱被推迟的消息，他们不得不重新启动哈勃电源系统。在哥伦比亚号上，飞行梯队成员证实，格伦斯菲尔德航天服的上半部分漏水，所以一个备用的航天服上半身组件被匆匆地按他的尺寸完成调整，从而使他们能够恢复准备工作，尽管时间稍晚但还是确保计划继续进行。当听说出舱将再次进行时，STOCC 的工程师们快速地再次关闭望远镜的电源。由于没有时间验证上述临时状态，因此具体行动时略微有些慌张。他们凭借对望远镜的专业知识，能够及时地让哈勃望远镜关闭，但给团队留下深刻印象的纽曼同样认为这“和大多数情况差不多”。

倚着 RMS 的利纳汉将电源断开，而格伦斯菲尔德将隔热层安装在电源暂时关闭时不会被加热的区域。接着，利纳汉断开了连接旧单元的 36 个连接器中的 30 个，然后移动到有效载荷舱准备要安装的替换设备旁。倚着 RMS，格伦斯菲尔德从旧装置上拆下剩下的 6 个连接器，用扶手轻轻将其从插槽中拔出。然后柯里把他移到有效载荷舱，以便他可以把旧的 PCU 放在一个临时的存放位置。随后利纳汉递给格伦斯菲尔德新的部件，柯里将格伦斯菲尔德带回操作位置去插入新部件并重新连接 36 个连接器。更换完成后，哈勃具备再次通电的条件。戈达德在通电 40 分钟后报告说，新的 PCU 已通过了“功能测试”。4 小时后，功能测试完成，报告显示哈勃处于健康状态。

当出舱乘员回到哥伦比亚号时，格伦斯菲尔德称赞了柯里在出舱期间对机械臂精确和平稳的控制。在这次严格要求的出舱之后，他有时间写下他的“太空笔记”，描述“在 PCU 安装位置的相关工作是我们任务的重要组成部分”。他简单描述了具有 36 个连接器的设备，然后说：“我们的工作是断开所有的连接，然后将原 PCU 更换成新的 PCU－R，再重新连接所有的电缆。听起来很简单，只是我们的航天服十分笨重，而连接器太靠近了，导致不能直接用手操作。我们有一种为这个任务开发的特殊扳手/连接器工具，利纳汉一个接一个地断开了电线。只有几步就完成了，随即我们交换了在 RMS 上的位置，然后我完成了最后几步工作。”如上所述，拆除旧 PCU 之后，格伦斯菲尔德把它交给了利纳汉，由利纳汉将它放置到有效载荷舱中，格伦斯菲尔德则给望远镜安装了新的 PCU。

格伦斯菲尔德继续说：“接下来的两个小时，我连接了一个又一个的连接器。由于它们位于盒子的侧面，我常常只能用左眼观察到接口。视差是一个重要的因素，我不得不这样做。每个连接器都花了几分钟的时间，主要检查那些小插头和插座是否对齐。它们大多都很坚硬，我不得不同时对齐和旋转。虽然听起来不难，但在实践中，航天服配套的坚硬笨重的手套导致操作真的很难。”他在训练中

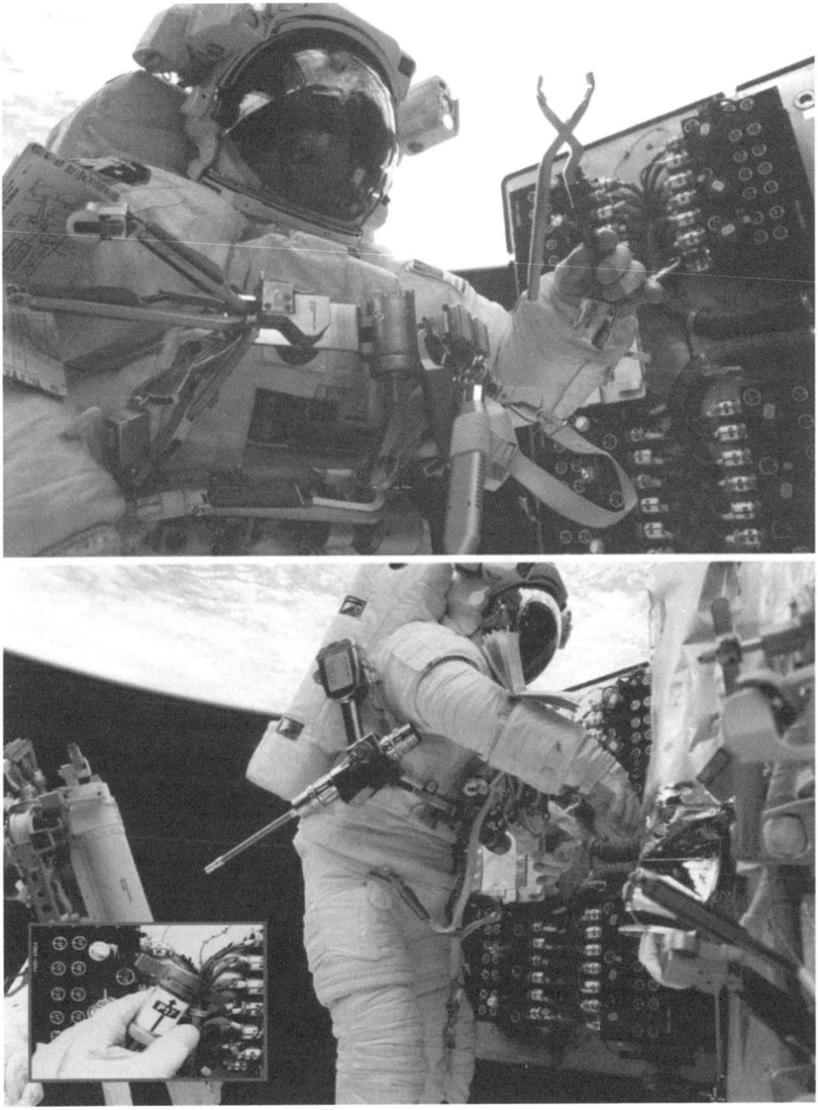

图 3－18　格伦斯菲尔德（上图）手持一个在更换 PCU（在他的手下方）期间使用的小工具。利纳汉（下图）此时也在 PCU 更换现场，臂部上挂着手枪式旋钮工具。插图是由头盔摄像头提供的一幅近距离的画面截图，显示正在安装 36 个 PCU 连接器之一

意识到，他需要将极度的专注力、耐心和一点技巧结合在一起，但即使这样，在他完成任务的过程中，仍是一次考验。“有一次，我看着一个特殊的连接器，开始大笑，心里想着就是这个状态，至此PCU更换任务完成。我不认为我可以戴着我的大手套接近、对齐和配对连接器。在尝试了几种不同的方法之后，我最终使用了连接器工具，从而确保工作得以继续。再完成7个连接器，我就做完了。”在任务的尾声，他们重新开启电源，并重新进入被格伦斯菲尔德称为“粮仓”的气闸舱，从而结束出舱。那天晚上他“睡得很好，工作了一整天实在太累”。

3.3.11 应对疲劳

从发射到维修后的部署，哈勃任务项目的进展速度非常快。大量的训练和先前的经验帮助飞行梯队成员做好准备，但是，在太空中操作的严格程度，特别是在相对短的航天飞机任务中，数天持续的活动和精力高度集中的要求，对每个乘员来说都是巨大挑战。每个人都有自我处理压力的方式。迪热·凯里借鉴了他以前的军事经验，他的对话讲述了一个任务中很少被提及的方面。

“我只能就我个人而言来讲述，当你非常疲惫但仍需要处理难度较大的任务时，如何把控你自己。当然，我有很多经验。在过去，我的飞行任务比我中队里的其他任何人都多，所以不得不习惯在疲倦和疲惫的时候做重要的事情。但是如果你过去做过这样的事情，再一次面对时你会有信心对自己说：‘我真的很累，而且航天飞机上的每个人都真的很累，我们要做很多难做的事情。我自己知道我以前来过这里，我知道我可以做到，’特别是对于我来说，当我在太空中真的很疲倦时，每当我执行任务之前，我会自己检查两次，甚至有时会检查多次。有时候我也会请别人来检查我的工作。当我们累了时，我们都会这样做。我不了解其他任何人的背景，但在处理疲劳和一些事情方面，我真的为我们任务中的每个人感到自豪，尽管疲劳不断加剧，但每个人都完成得很好。你知道，当某天你感到疲倦时，疲劳就此开始，如果你那天晚上没有得到足够的睡眠，第二天你就会变得更加疲倦，并开始变得雪上加霜，情况变得更糟。”

秘诀就是要互相照顾，以保持良好的精神状态。当然，这对任务成功完成也是有帮助的。“你们互相支持，你们利用幽默来保持精神。就像在登山探险或长途旅行之类的事情中一样。这类探险的首要工作是确保健康。他们身体含水量正常吗？他们饮食正常吗？他们排便正常吗？每个人的医学特性都正常运行吗？归根结底，它很有趣，你在太空中做着人类最先进的操作，同时你必须给予所有事情足够的关注。”

凯里举了一个例子，来说明他们在执行任务前不久与着陆后几个小时的新闻发布会上的情况有多么不同。“我们的新闻发布会是早上 10 点，我们从着陆以后都还没来得及休息。如果你只是一张一张地看这些图像，你会发现我们 7 个人基本上都有一副僵硬的面孔。”

3.3.12 3 月 7 日/第 4 次出舱

鉴于第 3 次出舱被比作是更换哈勃望远镜的心脏，在第 4 次出舱中，吉姆·纽曼和迈克尔·马西米诺将通过安装先进巡天相机（ACS）来更换望远镜上剩下的最后一个待更换部件（欧洲制造的暗天体照相机），以进一步改善望远镜观测能力。此次出舱活动任务计划持续 6 小时 30 分钟，但实际上超出了 1 小时。

他们的第一个任务是打开后罩门。纽曼倚在 RMS 的末端，两名航天员将旧的 FOC 取出来，暂时放在有效载荷舱的侧面，与此同时新的 ACS 被安装到位。然后他们把 FOC 装在它的箱子里，准备返回地面。互换位置后，马西米诺倚在机械臂上，纽曼负责协助他，他们安装了电子支持模块，这是实验冷却系统的一部分，旨在重启 NICMOS。接着前一天 PCU 的安装任务后，当天他们完成了一些清理任务。在功能测试中，ACS 和其他安装设备的初步测试数据显示，它们都处于良好的运行状态。

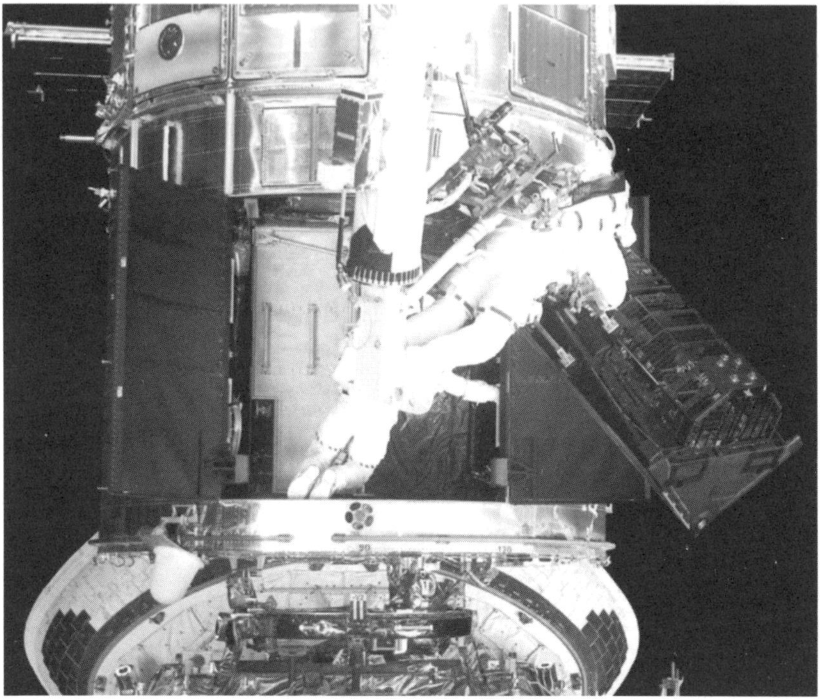

图 3-19 纽曼在 RMS 上与自由漂浮的马西米诺一起拆除暗天体照相机以便为新的先进巡天相机腾出空间

3.3.13 高处的风景

自阿波罗号以来，一些高轨道任务中，在飞行器内部以及出舱期间在飞行器外部观测到的景象十分壮观。但航天员非常忙碌和专注，是否能够抽出时间欣赏这些景象？“完全可以，”纽曼说，“在更高的地方你会有更好的视野，真的十分壮观。在哈勃望远镜上的视角比我在 160 英里×240 英里的 ISS 轨道飞行中要好得多，我现在喜欢开的玩笑就是空间站仅仅是在大气层上面掠过，这么低真的很难称之为“在轨”。在哈勃望远镜上你可以从一个视角看到整个美国！在其他任何飞行中我都看不到这样的景观，所以哈勃相对空间站高出约百分之五十，这个高度真的令视野大不相同。”

纽曼也会抽出时间去“看窗外”，因为每次出舱活动或每次飞行都可能是他的最后一次。来自STS-109的视频显示，他在最后的出舱活动结束时向哈勃挥手。许多人认为他是在向哈勃挥手告别，“但显然它远不止于此”。这是他在每次执行出舱的飞行中都会做的事情。他总是认为，他当下的飞行或出舱可能是最后一次，因为终将有一天，他将不能再做这样灵巧的事情。“你在外面的时间并不多，所以你必须高效、努力、专注于任务，但是你可以偷看。例如，如果你在机械臂上，那么当你从一处转移至另一处时，总是会有一段时间可以稍微休息一下，看看太空景色。”

由于柯里一直是捕获哈勃和前3次出舱的主力，这次出舱活动特地安排她只负责第一阶段的机械臂操控任务，此时纽曼在机械臂上。为了让她从连续紧张的操作中解脱出来，奥尔特曼在出舱活动航天员位置交换时，调整为马西米诺倚着手臂时接手她的工作。

关于这几天机组人员的体力和耐力，纽曼作为深入参与出舱活动的乘员，其与凯里的回忆略有不同。STS-109的整个出舱计划确实紧张，所以出舱活动航天员的飞行前培训一定要到位。“我认为我们4个人的状态都不错。在我看来，实际上我们在周六尚未感到疲惫不堪，在很多方面，由于我们面临的额外任务或准备工作，导致项目不能顺利实施，实在是太可惜了。”他设法放置了一个铝制隔热屏，以保护受损的MLI的最高优先级要求，“但是如果我有再多一点的时间，我们本可以做的更多。”

此时在ISS，航天员正忙碌于舱外组装工作，最近的任务是安装新的加压模块，并开始组建桁架系统，该系统将构成主桁架组合体的骨架。但是在2003年2月，第二架航天飞机失事导致构建任务暂停。在哈勃计划中，他们有自己的出舱任务要完成，纽曼认为他在STS-88的训练和经验帮助了他的哈勃任务。“我在空间站的经历很棒，但是它非常不同。杰里·罗斯帮助确定了空间站规格，所以他确定了能够容纳出舱活动航天员的空间站的规格，但是哈勃没有相同的规格。它更加脆弱，对于每一个螺栓、我们转动的每一个紧固件，我们都做了扭矩、转动和计数，并谨慎关注手枪式旋拧工具上的扭矩。此外，双系绳系统以及比尔·雷迪和我为 STS-51 所经历的所有技术培训，在空间站任务中真的派上了用场，所以我也将这些技术应用到了哈勃望远镜任务中。”

纽曼表示，出舱之前和出舱之后有很多工作，这是一个“非常有趣的时刻”。他指出，用“高强度”来形容是最恰当不过。然而，考虑到他们的状态真的很好且仍有余力，所以在 IV 小组任务中，“除了指引外面的人，我们可以轮流在非关键的时间去中部座舱休息或利用自行车测力计保持我们的手臂和腿部状态良好”。

在出舱期间遵守时间也很重要，因为总是有一个滴答作响的时钟提醒我们关注出舱活动航天员每天在外面的最长时间和总天数。若在 ISS 上，相关任务因故可能会推迟到下星期或下个月。密切关注这个时钟的是休斯敦任务控制中心的出舱舱体通讯系统（Capcom）和轨道器内的一名 IV 乘员。“出舱舱体通讯系统（Capcom）当然只是出舱飞行控制人员的发言人，”纽曼解释说，“飞行控制中心支撑在轨出舱工作的团队规模明显超过实际出舱航天员的人数。他们仔细监控事情进展情况，包括我们做得如何，检查并观察整个出舱活动的情况。”除了安全以外，飞行控制人员拥有与飞行有关的一切事情的最终决定权，而确保安全仍然是任务指令长的责任。梯队成员通过劝告和建议，甚至可以是善意的谎言，但是最终他们必须做飞行控制小组命令的事情，除非有安全问题，梯队成员可以请指令长做出最终决定。“IV 小组成员的责任之一是保证出舱按既定时间表进行，他们负责实时检查所有状态，喊出旋拧口令，提醒我们那些原本已经记住的事情。”

3.3.14 3 月 8 日/第 5 次出舱

当 SM-2 于 1997 年 2 月安装 NICMOS 时，使摄像机能够在极低温度下工作的固氮冷却模块预计将持续应用到 1999 年 1 月以后，但实际上当时它已经接近功能极限了。对此，工程师设计了一种氖

图 3-20　在望远镜的顶端可以观察到最佳的景色

气冷却系统，可以恢复低温以确保仪器正常运行。这个系统已经在早期航天飞机任务的实验中进行过测试，所以有信心它仍能正常工作。STS-109任务的第5次也是最后一次出舱的主要任务就是安装这个装置。

考虑到此次出舱活动的目的，格伦斯菲尔德称之为“冷酷的出舱”。利纳汉随即登上了RMS，柯里就把他移到了后罩位置。打开舱门之后，她将他移回有效载荷舱，将NICMOS低温冷却器从设备装载系统上取下。格伦斯菲尔德在另外一篇“太空笔记”中写道，打开设备舱门“感觉就像是我们打开了通往神殿大门”。他帮助利纳汉把装置安装在后罩里面，将它和纽曼与马西米诺前一天安装的电子支持模块用电缆连接起来。完成这个任务后，两人交换了位置，格伦斯菲尔德登上机械臂。格伦斯菲尔德写道：“在训练中，我们严格保证安装精度，小心地对待它们，这对把哈勃看作神殿的观点给予了一些支持。”格伦斯菲尔德穿着笨重的航天服小心地移动着，他注意到，望远镜的内部似乎与12年前发射的那一天一样，“在太空真空中没有气体的情况下，即使多年后可能也是如此”。在拆除用于仪器上旧式固氮冷却器排气的排气管之后，他们顺利地安装了冷却器，即一个装满电子元件和管道的盒子，此外还有一个以45万转/分速度旋转的小型涡轮机。“打开‘古老’的哈勃，在朴实的舱内，新安装一台覆盖着电缆、软管和阀门的设备，这看起来似乎有些奇怪。”

格伦斯菲尔德随后关闭了左侧的后舱门，利纳汉则去了有效载荷舱，准备将3×12英尺（0.91×3.65米）的冷却系统从设备装载系统上取下。然后两个人一起安装冷却系统，但安装时发现尺寸有些不匹配。格伦斯菲尔德说：“我们努力地推了又推，但它似乎难以安装到位”。他们尝试重新调整，但仍然无法推进。经过进一步的努力，他们能够安装到位并一次完成锁定。接下来利纳汉将冷却器的电线递到望远镜的基座，格伦斯菲尔德将它们连接到NICMOS。这个任务要求格伦斯菲尔德把两条线缆连在一起（后来他回忆起来就像“冰上钓鱼”一样），然后把它们透过设备舱门递给利纳汉操作，

图 3－21　第 4 次出舱中马西米诺安装了电子支持模块，以便在下一次出舱中将其与 NICMOS 相连

随后连接一组长电缆，就像格伦斯菲尔德说的那样，“像一个大蟒蛇一样”，但“感觉比我们在训练中要僵硬得多”。然后，他们开始连接电子线路和管路。最后检查安装是否已按计划完成，关闭后罩门，清理有效载荷舱，戈达德工程师对新安装的设备进行初步测试。

格伦斯菲尔德后来描述了在这次出舱中一次倚在 RMS 上的经历。“作为活动的一部分，我必须乘在机械臂上，用手抓住有效载荷舱的上方。景色多美呀！上面有哥伦比亚号，下面有明亮的蓝色地球，还有哈勃太空望远镜在我身边。时间仿佛静止不动。对我来说，这是一个如此令人感动的时刻。在这 5 次出舱维护望远镜的活动结束之后，我给了哈勃一个最后的告别，希望它能在发现之旅中一切都好。”

本次出舱任务原计划持续 6.5 小时，但实际上进行了 7 小时 20 分钟。1 小时后，哥伦比亚号的小型发动机持续工作 36 分钟，以便将轨道提高 4 英里（6.4 千米），为第二天的部署操作做准备。这次哈勃任务飞行梯队成员以 35 小时 55 分钟的时间，超过了 1993 年 12 月 SM－1 任务的 35 小时 22 分钟，创造了单次航天飞机任务累计出舱活动时间的新纪录。

3.4　独特的思维模式

像所有的老将一样，纽曼以前的任务和经验对他此次任务有很大帮助。他们相信，此前接受的专门训练使他们能够完成分配给他们的所有任务。“但此前是否参加过飞行任务，每个人心态完全不同，当然这并非否认训练技能的价值，因为训练是掌握任何技能的基础。之前我在 STS－88 曾和南希·柯里一起工作过，所以对我个人而言，这些都是非常实用的准备。”他们和迈克尔·马西米诺分享经验，但这并不是必要的，因为迈克尔·马西米诺做得很好。“我发现当我们在进行易损精密仪器的相关操作时，这种体会更加不同。”

3.4.1　“哈勃先生好运”

3 月 9 日凌晨 4 点 04 分（CST），哈勃太空望远镜被再次释放回轨道，“哈勃先生，STS－109 的机组人员祝你好运，我们祝愿安装了新设备的哈勃在探索宇宙的新征程中一切都好。”

哈勃被释放后，它似乎漂浮在靠近航天飞机顶窗的地方，驾驶舱中的机组人员经过时就自动躲开，然后冲上去拍摄尽可能多的照片。大家一致认为，看到巨大的望远镜悄然而优雅地经过是一个惊人的景象。格伦斯菲尔德感到有些难过，“就像和很久没看见的朋友说再见一样”。格伦斯菲尔德在另一篇文章中写道：“当哈勃远离时，我只能敬畏地看着，并拍摄大量照片。我们在过去的 5 天里工作过的望远镜是多么惊人。”望远镜已经在有效载荷舱内停留了大约 5 天 22 小时。1 分钟后，奥尔特曼和凯里启动哥伦比亚号的 OMS，进入返回程序。

在接下来的几天里，戈达德控制人员不断反馈说哈勃望远镜上的所有系统都运行良好，新的 PCU 和太阳能电池阵列状况良好。从 3 月 10 号开始，科学仪器将分别完成性能测试。科学观测任务将在几周之后才开始，以便能够将维护作业中积累的水分彻底“蒸发”。

随着哈勃的离开，哥伦比亚号将重点转向返回地球的准备。正如凯里所解释的那样，“在释放哈勃之后，出舱航天员觉得他们可以放松一点，因为此时任务压力转移到了在驾驶舱中的飞行梯队成员——奥尔特曼、凯里、柯里和约翰·格伦斯菲尔德，他们在着陆过程中一直存在较大压力，直到航天飞机最终顺利着陆。但压力并不一定是坏事，我们可以习惯有压力，因为压力可以使我们做伟大的事情。显然，作为一名战机飞行员，压力就是工作的一部分。我们都知道处理压力和焦虑的方法就是训练。在发射当天我对一件事情很有信心，那就是我们的训练已经尽可能做的最好了。当你有自信时，你可以面对压力，虽然你知道自己承受了压力，但是你仍知道自己会成功。”

3.4.2 准备返回

随着哈勃的离开，航天员从轨道上向新闻界介绍了他们的飞行进度，并开始准备返回地球，整理机舱。除了正常的任务活动结束之外，他们还能够与国际空间站的伙伴们通话。这是自航天员入驻 ISS 以来，航天飞机第一次参与没有空间站组装任务的飞行。第一个常驻 ISS 梯队是在 2000 年 11 月抵达的。16 个月后的现在，在站航天员包括俄罗斯指挥员尤里·奥努弗里恩科、美国飞行工程师丹·布尔施和卡尔·沃尔兹，目前是他们在轨的第 4 个月。当哥伦比亚号在大西洋上空 350 英里（563.15 千米）的轨道上、空间站在太平洋上空 240 英里（386.16 千米）时，休斯敦的任务控制中心解决了两组机组人员之间的通信问题。无线电通信是在高强度维护活动之后的一个受欢迎的休息时间，对长期工作的人员来说是一段不错的间歇。3 月 11 日，哥伦比亚号在太空的最后一天飞行期间，航天员回答了马里兰科学中心和丹佛自然科学博物馆的中学生提出的问题，然后远程参加了由肯尼迪和约翰逊航天中心举行的新闻发布会。

因为航天员不知道此次太空飞行是否是他们的最后一次，所以一旦完成了目标，他们总是喜欢透过窗户欣赏地球或周围的宇宙。作为一名天文学家，格伦斯菲尔德尝试寻找分别位于夏威夷和安第斯山脉的地面大型望远镜，即使使用了蔡司 20×60 稳定望远镜也没有找到它，但是他通过调暗舱内灯光来观察银河系这件事比较成功，他在轨道上的最后一篇随记中，以天文学家的视角表述了从轨道上研究星星，并希望“我相信很快将有一天，很多人都能像我们在这次任务中一样观看星星。21 世纪的某一天，如果在月球上看到天文台，我不会感到惊讶。毕竟，爱冒险的天文学家为了更好地了解和理解我们的宇宙，不怕深空环境中寒冷的夜晚，甚至是严酷的太空环境。我深信，当我们超越近地轨道，去月球和其他星球时，天文学家将肯定不会缺席。”

图 3－22　经过 5 次成功的出舱后，重获新生的哈勃望远镜在哥伦比亚号的有效载荷舱中准备重新部署

在例行的飞行控制系统测试和发动机测试过程中，发现哥伦比亚号的 38 个主推进器中的一个失效了，但这对入轨和着陆没有影响。这些相同推进器中的一部分后来被启动，以降低轨道，不断优化在佛罗里达州着陆的飞行轨道。由于佛罗里达州的天气看起来非常不错，所以决定取消了在加利福尼亚爱德华兹的着陆支持。

3.4.3　3 月 12 日/返回佛罗里达

凯里解释说："在航天飞机项目中，多年以来有这么一个惯例——返回过程至最终着陆之前，驾驶岗位航天员会有大概一分钟的手动驾驶操作，然后才把系统控制交给地面中心。原因在于，大多数驾驶岗位航天员都会发展成为指令长，若让没有轨道飞行器实际驾驶经验的指令长负责轨道飞行器登陆，则显得逻辑上有些欠缺。所以，驾驶岗位航天员需要好好体验这很简短的几分钟飞行时间。作为一名试飞员，在培训过程中我从来没有驾驶过一个能够以 100%仿真度重现真实飞行器的飞行模拟器。由于某种原因这个培训程序后来取消了，而且已经持续好几年。之后航天员办公室有一些消息说这个特殊的培训模式要重新启动，以便让飞行员巩固掌握航天飞机飞行驾驶程序。这样一来，我很幸运能参加这种培训。在返回过程中，当航天飞机速度进入亚音速 0.9 马赫时，我会控制驾驶大概一分钟左右的时间，然后把它交给斯科特进行最终着陆。有一个有趣的事情，因为斯科特曾在旧的飞行程序下参加过两次飞行任务——但均未有手动控制飞行的机会，所以在我们整个训练过程中我不停向他炫耀，在他有机会驾驶轨道飞行器之前，我将先有机会体验手动驾驶，并且飞行梯队成员也跟着和他开玩笑。所以在实际返回过程中，由于我并不知道确切的飞行状态，加上斯科特未在培训中体验过。按惯例来说，我不应该在高于 0.9 马赫时进行手动控制，但实际上我在 0.95 马赫时即开始了手动控制，所以我在着陆后轻拍了一下我的手腕，因为它的表现非常棒。着陆后我回想起来，大概驾驶了将近 20～30 秒。关于手动控制的具体操作，主要是针对副翼和升降舵的微小机动输入，然而仅仅这些操作已足够实际体验航天飞机的着陆飞行。最后在着陆前，我也毫不吝啬地让斯科特体验了一下，在此之前我‘奢侈地’花了 5 秒钟的时间向他简要说明航天飞机是如何飞行的。我从他脸上的笑容看出，在真正着陆之前，尽管时间很短，但他已经充分领会了我的意图。”

凯里特别高兴能够有机会在唯一的一次太空飞行中驾驶哥伦比亚号。一年后她说，“嗯，是的，这就是为什么我被聘为一名航天员，成为一名飞行员，你知道我很喜欢我的飞行生涯。尽管我对飞行不像我对摩托车一样充满激情，但我非常喜欢它。这个任务的具体过程我已经忘记了，但是我从未忘记在太空中操纵轨道飞行器的感受，我也从未忘记握住手杆身处大气层时是怎样的感受，这是作为一名飞行员永远不会忘记的事情。我很高兴有机会驾驶这个令人惊叹的飞行器。”

在 KSC 控制的 4 个小时内，哥伦比亚号最终稳稳降落在 SLF，结束了 STS - 109 任务。为了 4 月的 STS - 110 任务，亚特兰蒂斯号被安置在 39B 发射台。保险起见，哥伦比亚号被拖到 OPF，在那里会在通电状态下，对任务期间性能下降的氟利昂冷却剂回路进行 X 射线分析。

STS - 109 飞行距离合计 3 941 705 英里（6 342 203 千米），历时 10 天 22 小时 11 分 9 秒，但是对于凯里和他的同事来说，这些数字并不是很重要，因为更重要的是他们在任务中付出的努力有了回报。

凯里回忆说：“连续五天的出舱让我们十分忙碌，出舱日是在太空中相当高强度的一天。当你把这五天出舱活动放在一起，然后再加上我们是在具有内部气闸舱的哥伦比亚号上飞行，因为气闸舱非常非常拥挤，导致每次要增加几个小时的工作量，来为出舱活动准备舱外服。”“我想说，在任务的核心阶段，在一切顺利的情况下，机组成员平均每晚也仅仅只睡 4～5 小时；你能够这样一天、这样两天，但是尝试连续五天都这样肯定是个不小的挑战。我们这样做了，我亲眼看到那些家伙在第 4 天和第 5 天脱下航天服时的样子，就像虚弱的小动物一样。他们手指擦伤了，利纳汉的脚上布满了擦伤和有血痕的小伤口。航天员们受着伤，但为了我们所有人，为了整个人类，他们仍日复一日地出去，而且对我们航天员来说，这些只是正常工作而已。没有任何东西能比帮助全人类更能激励你去做伟大的事情。这就是为什么 STS－109 脱颖而出。这是一个七人达到了人类忍耐力极限的例子。参加睡眠缩减实验、连日保持清醒是一回事，睡眠不足状态使轨道飞行器着陆是另一回事。这为人类的耐力极限提供了一份数据支持。”

在 OPF 中，工作人员将哥伦比亚号包括 RMS 在内的相关设备予以拆除，原因是由于哥伦比亚号下次飞行——STS－107 独立任务中，将在有效载荷舱中装备一个新的双倍大小的 Spacehab 增强模块来进行实验以支持国际空间站的研究。

3.4.4 远期规划

哈勃望远镜的机组人员再一次展示了他们的韧性和“多面手”的能力，他们实现了所有为他们设置的任务，甚至还完成了一些计划外的工作。当然，他们的成功还依赖于庞大的地面支持小组、为任务准备的完备硬件设施以及为了确保他们在轨安全而 24 小时辛勤工作的支持人员。可以说正是得益于在轨服务，这台望远镜的装备和性能要比它的设计者原先设想的好很多。当这项升级正在进行时，2004 年的服务任务也正在重新规划，该项服务任务将使哈勃望远镜的寿命超出其原先设计的 15 年，即服役至 2020 年。

3.4.4.1 2004 年/SM－4

SM－4 计划包括拆除 COSTAR 单元并以宇宙起源频谱仪替代，因为新的仪器已经内置了补偿装置来解决由主镜缺陷带来的问题。另外，WFPC－2 将被更先进的设备所取代，以便安装后罩冷却系统和翻新的精确导航传感器。

1）宇宙起源光谱仪（COS）：设计用于观测宇宙电磁波谱的中

近紫外线部分。那些想要观察新的“发热”恒星中发生的高能活动以及星际介质的成分和特性的科学家，将对它特别感兴趣。

2）WFPC－3：到 2004 年，作为哈勃望远镜“主力设备”的 WFPC－2 已经运行了十多年，它早就应该进行升级了，但是预计要到 2010 年才能升级。

3）后舱冷却系统：航天器设计人员、科学家和工程师以及在任务期间操作仪器的航天员共同面临的一个长期挑战是如何将空间仪器工作时产生的热量在影响其正常工作之前及时排出。这个新系统将通过后舱带走多余的热量，从而提供一个良好的工作环境。由此带来的好处就是，它将允许望远镜上的多个仪器同时工作以增加望远镜的运行能力。

4）精确导航传感器：基于成本考虑，每次服务任务时都会更换精确导航传感器。在 SM－4 任务中，所有三个 FGS 都将被卸下并带回地球进行拆解和翻新，然后作为 ORU 被放回哈勃望远镜，并工作到下一次维护。

3.4.4.2 2010 年/收尾任务

在 1990 年发射时，NASA 希望定期维护以使哈勃望远镜正常运行 15 年。到了 STS－109 任务时，人们乐观地认为哈勃望远镜将会正常运行 20 年，然后会有一个“寿命末期的服务任务”，该任务可能为：1）把哈勃望远镜推进到一个较高的常驻轨道；2）让哈勃望远镜在重返大气层时坠毁；3）把哈勃望远镜带回地面。

3.4.5 机组人员新的岗位

任务完成后，STS－109 飞行梯队正式解散，各自迎接新的目标。在被赋予新任务或管理岗位之前，所有人都将留在航天员办公室，至少目前是这样。虽然当时奥尔特曼、格伦斯菲尔德、马西米诺并不知道自己后续仍将见到哈勃望远镜，但对凯里、柯里、纽曼来说，STS－109 是他们最后的太空飞行。凯里为了追求新的理想，已经在 2004 年离开 NASA。

3.4.6 2003 年 2 月

2003 年 1 月 16 日，哥伦比亚号完成了第 28 次任务的发射，这是一次为期 14 天的独立研究飞行，目的是给国际空间站正在开发的科学计划提供支持。2 月 1 日，完成这项任务后 7 名机组人员驾驶航天飞机返航，当航天飞机飞行到得克萨斯上空约 200 000 英尺（60 960 米）时，爆炸解体，7 名航天员全部丧生，此时哥伦比亚号还差 16 分钟就要在佛罗里达降落。事后调查发现，可能的原因是当航天飞机发射约一分钟后外部燃料箱的泡沫碎片撞击到了飞机左翼，导致左翼前缘的“增强碳碳”防热结构受损。这起事故的直接影响是，在调查完成之前其他所有航天飞机停飞，而且在问题解决之前需要使用俄罗斯联盟号载人飞船运送由两人组成的国际空间站“值守人员”，仅仅开展一些常规的飞行任务。另一个决定是，不会再有在不允许受损轨道器在国际空间站卸载机组人员的轨道倾角上的单独飞行，这迫使原计划的 SM－4 被取消以及哈勃望远镜很可能被遗弃。漫长的黑夜再一次笼罩在美国航天领域。

参 考 文 献

[1] NASA News H0 - 154 - Headquarters.

[2] AIS Interview with Jim Newman December 6，2013.

[3] AIS Interview with Duane “Digger” Carey，January 28，2013.

[4] AIS interview with James Newman，December 6，2013.

[5] http：//spaceflight. nasa. gov/shuttle/crew/grunsfeldreprots/grunsfeldreprots. html STS - 109 Shuttle mission page，NASA Human Spaceflight Website，last accessed March 13，2002.

[6] Spacewalking Surgery，Francis French，Spaceflight，Volume 44 ＃8，August 2002 pp334 - 337.

[7] NASA Shuttle Status Reports 1 through 23，March 1 - 12，2002.

[8] Notes from Space Report ＃2.

[9] Hubble Servicing Challenges Drive Innovation of Shuttle Rendezvous Techniques，Goodman and Walker，2009.

[10] NASA Status Report ＃5.

第 4 章　在轨服务任务 SM－4

可能我再也不能看到哈勃太空望远镜了，但是它的魅力将永远铭记在我心中。

——约翰·格伦斯菲尔德，STS－109 任务专家，2002 年 3 月

在写下这句话的 7 年之后，格伦斯菲尔德又见到了曾经他认为以后再也不会见到的哈勃太空望远镜，不过确实是差点儿就看不到它了。STS－109 任务之后，有一种乐观的看法是，哈勃在 2005 年最后一次在轨服务任务来临之前会继续正常运作。最后一次服务任务本该使哈勃的寿命延长到 20 年，也就是说它仍能够提供一流的科研数据，直到 2010 年才终止。

然而到了 2003 年 2 月 1 日，这一切都改变了。这一天，哥伦比亚号搭载着 7 名飞行梯队成员在离预计的着陆只有 15 分钟时于得克萨斯州上空解体坠毁。在调查清楚事件原因并使航天飞机梯队恢复飞行之前，所有飞行计划都暂停了。这个项目的命运、国际空间站构建以及哈勃太空望远镜的持续服务任务都受到了怀疑。航天飞机轨道器在短短 17 年内又一次解体坠毁了，这震惊了全世界，NASA 尤为心痛。

4.1　暂停之后再次启动

1986 年挑战者解体坠毁的直接影响是航天飞机暂停了飞行，直到找出了事故原因，然后设计并测试好合适的修复方案，从而使航天飞机重新以让人接受的安全水平来进行飞行。

在 STS－109 任务期间，肖恩·奥基夫于 2001 年 12 月 21 日任

职 NASA 行政官，任职时长仅 4 个月。作为前海军部长以及国防部首席财务官，他曾在参议院财务委员会工作了 8 年，拥有良好的政府及金融背景。面对空间站项目的超额开支，尤其是空间站任务完成之后航天飞机项目的继续推进已经成了一个严重问题。奥基夫似乎就是解决这个困境的人。[1]

2002 年 SM－3B 任务取得了成功，提高了人们的信心，人们认为 SM－4 任务将完成预计的升级和维修计划，从而延长望远镜的服役寿命直至 2010 年。在 2002 年年底前，SM－4 的预定发射日期还是 2004 年 11 月。但是，哥伦比亚号航天飞机失事后，这项计划于 2003 年 2 月 1 日暂停。在事故发生后的几个小时后，在肯尼迪航天中心准备迎接飞行梯队成员着陆的新任行政官委任了一个调查委员会，由海军上将哈罗德·W·格曼担任主席。7 个月后的 2003 年 8 月 26 日，哥伦比亚号事故调查委员会发布了调查报告。

事故是由于航天飞机发射过程中防热结构的损坏造成，因而有了如下决定：未来在航天飞机上升过程中需要有更好的图像检测，而且在执行国际空间站任务时，空间站的航天员需对轨道器外部尤其是底部防热结构状态进行检查。航天飞机努力执行空间站组装任务，但不是每次任务都是为空间站服务。在那时，只有计划中的哈勃服务任务显示是单独的飞行任务。哥伦比亚号事故调查委员会还建议，对于非空间站的任务，应该提供最大范围的检查和维修资源。对于开发防热瓦维修工具，也将进行专项研究。如果正在执行国际空间站任务的轨道器破损太严重而无法修复的话，那么飞行梯队成员将能把空间站当做“安全港”。但是由于轨道倾角的不同，这对于哈勃任务来说是不可能。当执行任务出现应急情况无法返回地面时，轨道器上的飞行梯队成员需要采用其他的营救方案。

航天飞机将再次投入飞行，但是它的使用将受到限制，而航天飞机退役计划也逐渐进入了人们的视野。尽管哈勃的命运没有被明确提及，但是悲剧发生之后，哥伦比亚号事故调查委员会和其他几项相关研究提出了一些建议，这也无疑将影响到哈勃的命运。

4.1.1 SM–5 任务的潜力

在 2003 年 6 月 13 日，奥基夫设立了一个恢复飞行研究组，由两名前航天员出任主席，他们分别是阿波罗时代的托马斯·P·斯塔福德和受命执行第一次哈勃在轨服务任务的理查德·O·科维。他们的任务是建立航天飞机恢复飞行的指南，他们的建议将对继续进行的哈勃服务任务产生重大影响。之后的 6 个月，无数的研究和报告既调查了哥伦比亚号事件及其起因，也调查了它对国际空间站和哈勃的影响。

史蒂文·J·迪克在 2014 年由史密森协会出版的 *Hubble's Legacy* 中提出了一些观点，其中一点是关于导致 SM–4 任务取消后又再次启动的决定对后续任务规划的影响。简要地说，在哥伦比亚号失事后不久，国会财政委员会命令 NASA 对在 2004—2005 年期间的 SM–4 任务后的一项额外在轨服务任务进行深度的研究。这次额外的 SM–5 任务预计于 2007 年飞行以确保“高质量科研”，但是人们认为 NASA 很难保证资金投入而且技术上也不可行。当 6 月份提及哈勃项目正式结束计划时，太空科学办公室称“考虑如何以及何时结束这项成功的科学实验，是一项很有必要的任务。”

在那时，下一代太空望远镜被人们称作 James Webb（詹姆斯·韦伯）太空望远镜，这是为了向领导 NASA 规划阿波罗项目的行政官表示敬意，它预定于 2011 年年底发射（现预计 2018 年发射）（最新消息推迟至 2020 年）。为确保哈勃望远镜与詹姆斯·韦伯太空望远镜的顺利交接，一个哈勃与詹姆斯·韦伯交接计划审查小组成立了，小组由天体物理学家约翰·巴考尔担任主席，目的在于明确哈勃末期运作与韦伯初期运作对科学计划产生的影响。一方面是哈勃在可见光范围内运作，而韦伯在红外范围内运作。在夏季结束时，审查小组提出了三种方案：1）在 2005 年发射 SM–4，2010 年发射 SM–5 以确保哈勃发挥最大的科学潜能，附加内容是，SM–5 以后的拓展任务以及其他新的提议，如果能在同行审查竞争中胜出，那么仍会继续执行。2）只在2006年年底之前发射SM-4，专注于更换陀螺仪和安装新的仪器，在完成科学计划后，哈勃可能会进行离轨操作，这可以由SM-4安装的推进系统或者自动机器人系统来完成。3）如果不再有航天飞机任务的话，那么在科学计划完成之后，由机器人执行安装使望远镜离轨的推进装置。

4.1.2　成本

关于在2005财年之前恢复SM-4任务并安排在2007年3月发射的计划，政府问责办公室（GAO）要求做出一项资金评估报告，此项报告于2004年11月完成，显示SM-4估价为17亿至24亿美元，不包括已经花在被取消的服务任务和该任务相关科学仪器研发所需的费用。2004年，NASA反馈政府问责办公室，哈勃项目保障工程的开支大约每月为9百万到1千万美元，但是没有支持这个数据的文件，导致数据确信度存在疑问。政府问责办公室报告指出："由于所开发和实施的任务没有充分地明确，所以项目成本是不确定的，其他因素的影响会占到30%～50%。"

在关于实施还是取消SM-4的争论中，戈达德一项内部刊物发表评论指出，直到2003年，由于每次哈勃服务任务的不同而造成的成本差异是很微小的。戈达德称，迄今为止的四项服务任务包括"三个计划内任务和一次只针对望远镜健康和安全的紧急任务（STS-103 SM-3A）"[2-3]。每项任务的平均成本是2.11亿美元（不包含SM-4任务），也不包括运载火箭和仪器的费用。"设备类"科学仪器的价格约为每个7 500万美元。当然，如果两个仪器一起发射，那么科学任务的费用将会有所变化，该次任务的科学开支将会占到40%～50%。花较少的钱做更多的事是在轨服务任务的关键。实现程序改进，并从人员和设备中获得最大收益直接使两次任务的成本相继下降。评论指出，2004年服务任务相关的人力成本与SM-1相比下降了35%，相较于SM-2下降了30%，用于SM-4的COS和WFPC-3仪器是为SM-2而制造的NICMOS和STIS仪器成本的60%。2003财政年度报告显示，SM-1任务的花费是5.5亿美元，SM-2为5.99亿美元，所以预计的SM-4的4亿美元是相对较低的。

4.1.3 取消SM-4

当NASA太空科学主任艾德·韦勒在电视上听说哥伦比亚号解体坠毁的时候，他更担心的是哈勃望远镜任务的危险处境。对于为哈勃工作的人，以及那些经历挑战者号失事悲剧的人来讲，他们心里很清楚，这需要很长时间才能从事故中恢复过来。前航天飞机航天员、现任太空飞行助理行政官比尔·雷迪，要求哥伦比亚号事故委员会考虑继续哈勃太空望远镜在轨服务任务。但在未来航天飞机任务的飞行轨道中，如果不能使用国际空间站作为“安全避难所”的话，那么必须予以取缔。所以，让航天员进行更多的望远镜服务任务似乎已是不太可能。取而代之的是，有传言要开发在轨自主检查和修复的能力。正如雷迪所反映的，“我当时清楚地觉得，我们可以冒险去做另一项哈勃望远镜的服务任务，但这也就明确表明NASA并没有从哥伦比亚号解体坠毁事件或者挑战者号悲剧中吸取教训。”[4]显然，NASA正在想尽一切办法使航天飞机比以前更安全地飞行，而不是急于恢复空间站组装任务。

之后的几个月，支持和反对保留SM-4任务的争论持续进行。如果只能再飞一次任务，那么需要确保这个任务不影响2006年年中的国际空间站“核心舱段”的组装完成以及在国际空间站上供应足够的粮食和水，这是非常重要的。然而，事实表明在2007年或2008年没有服务任务的情况下让哈勃望远镜运作至2010年是非常困难的。在2003年11月7日给奥基夫的报告中，韦勒对在轨服务优劣势进行对比分析。由于航天飞机在科学任务结束时将无法用来处理望远镜，所以某种自动航天器将不得不开发出来，然后与哈勃望远镜（以某种方式）连接起来，并使其顺利离轨并坠毁在太平洋内。这个策略似乎获得了奥基夫的认可。

图 4-1　NASA 行政官肖恩·奥基夫（2001—2005 年）

在讨论如何恢复航天飞机的飞行、如何在恢复飞行之前保持空间站的运行以及如何说服 NASA 的国际合作伙伴（NASA 所要安装的空间站模块是由其国际合作伙伴建造的）的同时，哈勃团队正在设法保留 SM-4 任务并研发一项机器人自主服务方案来结束望远镜的使命，而 NASA 也正在提交 2005 财政年度预算。一如既往，哈勃服务任务将从空间科学的预算中出资，但由于不能明确这项任务的具体时间，因此资金预算的难度很大。

很明显到 2003 年 12 月初，在 2006 年使航天飞机恢复飞行并发射 SM－4 的必要准备工作将无法完成。12 月 2 日的执行委员会会议没有把 SM－4 任务包含在 2005 年的预算中。韦勒后来说：“在那次会议上，我本可以站起来。但在那会儿没有任何声明及时发表出来。我本可以反对，说我认为这次任务是安全的，科学任务花费是值得的。但那样我将是不诚实的，因为我不知道它是否安全，我并不是一个安全工程师。”他补充说，他本可以采取简单的方法，为哈勃争辩，因为“这是自切片面包以来最伟大的科学事物”。但是，隐藏在科学背后的是，在不了解所有事实的情况下，我们必须认识到局限性，并且在科学与安全之间找到平衡，这是非常重要的。“我不想对一个 4 岁的男孩解释他再也见不到他父亲或母亲的原因。这是一个非常严肃的境地。”

奥基夫在 2004 年 6 月 1 日于科罗拉多州丹佛市举行的美国天文学年会上回应了韦勒的观点。年会上，奥基夫表达了他在得知哥伦比亚号解体坠毁时的感受，然后他不得不向遇难家属解释他们再也见不到他们亲人的原因。

后来，在 2003 年 12 月恢复航天飞机飞行的报告中明确指出，至少在 2005 年春天以前，不会有航天飞机飞行。12 月 19 日，奥基夫向布什总统汇报了关于 CAIB 报告的建议，但却没有提及 SM－4 任务。正式取消任务的决定落在了该机构首席科学家约翰·格伦斯菲尔德的肩上，这真是命运的讽刺性转折。约翰·格伦斯菲尔德被称为“哈勃拥护者”，是曾经两次受命访问哈勃望远镜执行服务任务的老手。他于 2003 年 9 月被任命到这个管理岗位工作。所以，这位曾经把自己在哈勃工作的经历形容为“魔幻”的航天员，现在不得不通知团队和公众，服务任务将不再继续。他在 2004 年 1 月 8 日于华盛顿举行的高级职员会议上正式得知了这一决定，此时他意识到这种设想要成为现实了。举行这次会议的目的是为了考虑下一次服务任务的时间，但最终却成了讨论如何向公众发布取消声明。

在 2004 年的一次口述历史访谈中，格伦斯菲尔德回忆说，他“确实曾经感觉就像有人用一个不大的东西在打他的头”。他很沮丧，以至于他和自己的一些导师商量自己是否应该辞职，因为没人为这个决定而征求过他的意见，但是他最终选择继续为哈勃团队倾尽全力。新闻稿于当月晚些时候发表。格伦斯菲尔德后来写道：“坦率地讲，当 NASA 行政官宣布我们不再回到哈勃时，我非常震惊。我们向 NASA 行政官建议说，这可能是一个不受欢迎的决定，但是 NASA 坚持这项决定。尽管不同意，但我不得不支持这个决定。更让人难以接受的是，我作为了解航天飞机、知道哈勃并且在乎哈勃的人，却被受命把这个决定公之于众——总之很难体会对公众来说我的责任到底意味着什么。”[5]

4.1.4　太空探索的愿景和航天飞机退役

2004 年 1 月 14 日，布什总统宣布了一个新的太空探索愿景，这项愿景呼吁在使用低于一些人期望的状态下完成国际空间站的组装，同时计划让航天飞机在 2010 年退役，然后在 2016 年放弃空间站，以着手实施另一个项目，这个项目旨在把到 2020 年美国航天员登陆月球作为在未来的某个时刻将人类送到火星的初步阶段。在当天，白宫的一位职员前往国会，告知那里的同行这项新的“愿景”。当 2010 年结束航天飞机项目的议题提出时，有人问这对哈勃来说意味着什么，有人回复说 SM－4 会被取消。第二天，华盛顿邮报转而报道了此事，这件不愉快的事情就全盘而出了。

4.1.5　官方宣布 SM－4 现在取消了

华盛顿邮报的报道比格伦斯菲尔德正式发布这个消息提前了一天。为确保这个项目的参研人员能够充分理解这一决定，奥基夫、韦勒和格伦斯菲尔德在 1 月 16 日上午访问了戈达德以“告知他们的团队”。其中许多同事都是把哈勃当做终生事业的人，包括“太空在轨服务之父”弗兰克·切波利纳和太空望远镜科学研究所主任史蒂文·贝克威思。可想而知，这个消息让他们难以平复，他们心情十分沉重，甚至感到悲痛。

在那黑暗的日子里普雷斯顿·伯奇在戈达德对事件提出了自己的看法。[6]他认为在工作中往往有几种原动力。首先，在戈达德大家都具备对于哈勃望远镜的激情。“我们都觉得这不可能发生，这不会发生，人们坚信愿望最终会实现，在某一天还能再有一次在轨服务任务。”所以大部分团队仍在积极准备。在哥伦比亚号失事之后，尽管他们不知道是否会停止在轨服务任务以及停飞后何时能恢复，但他们仍在继续为基于航天飞机的在轨服务任务工作着。总而言之，大家仍然保持一定程度的乐观。“哈勃是如此耀眼，吸引了各阶层社会公众的兴趣，我们只是觉得 SM－4 任务会有进展的。”但是他们不得不考虑备选方案。“如果我们没有航天飞机怎么办?”望远镜能够进行自主的维修吗？伯奇在此方向开始了早期的概念性工作，他知道在未来某个时候，这些工作将带来巨大的收益。但他犯了个错误：他告诉了中心主管。中心主管“立即大发雷霆，他又是尖叫，又是大喊”。在伯奇告诉切波利纳说自己“有点搞砸了”之后，他们决定默默地工作。就像伯奇解释的“切波利纳也在继续与各种在轨服务任务的筹备同步做出努力。在任何时候，我们通常都是在同时推进两项特定的在轨服务任务，一项是接下来要发射的，另一项则是在当前这个完成之后再发射的。SM－3B 和 SM－4 都花了 8 到 10 年的时间来制造科学仪器，所以工程师们不会等一次服务任务完全结束时才开始进行下一次服务任务。”多年以来，有很多任务并行开展，为的是使各种服务任务有序发展。

在哥伦比亚号失事后的一年，SM－4 工作与一些有关机器人在轨服务的早期探索性工作是一起进行的。后来，在 2004 年 1 月 16 日，奥基夫和他的团队在访问戈达德的那一天得知，“是的，哈勃的在轨服务已经结束了。”在前一天的管理层会议上，伯奇的上司多利·珀金斯问其是否听说过 SM - 4 要取消时，伯奇获知了此事并开始苦笑了起来。她坚持说："这是真的，这个消息登上了《华盛顿邮报》的头版，所以你最好还是回去把你的队伍聚在一起。"正如伯奇所说的那样，这个"通常是我们沟通确认大部分信息的主要方式"。在格伦斯菲尔德告诉团队 SM - 4 取消的原因时，伯奇回忆说："团队成员一再地追问格伦斯菲尔德，因为他们认为这是一个错误的决定。虽然格伦斯菲尔德解释了理由，但团队成员感到震惊，有的拒绝放弃。"

4.1.6　"拯救哈勃"运动

这个消息同时从另一个侧面激发了人们的热情——大家试图恢复 SM - 4 任务以让哈勃望远镜继续服役下去，于是引发了相关调查的热情和对决策者的游说。新闻报道认为哈勃成了新一代空间探测的牺牲品。突然间公众和媒体对哈勃的支持程度与十年前相比恰恰相反，因为在十年前，主镜缺陷曾是公众的笑柄。此时，人们在互联网上创建了"拯救哈勃"的请愿活动网站，这项活动日益扩大。太空望远镜科学研究所尽力地向所有人谈论关于哈勃的事情，并且成立了自己的请愿活动来拯救望远镜，这种途径是公职人员所做不到的。

同时，人们写信给他们的国会议员，包括来自太空望远镜科学研究所的马里兰州民主党成员芭芭拉·米库尔斯基。作为参议院财务委员会的资深成员和哈勃的长期支持者，米库尔斯基写信给奥基夫，表达了其对取消 SM - 4 决定的"震惊和惊讶"，询问对这种飞行所涉及风险的解释和决定取消它的依据，并要求他寻找别的解决方法。让该任务继续运行并且着手一个为期 18 个月的培训计划，这样的方案是很不划算的，因为当望远镜遭受不可挽回的故障时这个方案就只能被迫取消了。但是米库尔斯基继续坚持了下去，并在 3 月号召国家科学院和政府质询办公室对航天飞机在轨服务哈勃的风险、成本和利益进行考虑。奥基夫同意了，要求只报告包括机器人在轨服务的选项，并且不会与哥伦比亚号事故委员会的建议相冲突。

图 4-2 2009 年到访戈达德航天飞行中心的太空望远镜运行控制中心参议员芭芭拉·米库尔斯基。她后面（从左到右）是哈勃服务任务运营经理基思·瓦利斯、科学局副局长（前戈达德中心主任）艾德·韦勒博士和戈达德中心主任罗布·斯特兰（图片来自 NASA/Pat Izzo）

奥基夫强调称，如果 SM-4 继续飞行，它将是唯一的非国际空间站任务，NASA 必须针对哈勃所在的轨道倾角和轨道高度为该项任务制定独特的程序和保障措施。此外，由于任务不能使用国际空间站作为“安全避难港”，必须另有一个航天飞机充当危险情形时的救援飞机。安排一个奔向哈勃的飞行任务会增加恢复航天飞机飞行和建成国际空间站的压力。因此他总结说：“我认定总风险太高了。”恢复飞行的任务可能会推迟，这肯定导致任何想早日奔赴望远镜的希望破灭。事实上，在 2004 年恢复的飞行任务具体有两项，第一项是 STS－114，推迟到了 2005 年 7 月。任务期间外罐上的泡沫绝缘材料的完整性以及轨道器的防热结构等问题竟然使第二项恢复飞行的任务 STS－121 推迟到了 2006 年 7 月，而国际空间站的组装在当年 9 月份飞行 STS－115 之前并未正式恢复。

到目前为止，不仅在新闻和公众请愿方面，而且在其他国会议员方面的压力都在增长。由 26 名前航天员签署的请愿书，以及得克萨斯州共和党参议员凯·贝利·哈钦森给布什总统的一封信中强调，所需的哈勃替换零件“已经生产出来了”。尽管有些人后来觉得请愿书形式多少有些不妥，但其积极的意愿一定程度上支撑了拯救哈勃的运动[7]。

曾经实际在哈勃工作过的很多航天员认为取消 SM－4 是一个巨大的错误。的确，许多人认为在获得可用于替换的航天器之前并在 2010 年让航天飞机退役是一个重大错误。这让我想起了在阿波罗时代结束时候的感受。当时，土星 V 号运载器和阿波罗航天器的生产线在 20 世纪 60 年代后期停了下来，在 1975 年以后就没有美国人在太空中飞行了，直至 1981 年航天飞机的首次任务。

除非与俄罗斯方面达成协议继续购买联盟号飞船，否则美国航天员可能在 2010 年后无法到达国际空间站。实际上航天飞机在 2011 年才退役，所以在这次事件中美国还是获得了一年额外的时间来进行运作，并确定美国的航天员乘坐联盟号飞船进出国际空间站。所以尽管航天员仍然可以在太空执行任务，但是已经没有可供使用的美国人自己的天地往返航天器了，这种可悲的情况可能会持续几年。

4.1.7　航天员或者机器人

虽然关于是否实施 SM－4 的争论逐步激化，但机器人在轨服务的准备工作仍在戈达德不断推进。到 2004 年春天，弗兰克·切波利纳的在轨服务团队先后评估了几十项可选的实施方案。他们的工作已经达到了可以在 4 月 20 日向奥基夫汇报的水平。第二天，他向米库尔斯基的参议院小组委员会报告了机器人在轨服务或者离轨任务的可行性方案。奥基夫支持这个机器人服务的方案，但也存在对关于机器人是否拥有更换望远镜中电池和陀螺仪能力的问题。把推进模块与望远镜尾舱壁连接起来然后把望远镜推进大气中的建议似乎更合理。奥基夫认为这种方案的热情类似于十多年前的第一次在轨服务任务的热情——最恰当的解释莫过于“哈勃情怀”。6 月 1 日，NASA 发布了对于哈勃机器人在轨服务-离轨模块方案的需求，而仅过了 6 周，在 7 月中旬又表现出了其迫切地想在 2007 年以前推进概念论证、硬件制造、测试，进而完成任务。根据任务的复杂程度，进行了由低到高的方案排序，首先是安全地使望远镜脱离轨道，其次是通过“增加新的电池和陀螺仪”来延长哈勃望远镜的使用寿命，第三是安装新的科学仪器。

这个想法是在消耗型运载火箭上发射一个由两部分构成的航天器。它会有大约 20 000 磅（9 000 千克）的质量，并会在交会过程中使用视觉测量以辅助抓捕对接。一旦它固定在望远镜的后部，一个小的机器人手臂会安装陀螺仪、一台新的摄像机和摄谱仪。航天器的上半部分会有新的电池和推进系统，它们将引导望远镜在其使用寿命结束时再入大气层。现在面临的挑战是在有限的时间内开发出这项技术。

在论证航天飞机参与在轨服务这一选项时，哥伦比亚号事故委员会认为仍存在风险，因为如果轨道器在上升的过程中受到损坏，其将无法与国际空间站交会形成“避难港”。问题是如何保持哈勃以一种既安全又划算的方式运作——这就是机器人提案最终取消的原因。

回顾这个时期，普雷斯顿·伯奇说在他第一次访问后的一个月左右，奥基夫就继续针对 SM－4 计划不断鼓励团队。[8] 他们接受了挑战并提出了用机器人为望远镜提供服务的方式。几周之内，弗兰克·切波利纳的团队在加拿大的 SRMS/Dextre SPAR 工厂进行了一系列试验。结果表明：“他们可以使用 Dextre 以及戈达德中心团队

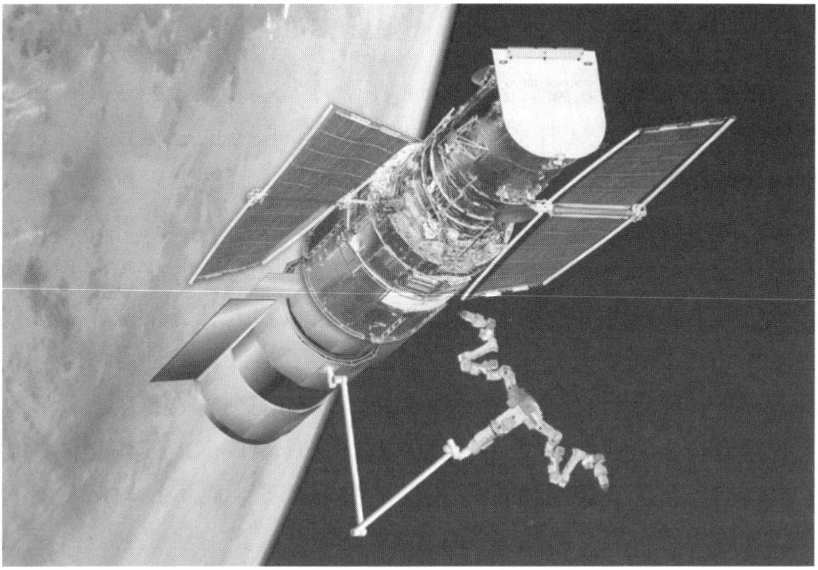

图 4-3　为哈勃望远镜提供机器人在轨服务的许多建议之一，包括为国际空间站而开发的“Dextre”系统及其典型产品示意图

设计的一些非常灵巧的工具来进行一些操作，包括打开一些电子设备室的门，操纵电连接器和螺栓以及硬件拆装等。”他们很自信，以至于伯奇、弗兰克·切波利纳和吉尔·麦夸尔访问了 NASA 总部和其他几个地方，不断“演示”着他们的方案。伯奇回顾说，“展示的目的并不只是一厢情愿地展示想法或科学幻想；我们实际上可以做到类似这样的事情。针对一个关键设计评审，我们成立了一个独立审查小组并耗费了大约一年的时间，出色地完成了方案审查任务。大家都以为任务不可行，但事实并非如此。关键问题仍在于成本。到 2004 年 12 月，成本已经飙升到超过 15 亿美元，后来又升到 20 亿美元。这太昂贵了，以至于奥基夫不得不决定停止机器人在轨服务的项目。”

4.1.8 恢复 SM－4

国家科学院研究委员会于 2004 年 7 月发布了报告，建议按照原计划继续进行 SM－4 任务，由于机器人在轨服务的方案没有经过飞行测试的相关验证，所以涉及太多的未知数，而航天飞机毕竟已经在 113 次飞行中的 111 次中证明了自己的能力，两次失事都是在发射期间发生的，而不是在轨道上，而且望远镜轨道上有关碎片风险的所有数据也都是有效的。到 12 月，开发机器人任务的成本明显飞涨。NASA 委托航天公司对所有选项进行了论证，论证结果表明机器人方法将耗资超过 20 亿美元，需要 5 年才能交付。哈勃预计到那个时候将瘫痪，这使得项目毫无意义。12 月 8 日，国家科学院所做的报告指出，戈达德团队的任务仍是在轨服务，而不是与新研机器人服务舱段进行交会对接。实际上 NASA 从来没有尝试过这样的技术。所有的对接都是由飞行梯队成员手动完成的。当时唯一一个能进行自动交会对接的国家是苏联。1967 年的第一次自动交会对接涉及两艘无人的联盟号飞船，其后从 1978 年开始进取号无人货运飞船为空间站提供物资。在苏联解体之后，由俄罗斯在空间站上沿用这项技术。

2004 年 12 月 13 日，奥基夫因为家庭原因辞去了 NASA 的职务，并以在 NASA 工作 3 倍的薪水在学术界担任了一个职位。SM－4 的困难与他的离职没有直接的联系，他依然坚持他的决定。事实上他对原来的 SM－4 涉及风险的质疑则有助于审查这个任务的安全性，并使之在 5 年后实施时成为更好的任务。奥基夫离开 NASA 后迈克尔·D·格里芬接替了他。迈克尔·D·格里芬之前是工程师，他在 20 世纪 90 年代早期担任 NASA 的助理管理员，最近在巴尔的摩的约翰·霍普金斯大学工作。在表明立场方面，他没有浪费太多时间。2005 年 4 月 12 日，在 STS－1 的 24 周年之际，他宣布停止机器人在轨服务任务，但保留了让机器使望远镜自动脱离轨道的航天器研制计划。

2005 年的夏天，航天飞机恢复飞行后，恢复 SM－4 的决定最终也就形成了。7 月份的 STS－114 表明，外部燃料箱泡沫仍需要做更多的工作，但此时已决定进行第二次发射任务，这便是 2006 年 7 月的 STS－121。为了安全起见，两次任务都访问了国际空间站。当年 9 月，STS－115 正式恢复了空间站以外的飞行任务。

2006 年 10 月 31 日，在戈达德航天飞行中心，就在哈勃团队曾经听奥基夫宣布 SM－4 项目取消的地方，格里芬宣布了他们所希望的消息：该任务作为 STS－125 计划于 2008 年 9 月实施。该计划包括安排第 2 架航天飞机以备救援之需。由于哈勃任务在紧急情况下无法到达国际空间站，那么下一个为国际空间站而准备的任务将正常推进，同时准备好去营救执行哈勃服务的航天员，或者在稍后飞向国际空间站。按照计划的意图，这一“按需发射”（LON）的救援飞行被编号为 STS－400。如果发射的话，载有 4 名航天员的另一架航天飞机将与受损的轨道器会合，以安全接回 7 名航天员。尽管这是一个前所未有的且风险很大的计划，但是这足以解决安全问题，以实现对哈勃望远镜的最后一次服务。

4.1.9　哈勃的问题

在整个服务方案争论过程中，哈勃太空望远镜仍继续提供着一流的科学观测服务，但有人担心哈勃望远镜的一些旧元件会先老化。

自从 1990 年发射望远镜以来，虽然共运送过 6 个电池组件，但它们仍然无法持续正常工作。同时，望远镜外部热控多层性能下降，所以 2002 年年初 STS－109 所安装的临时替换多层可能不足以支撑隔热需求了。此外，有些设备已经开始失效。2004 年 8 月，STIS 因电源故障而停止了工作。2007 年 1 月，ACS 也遭遇了严重的线路故障。2008 年 10 月，就在 SM－4 计划发射前不久，当主计算机 SIC&DH 发生故障并且控制切换到备用通道（被称为 B 侧）时，望远镜进入安全模式。于是 SM－4 任务又被推迟一年。

图 4-4　迈克尔·D·格里芬，NASA 行政官（2005—2009 年）

4.2　SM－4

虽然被称为 SM－4，但是由于第 3 次服务任务分成了两次，STS－125 实际上是第 5 次在轨服务任务。

4.2.1　为任务做规划

SM－4 的飞行主管和任务主管查克·肖曾被问及这次在轨服务任务的计划次序[9]。“在我任职 SM－4 任务主管之前，我曾在航天飞机项目办公室工作，协调轨道器碎片影响评估小组（ODIAT）进行工作，这是支撑航天飞机恢复飞行工作的一部分。那时三件事凑巧一起发生。首先是我们已经恢复了航天飞机的飞行，我在 ODIAT 方面的职责也在逐渐减少。第 2 个是 SM－4 任务已从任务清单中删除。因为任务的轨道倾角不同，所以不能有“救生船”这类的操作，例如去国际空间站等待救援，因而当轨道器遭遇碎片撞击之后，就会影响安全地再入大气，这样就太冒险了。第三个是哈勃机器人在轨服务任务被证明是一个非常具有挑战性的任务。最后两项带来的结果是，重新评估使用航天飞机来进行哈勃在轨服务的任务。所以我被问到是否想组建一个团队来进行评估并向管理层通报结果，如果评估结果显示风险是可以接受的，并且 NASA 行政官和高级管理层都同意，我将被任命为任务主管，负责对评估中确定的实现任务所需的任何内容进行协调和管理。”

“SM－4 的规划始于 2002 年，最初计划在 2004 年 4 月完成飞行。实际上这些核心任务在 2009 年 5 月才最终完成。许多 SM－4 团队的核心成员支持在 2005 年完成的一项评估，主要内容是，当恢复后的航天飞机飞行状态被认为已经足够成熟来考虑执行哈勃服务任务后，将以前计划的 SM－4 重新添加到航天飞机任务清单上。这一评估由 NASA 行政官于 2006 年 10 月进行了审查，并使 SM－4 恢复到飞行清单中，但要求它必须包括后 RTF 任务，这项任务被认为是

图 4－5 蓝色 T 恤衫的 STS－125 飞行梯队成员和政要听取了关于哈勃的介绍。坐在前排中间的是参议员芭芭拉·米库尔斯基、NASA 行政官查尔斯·博尔登和 NASA 副行政官洛伦·加弗。米库尔斯基的背后是 STS－31 航天员布鲁斯·麦坎德利斯，在他的右边是洛伦·施赖弗（图片来自 NASA 比尔·英戈尔斯）

保证安全（即检查和修理）必不可少的任务，另外还有飞行梯队成员的救援计划——由于国际空间站和哈勃轨道差别太大而不允许改变轨道，所以该计划不考虑将国际空间站作为安全避难所。对于飞行梯队成员和飞行控制人员来说，由于这是最后一次以航天飞机为基础的服务任务，因此这些额外需求的增加对原本已经很高难度的哈勃服务任务训练再次提出更高的要求。最终，SM－4 任务梯队成员的选定原则包括：最初参与 SM－4 计划的人员、参与让航天飞机恢复飞行的人员，以及评估如何飞往哈勃并进一步支持后 RTF 任务和营救（如果需要的话）的人员。他们对这些任务的熟悉程度有助于减少培训所有任务所需的时间，以便按照原计划于 2008 年执行任务。”

图 4 - 6　SM - 4 任务徽标

4.2.2　影响因素

任务主管查克·肖解释道：许多因素使 SM - 4 成为我们最复杂的任务之一[10]。“首先，由于任务被认为太不安全以至于不能再次像哥伦比亚号那样去飞行，我们必须共同制定一项计划，来证明曾经导致这项任务取消的所有风险现在已经减轻到可以接受的水平，这些是我协调工作的主要内容。”

据肖说，实际的哈勃任务实施——发射、交会、捕获、5 次（可能是 6 次）连续的出舱活动、望远镜释放、航天飞机离轨和着陆——最初并未比先前的哈勃服务任务构成更大的风险。“但是在哥伦比亚号之后，风险承受能力以及 SM - 4 所处的管理环境给已经非常紧凑的计划增添了更多额外事项。例如，必须检查轨道器上升过程中可能发生的任何碎片损坏情况。这必须在入轨后在同一时间框架下很快完成，我们需要在交会的前半段飞行，并且由于出舱活动必须在交会后的第二天开始，所有出舱活动的准备工作也必须在交会过程的后半段完成。为数据检查提供分析的地面专项小组对应的工作节点必须与正在进行的任务活动和决策节点严格匹配，以便及时停止并解决可能会出现的任何损坏，然后是哈勃的一些维护工作。其中涉及两种仪器，包括提前设计的可拆装的和原本不能拆卸但由于损坏必须要进行更换的仪器，对于后者的拆装操作就有可能导致出现锋利的结构边缘以及大量零散的拆卸下来的紧固件，这两者对于出舱活动和航天飞机操作都是严重的安全隐患。当然哥伦比亚号事件之后，常规的风险管理变得更加严格了。”

因此，第一个问题就是要证明哥伦比亚号之后所需的所有附加要求有一个可行的时间表。除了 STS－125 服务哈勃之外，所有的航天飞机任务都将针对国际空间站。正如肖所解释的那样，“这个安排的好处就是，如果航天飞机在发射时遭遇不可修复的损伤，国际空间站将为飞行梯队成员提供一个‘救生舱’。他们可以追赶上国际空间站并与之交会，然后尝试修理，如果轨道器未能修复，则可以搭乘之后的航天飞机返航。大多数修理工具和材料都需要装载在国际空间站上，除了任务搭载的部分材料超出其较短的有效期之外。”当哈勃任务重新纳入计划时，需要提前明确哈勃任务无法使用空间站上的这些工具和材料，因为前期空间站预算不可能进行两套完整的装备配套——因为没有人想到会有任何非国际空间站的任务。“因此，我们必须尽最大可能翻新和重新验证任务原型、新技术和新研工具及设备等硬件产品，并且在涉及哈勃任务以及紧接其后的航天飞机任务的清单上做更改，以便从国际空间站带回我们在地球上没有的工具，然后将它们带回太空。国际空间站上的航天飞机飞行梯队成员可以在‘救生舱’上待相当长的时间，并且可以等待‘下一班’航天飞机发射来带他们回家。很明显这将使救援任务出现转机，由于可用时间相对充足，因此营救措施方面不必过于冒进。”哈勃任务规划人员面临的问题是其轨道高度远高于国际空间站，其轨道倾角是 28.5 度，也比国际空间站的倾角 51.6 度小得多。“即使需要也根本没有办法将航天飞机送到国际空间站的救生舱，所以哈勃的航天飞机也必须成为飞行梯队人员的救生舱。”

STS－400 旨在拯救哈勃在轨服务人员，如果他们的轨道器因任何原因无法返回地球。正如肖解释的那样，“这需要找到为飞行器上的飞行员准备暂驻场所，以便启动救援任务，并且通过关闭轨道器以储存燃料电池的冷冻剂而尽可能地延长救援时间。问题在于为了在轨道上获得足够的额外时间而降低电源功率分配可能会导致姿态控制推力器损坏（因为它们的加热器将断电），甚至可能损坏燃料电池，因为它们不能在很低的功率下很好地运行，更不用说由于燃料电池关闭而导致舱内水循环能力下降，以及飞行人员需要忍受寒冷，这需要寻找更多的物资储备，尽管他们希望实际用不到这些。我们甚至研究了如何使用哈勃的太阳能电池板发电，以帮助飞行梯队人员在等待救援期间保持充足的能量。”

“那么救援轨道器怎么才能真的捕捉到哈勃轨道器呢？设计航天飞机轨道器的目的是捕获到有效载荷，而不是两者都具备实施捕获能力！事实证明，哥伦比亚号之后的所有航天飞机任务清单中增加的检查必须由 RMS 来处理。所以我们实际上确实在哈勃轨道器上有一个抓取夹具！交会后必须能捕获到执行哈勃任务的轨道飞行器，此时该飞行器可能失去了依赖姿控发动机姿态控制能力。轨道器最终会是什么姿态？并且其轴向相对速率是多少？这意味着进一步的分析，然后由救援人员进行实施！一旦被捕获，如何将飞行梯队人员从一个轨道器转移到另一个轨道器？不是每个人都有出舱活动套装，也不是每个人都接受过使用一套出舱活动套装的训练。库存中有多少出舱活动套装？最初是不是够的？怎么把每个人的话都翻译明白？事实证明，在线性代数中有一个有趣的问题，可以计算出出行次数和出行人数！那么每个人会在哪里入座来准备再入大气等等。可以看出，即便能够实施营救，具体实施起来将极具挑战性。”

接下来的问题，是如何处置哈勃轨道器。在理想的情况下，肖推测哈勃轨道器将会放置在尽可能高的轨道以将其再入大气的时间推迟几年，但由于救援轨道器是计划前往国际空间站的下一个轨道器，所以对于来往国际空间站的飞行器来说，非常紧凑的发射任务时间表可能要求提前将国际空间站的有效载荷存放在飞行器上。肖指出：“对于国际空间站的一些有效载荷来说，载荷舱的额外重量可能不允许轨道飞行器的飞行轨道像哈勃轨道飞行器一样高。”因此，如果搭载国际空间站有效载荷的救援轨道飞行器无法在哈勃高度与哈勃轨道器对接，那么哈勃轨道器会降低其轨道以确保救援轨道器能够与它交会吗？在那种情况下，废弃飞行器的轨道会下降得更早，并有可能导致其再入残骸垃圾坠落到人口稠密的地区。“正如事实所表现的”，肖说，“关键是要找到合适的国际空间站有效载荷，以便让携带该载荷的轨道器能够飞到哈勃所在的高度，这需要在哈勃服务任务准备好的同时也做好发射准备。”这项任务本身并不是一个容易的选择。

筹备轨道飞行器的工程不仅要准备好相应的硬件、ET 和 SRB，还需要准备好为此量身定制的使飞行器上升并进入轨道的飞行软件，从而能够计算确定入轨后的系统重量和负载重量及其重心，以及轨道倾角。但是如果预期的国际空间站有效载荷没有被安装怎么办？轨道器会因加速太快而遭受结构性问题吗？根据肖的说法，计划是将硬件相关工作尽可能地安排在下一次国际空间站任务的准备工作中，以尽量减少额外的开发工作。“请记住，随着航天计划开始收紧，这些工作的预算和日程安排将日益紧张。实际上，我们在很紧张的预算和更少资源的环境中已经增加了一项航天任务，但是哈勃任务对所有参与者的神奇作用使得该任务关注度仍为最高，并且每个人都一次又一次地出现在关键点上。”肖自豪地回忆到。

肖针对准备第二个发射台时给出了一个例子。“如果需要救援轨道器的话，我们没有足够的时间在哈勃轨道上等待。在任务前必须如此规划，在哈勃服轨道器发射后两周以内准备好发射。这给 KSC 控制团队带来了巨大的压力，因为需要在一次发射的时间内对两个轨道器进行估计和预算，尽管多个轨道器可能同时处于不同的飞行阶段。此外，一旦哈勃救援任务取消，哈勃服务轨道器的前期检查时间表和数据分析则必须做到能使救援轨道器尽快具备应对新任务的状态，这样的话它就能够重新配置到达国际空间站的任务。最终，我们向 NASA 行政官汇报，救援轨道器飞往哈勃中面临的风险可以接受，当然此时并非所有的细节都需要完全考虑，但是许多其他因素必须提前明确，制定多种相应的备选解决方案，并且确定最优选项，这样才能对任务完成有足够的信心。例如，我们可以提供救援任务，或者我们可以简单说明遭受破坏的风险低到不需要救援任务。对于我们没有满意的解决方案的情形则包括是否需要为了救援任务而降低轨道，我们需要选择替代方案，即使这可能不是最优的，但可以使其发挥作用。我们必须为所有这些情况建立一个完整合理的风险模型以充分识别风险，以及明确我们相应的风险应对措施。”

至于与 NASA 行政官迈克尔·D·格里芬的会面，肖回忆说，“汇报材料收集了多个文档，我们为 NASA 行政官和他的高级职员介绍了整整两天。数据必须准确和完整，并且各项方案的指标水平能够表明我们已经完成了我们的任务，并且他还可以用这些标准来向 NASA 以外的非技术决策者展示我们已经完成方案论证。上述结果归功于高水平技术团队及其对于任务相关工作的充分准备。显然，我们也已经向所有层级的管理层简要介绍了情况，所以我们的团队能够提供一个令我们信心十足的方案。NASA 行政官很高兴并且接受了我们的建议。此后他顺利推进并获得了国会对增加 SM－4 到发射计划中的支持，而我们提出的方案最终也是我们自己去实施的。”

4.2.3　反复评审

审核批准 SM－4 飞行任务是一个漫长和复杂的过程，虽然我们应该生活在一个无纸化时代，但是这个过程却生成了大量的报告、会议记录、PPT 讲义和简要文件。下面选择性地介绍一些评审情况。

4.2.4　关键设计和测试准备评审

SM－4 的关键设计和测试准备评审于 2007 年 4 月 18 日至 19 日在戈达德召开，其中相关方案产生了近 1000 页的文档。这些组合评审的目的是证明任务设计符合要求，并且硬件、飞行软件、地面系统和基础设施能够支持所需的集成和测试程序。哈勃和航天飞机项目的关键人物进行了 40 多场涉及各个主题的汇报，内容包括迄今为止对该计划的概述和评估、任务的管理和执行、各个方案的概念和出舱活动项目最新发展情况、服务任务工程开发、飞行硬件的状况、操作的更新、地面系统和飞行软件、集成和测试项目的概述、验证计划和风险管理状况等等。会议进行了两天，最后是对修复 ACS 仪器的可行性研究报告。汇报人包括 NASA 太空科学副主任艾德·韦勒、哈勃的高级项目科学家戴维·莱克龙、哈勃太空望远镜项目主管普雷斯顿·伯奇、飞行主管和 SM－4 任务主管查克·肖等。

4.2.5　季度报告

季度会议发布了关于飞行准备工作的报告。每次会议都有小组主要成员做简短的报告，介绍各方面最新进展或不利情况。例如：

1）任务状态：侧重于航天飞机恢复飞行计划的影响以及 SM－4 对航天飞机飞行计划的需求清单和完整性的影响。

2）方案评审：提供整体计划、SM－4 硬件和望远镜操作的最新进展。

3）科学简报：提供科学计划和望远镜仪器的更新水平。

4）任务操作概述：审查 STS－125 任务的时间安排、出舱活动计划的最新进展、培训情况（包括飞行梯队成员和任务控制人员）、肯尼迪航天中心（KSC）运营状况以及涉及按计划发射和相关风险评估的进展。

4.2.6　任务准备评审

任务准备评审于 2008 年 8 月 25 日在戈达德 8 号楼管理层会议中心召开，总结了各承研单位对于承担此次任务的准备情况，具体涉及科学、硬件和服务方案的综述，地面系统的准备情况以及任务主管、方案主管和各个独立审查委员会的评估。

这次综述详细说明了出舱活动任务的优先级排序情况，包括定位传感器/陀螺仪、WFPC-3、COS、电池模块、FGS-2RR、STIS维护、ACS维护以及在 Bay8、Bay5 和 Bay7 舱外部位安装热控多层。软捕获机构和轨道调整需要并行择机安排，这些与出舱活动任务不冲突，因此没有列出优先级。会议期间各项内容表明 SM-4 任务需要 159 个独立工具，其中有 78 种用于具体操作任务，这其中有 32 种可以是之前航天飞机搭载的或者是由早期工具修改而来的，另外 46 种是新开发工具。

当时任务的最低成功标准是进行 2.5 次出舱活动：安装 2 组定位传感器（RSUs）（4 个新的陀螺仪）、WFPC-3 和 COS、6 个电池（2 个模块）以及软捕获机构。任务圆满成功至少需要 4 次出舱活动，要安装 3 组 RSU、2 个新科学仪器、6 个电池和 FGS-2RR 装置，外加对太空望远镜成像光谱仪或宇宙起源光谱仪的维护（取决于宇宙起源光谱仪的修复能否在第 3 次出舱活动上启动）以及安装软捕获机构。

此外，计划还涉及 171 个小时共 13 次模拟演练，包括交会和捕获、各种出舱活动和哈勃望远镜部署等，另外还包括超过 126 小时的与地面小组进行全面联合的模拟。

4.2.7　“惊人的”数据

哈勃望远镜对于科学界的价值从评审所呈现的客观事实中体现了出来。截至 2008 年 8 月 11 日，根据哈勃观测结果已经确定了 10 万个行星轨道，而且在超过 18 年的时间里共有 4385 位主要研究人员或合作研究人员在哈勃望远镜常规观测项目的 17 个周期中应用了哈勃成果，相信有更多人一直在等待着使用哈勃。对 27 今 000 个目标的 860 000 次成像产生了 33 兆兆字节的科学数据，8 821 名全世界科学家注册使用望远镜生成的数据。这些数据还被 7 724 名不同的作者撰写了相关的评论文章。据说每周平均有 14 篇科学论文出现在世界各地的学术期刊上，相当于每天两篇论文。毫无疑问哈勃是无价的资源。

4.2.8 调度亚特兰蒂斯号

定期会议讨论的一个主题是可用于支持 SM - 4 任务的各种硬件方案，特别是因为该计划原定在 2010 年前后，后来推迟到 2011 年。消耗性硬件如固体燃料助推器和外部燃料箱的供应有限，所以飞行次数有限。1986 年挑战者号失事之后，有了足够的部件来支持建造作为替换方案的第 5 架航天飞机，随后命名为奋进号。但哥伦比亚号毁坏后这就不可能了。只剩下发现号、亚特兰蒂斯号和奋进号三艘轨道器，这样只有在十年后才能完成国际空间站的组装。如上所述，SM - 4 飞行任务不仅涉及维护哈勃望远镜的轨道飞行器，而且还包括另一架准备好实施救援的运载工具，而且预计的挑战是确保第二架航天飞机在没有重大问题的情况下能够发送到国际空间站。

会议上提出的典型问题是：救援轨道飞行器上可以装载多少货物而不损害拯救哈勃服务人员的能力？目标是尽量减少对后续国际空间站任务的影响，尤其是在不需要发射救援任务再恢复到空间站任务时。一个令人担忧的问题是外部燃料箱的可用性，因为该计划正在停止运转，因此较少的工作人员在 Cape 负责应对剩下外部贮箱的调度问题。当然有可能在发射服务任务时出现失误从而影响到后续的国际空间站任务的进程。目前正在考虑安排亚特兰蒂斯号退役之前的最后一次飞行来实施哈勃服务任务，因为这样安排对国际空间站任务的影响最小。其他的问题还涉及到轨道飞行器的维护服务实施，还有就是一旦出现紧急情况导致任务取消，则需要立即停止在 LC 39A 发射平台上的航天飞机发射。

这次事件中，航天飞机任务清单中增加了两项新的内容，“亚特兰蒂斯号”被分配于 SM－4 服务任务即 STS－125 号任务，奋进号被分配于“STS－400”救援任务，发射日期为 2008 年 10 月初。

尽管所有的计划都旨在确保服务顺利实施，不过一旦救援任务取消，那么另一架轨道器需要能够执行国际空间站的任务，但在预定发射前两周，哈勃望远镜上的科学仪器控制 & 数据处理器出现了意外失效，所以需要为本次飞行配置，相应的设备。虽然没有必要改变有效载荷舱的配置结构来适应这个可以安装在多用途轻型设备（MULE）运载器的后向装置上，但仍使得该任务不得不推迟到 2009 年 5 月。

在所有的计划、延误和决定之后，飞行任务的时间总算是排到了。

4.3　SM－4 任务目标

最后一次访问哈勃的任务目标主要包括安装三个新仪器和相关子系统组件，进行各种修复，并为未来的交会对接安装一个新的捕获机构。

SM－4 待安装仪器：

1）宇宙起源光谱仪（COS）：宇宙起源光谱仪被描述为“哈勃望远镜上最敏感的紫外光谱仪”，使用它可以通过检测暗物质和对遥远星系中气体的化学成分和物理状态的取样来研究宇宙大尺度结构的演化，从而有望了解到早期星系的构建过程以及重元素的形成。其数据水平预计将超过以前光谱仪器的 30 倍以上。宇宙起源光谱仪将取代太空望远镜光轴补偿校正光学组件（COSTAR），由于 COS 已考虑了光轴补偿设计，因此不再需要 COSTAR 矫正主镜中的偏差。

2）宽视场/行星相机 3 号（WFPC－3）：第三代“WifPic”将取代第二代产品，并利用其“全色”功能从近紫外到近红外波长的可

图 4-7 准备飞行所需的 NOBL

见光范围内扫描宇宙。它也会对近紫外和蓝光的探测效率提高 35 倍，在近红外方面比近红外照相机和多目标分光仪（NICMOS）提高 15～20 倍。WFPC-3 将对先进巡天照相机（ACS）正在进行的工作起补充作用。根据 NASA 公布的消息，“这两个仪器一同使用可以在哈勃望远镜成像历史上创造出最伟大的时代”。

3）精确制导传感器（FGS）：计划用新的制导传感器替换当前其中一个失效的产品。望远镜将通过两个精确制导传感器来控制指向，用第 3 个来提供附加效率和冗余度。精确制导传感器实施的天体测量将继续对恒星运动和动力学研究提供支撑。

SM-4 待安装的服务系统设备：

1）陀螺仪：通常哈勃望远镜使用 6 个可用陀螺仪中的 3 个，其余 3 个陀螺仪做冗余备份。如果发生像 1999 年那样第 4 个陀螺仪失效，安全系统会自动关闭科学仪器，同时电池阵完成对日定向后使望远镜进入安全模式。它将保持在这个状态，等待航天飞机任务梯队来安装新的陀螺仪。由于这是最后一次在轨服务任务，在 SM－4 替换所有 6 个陀螺仪后，对其有效使用和管理的评估研究已经进行了一段时间。根据当前状态，陀螺仪的使用寿命相对有限。在 1999 年被替换的陀螺仪中，其中 3 个预计能服股 10 年以上。研究和测试表明哈勃望远镜可以继续使用其中两个陀螺仪。因此，2005 年 3 种新的控制模式被上传到望远镜的主计算机中，STScI 计划和预定的科学观测方式发生了重大变化，意味着第 3 个陀螺仪可能会被关闭，直到需要时为止。预计正常的科学活动可能会持续到 2008 年年底。对此，SM－4 预计将安装一套全新的 6 个陀螺仪让望远镜能够在 2013 年继续运行。

2）电池模块：18 年后哈勃望远镜上的 6 个电池开始降解。系统因此需要仔细管理，不仅要确保电池的充电状态，还要有足够的电力来支持科学操作并保持各种系统的可操作性。据了解，这种降解状态会不断加剧，所以 SM－4 将在两个三组件电池模块中更换一套新电池。

3）新的外部保护层（NOBL）：为了保护内部的设备舱，需要更多的不锈钢板固定在望远镜外部多层材料受损区域。

SM－4 待实施的相关维修操作：

1）太空望远镜成像光谱仪（STIS）：这是有史以来在望远镜上使用最广泛的光谱仪。2004 年 8 月，太空望远镜成像光谱仪的电源失效。大家希望航天员能够更换主电子箱内的故障电路板，这将使仪器恢复到正常工作状态。太空望远镜成像光谱仪和宇宙起源光谱仪高度互补的事实意味着如果两者都能恢复运作，它们就会提供一整套用于研究的光谱学工具。

2）先进巡天照相机（ACS）：2007 年 1 月（太空望远镜成像光谱仪损坏了两年半之后），一次严重的电源故障使先进巡天照相机的 3 个观测通道无法正常工作，分别是广域通道、日盲通道和高解析通道。幸运的是在 2007 年 2 月日盲通道恢复服务。多年来先进巡天照相机已经使望远镜获得很多令人惊叹的图像。SM－4 计划更换宽视场照相机中的 CCD 电路盒。如果更换成功，先进巡天照相机就能再次提供可见光和近红外波段最灵敏的图像。

3）科学仪器控制 & 数据处理器（SIC&DH）：2008 年 10 月初，在原计划发射 STS－125 的前两周望远镜遇到了严重的问题，科学仪器控制 & 数据处理器停止工作。这是在科学仪器收集的数据发送到地面和从控制中心接收命令返回之间提供链接的主要科学计算机。时机又一次有利于哈勃，因为如果这个错误发生在 SM－4 任务安装了两个新的仪器将望远镜生命延长了十年后，这时它失效的话将是一个残酷的打击。在戈达德准备飞行时，一个备用装置因故障从存储中取了出来。随着发射任务的推迟，在 2008 年 12 月至 2009 年 3 月期间对装置进行了严格的测试。

SM－4 待实施的面向哈勃未来的举措：

软捕获机构（SCM）：未来航天飞机肯定会在哈勃之前退役，所以要想望远镜能完好无损地返回地球是不可能的。于是决定在舱尾安装一个“软捕获机构”来实现其安全地、受控地再入大气层。这个圆形装置用于使下一代运载工具更容易与望远镜进行对接捕获，尽管运载工具相关技术还有待发展。

4.3.1 最后的飞行梯队成员

NASA 在 2006 年 10 月 31 日正式任命了 7 名飞行梯队成员来执行 STS－125 任务，跟以往一样也是选取了老将和新人混合搭配的航天员梯队，这其中包括 3 名曾执行过哈勃任务的老将。斯科特·奥尔特曼担任这次任务的指令官，他曾在 2002 年的哈勃 SM－3B 任务中担任指令官，也参与了在此之前的两次航天飞行任务。飞行驾驶员是 1998 年 6 月入选第 17 组航天员班的新秀格雷戈里·C·约翰逊。有效载荷指令官和出舱活动航天员领队是约翰·M·格伦斯菲尔德（MS3），他是参加过 SM－3A 和 SM－3B 任务的老将，并且这将是他的第 5 次飞行。参加过 SM－3B 任务的迈克尔·J·马西米诺

(MS4) 将领导第 2 个出舱活动团队。其他的在轨服务新秀们都是 2000 年航天员班（第 18 组）的成员。K·梅甘·麦克阿瑟（MS2）是主要的 RMS 操作员和发射/再入飞行工程师。迈克尔·T·古德（MS1）和安德鲁·J·福伊斯特尔（MS5）以及马西米诺和格伦斯菲尔德将负责执行出舱任务。

图 4－8　SM－4 哈勃任务的航天飞机梯队成员：（从左至右）迈克尔·古德、斯科特·奥尔特曼、迈克尔·马西米诺、梅甘·麦克阿瑟、约翰·格伦斯菲尔德、格雷戈里·约翰逊和安德鲁·福伊斯特尔

在这次任务中，哈勃任务中新手航天员的数量第一次超过了老将，这反映了 NASA 对服务哈勃望远镜的飞行梯队成员以及充分验证后的任务程序的信心。航天飞机不久就要退役了，这 4 名新航天员获得了他们的第一次也可能是唯一的一次飞行机会，因为国际空间站任务的飞行梯队中很少有空缺的岗位。由于 3 位老将曾在 STS－109 上飞行过，所以他们的加入肯定能够为这次任务的准备工作提供有用的帮助。此外，还有格伦斯菲尔德也曾在 STS－103 上访问过哈勃。尽管整个飞行梯队成员相对缺乏经验（新手较多），但老将们用

他们先前的 8 次飞行和 7 次出舱活动经历弥补了这个不足。

2003 年 9 月，在格伦斯菲尔德被任命为该机构的首席科学家后不久，宣告 SM－4 任务被取消的责任当时落在了他的身上，由他来告诉在戈达德的项目员工。此任务一经恢复后，航天员办公室就要求格伦斯菲尔德参加相关培训。这位自称“哈勃热切拥护者”的天文学家和航天员因此能够对他心爱的望远镜进行第 3 次访问。

4.3.2　听到这个消息

航天员总是迫不及待想知道他们是否被指派为飞行梯队成员，其中最甚者莫过于新手航天员了。能够在航天飞行任务中第一次获得位置，证明了他们的教育、职业、航天员的选拔、培训和支持等所有的努力都得到了认可。对于 STS－125 上的 4 位新手来说，当他们得知自己将执行任务时，绝对感到惊喜。

飞行员格雷戈里·约翰逊回忆说他接到了首席航天员秘书的电话，告诉他首席航天员想见他。“这可能是好消息也可能是坏消息。我总是希望这会是好消息。”他在飞行前接受 NASA 采访时说到。约翰逊刚从肯尼迪航天中心发射任务项目经理的职务回归。当他被问到是否想要参加哈勃飞行任务时，他毫不迟疑。“当然，我笑着说‘是’。这对我来说非常棒，因为那是一次纯粹的科学任务。”[11]

迈克尔·古德在被首席航天员史蒂夫·林赛叫到办公室时，他已经在 JSC 工作了约 7 年的时间。“我知道，是时候让我得到任务指派啦。”林赛问他是否仍然对太空飞行有兴趣，如果是的话，他是否愿意成为哈勃的任务成员。“哦，伙计，我真的很兴奋。有一种说不出的感觉，我真的很兴奋，终于有机会飞入太空。”[12]

梅甘·麦克阿瑟作为任务控制中心夜班指令舱航天通信员已经工作了一周，所以她几乎没有去过她的办公桌，只是往返于家中与任务控制中心，所以她错过了林赛的电话。格雷戈里·约翰逊有一天遇到了她并问她是否见到斯科特·奥尔特曼，当她说没有时，约翰逊关于他为什么要找她含糊其词。那天晚上在控制台上，她没有想太多。换班之后她在家里接到了林赛的电话，最后了解到她被指派到属于她的第一个飞行梯队成员的位置。[13]

一天早晨 8 点，安德鲁·福伊斯特尔在午夜完成国际空间站航天通信员换班工作后坐在车里，这时他的手机响起，是林赛的来电。福伊斯特尔知道首席航天员会找他，因为他的妻子曾经说林赛给他家打了电话，但福伊斯特尔不知道林赛为什么找他。他很快就明白了原因，林赛问他是否愿意参加接下来的哈勃任务，福伊斯特尔回答说："好的。我想我非常喜欢。"[14]

4.3.3　出舱活动

实际上 STS－125 任务计划有 6 次出舱活动，其中 5 次专门用于哈勃服务，第 6 次用于处理涉及航天飞机或部署望远镜的一些问题。格伦斯菲尔德（EV1）和福伊斯特尔（EV2）进行第 1、第 3 和第 5 次出舱活动，马西米诺（EV3）和古德（EV4）进行第 2、第 4 和第 6 次（如果需要的话）。和所有的哈勃任务一样，出舱活动任务成员都是经过交叉训练来支持彼此去完成许多分配任务。出于方便识别的目的，格伦斯菲尔德所穿的航天服有实心的红色条纹，福伊斯特尔的是纯白的，马西米诺有红色的横段条纹，古德有红色的斜段条纹。

这项任务的一个挑战是计划安装和更换原本没有设计为可接受在轨服务的仪器。这就要求在戈达德的团队进行设计和开发新的工具。当任务最终进行时，它载着 100 多个新工具来支持这 5 次出舱活动。

这些工具必须在严格的指导下且基于以前的出舱活动工具来开发。这可以追溯到 20 世纪 70 年代 NASA 开始考虑航天员如何在太空中为望远镜服务。这些问题有：

1）航天员或所用工具的操作范围在视觉和空间上受到使用区域的限制。

2）从直射阳光的强热到轨道夜间寒冷阴影其温度变化最大约

500 摄氏度，任何一种极端温度都会对电动工具的操作和部件造成严重破坏。

3）通过使用带有减轻设计的铝结构来最大限度地减少工具的重量。

4）每种工具要具有能够承受太空环境的严苛要求并能够按照设计执行的能力。尽管制造它们需要更长的时间，但这些工具的误差必须要遵循精确的规定。

一个主要挑战是设计一种方法将太空望远镜成像光谱仪（STIS）和先进巡天照相机（ACS）取出来进行必要的维修，然后放回到望远镜上。由于设计时没有考虑在轨可维护性，维修时需要先拆下几十个不利于出舱活动的小零件，这些小零件不允许在周围漂浮乱动，那会造成望远镜或航天器机构的损坏。戈达德 SM－4 的飞行梯队成员的工具辅助设备首席系统工程师贾斯廷·卡西迪说航天员所面临的任务就像“手上戴着厚厚的手套，头上戴着鱼缸，同时打开计算机更换电路板”。[15]

就太空望远镜成像光谱仪而言，有 111 个紧固件需要快速拆除，但早期任务中成功使用的手握式抓取工具的旋转速度不能超过 15 转每分钟。这次任务需要一个能旋转快 10 倍的工具。卡西迪说它并不是一个动力强劲且会应急关闭的电机，而是一个精致快速的可以“连续快速旋转所有紧固件”的电机。这好比印地安娜州举行的 500 或 F1 赛车比赛中的一个非常快的停车加油技术，这些有着全新 4 个轮胎的汽车几秒钟内就再次进入赛道。哈勃的另一个挑战是每个紧固件都必须在拆除其他部件时安全存放起来，否则它们可能会飘走从而造成意外，而这些无法在地面培训中实际反映。历经近 5 年时间的开发，才形成了一种达到每分钟 210 转的改进小型电动工具以及附带的存放平台以便在电动工具工作间隙可靠收集每个紧固件。

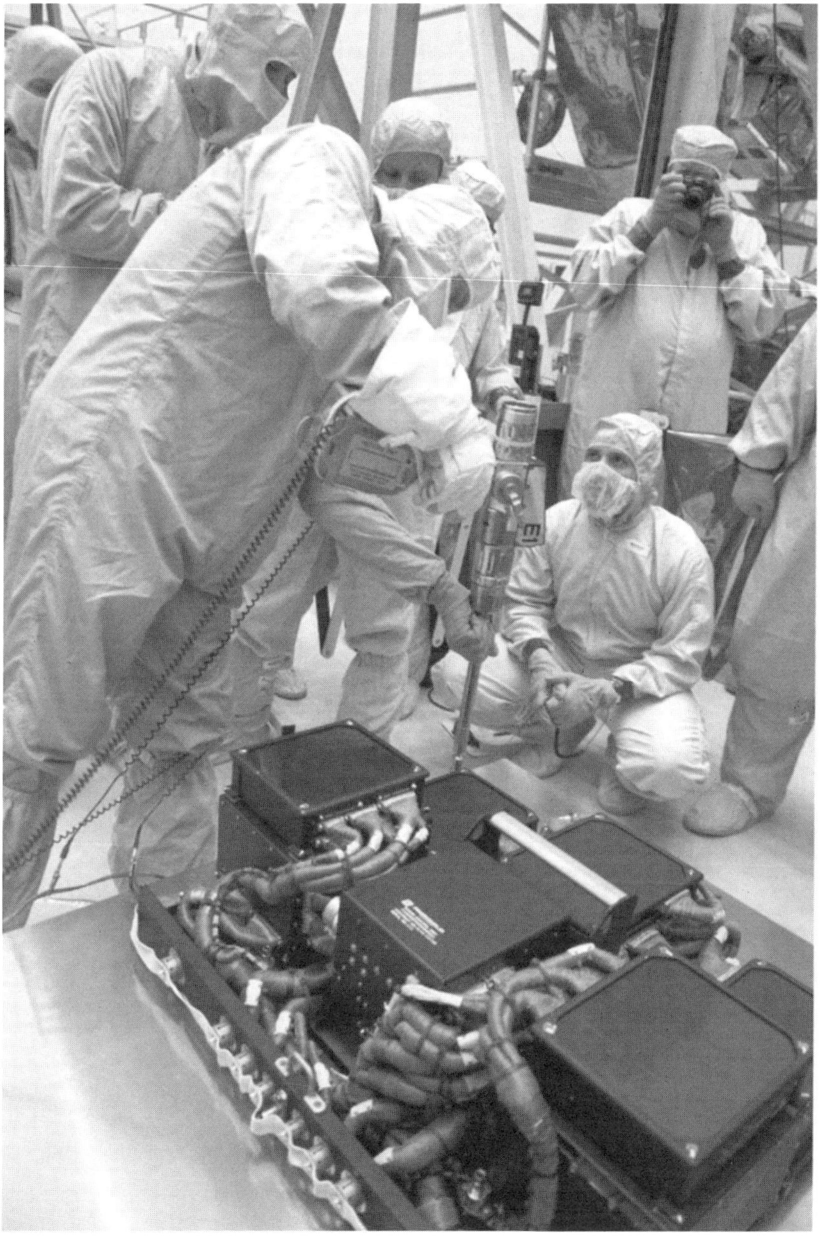

图 4-9　1-g 训练期间使用电动工具

虽然 ACS 只有 32 个紧固件，但它在望远镜中的位置意味着需要维护的电子箱被“塞进了一个角落”，对于穿着笨重压力服的航天员来说很难进出操作。为这种情况提供技术支持同样是很难的，但根据卡西迪的说法，该工具是被改造和升级的，尤其该仪器采用了“我们多年来投入很多时间的设计理念”。该过程从草图开始改进直到出来详细的图纸，然后通过一系列原型和样机验证，并在 JSC 的中性浮力实验室 $1-g$ 模拟测试中进行了数小时测试。当然并非一切都按计划进行，比如卡西迪回忆了一些情景，她曾发现某种工具不能按照预期方式操作以及选择的工具不能按照原计划进行组合使用。

4.3.4　最后一次潜水

2009 年 4 月 25 日马西米诺在推特上说，“在水池里完成最后的出舱活动练习后，我感觉很放松了。这也是哈勃望远镜 25 年来的最后一次水下模拟！这是历史性的一天。”[16] 事实上，已经超过 25 年了，因为哈勃水下模拟训练开始于 20 世纪 70 年代末，所以它应该足足有 30 年的历史。

5 月 10 日《航空周刊》的前太空编辑克雷格·科沃尔特在网上为 *Spaceflight Now* 写文章，他写道曾在 1982 年与马歇尔工程师弗雷德·桑德斯完成了第一次模拟。[17] 科沃尔特回顾了他从望远镜上端移除和更换精确制导传感器的任务，这与 STS－125 上最后一次出舱活动的任务相同。自 20 世纪 70 年代以来，这位备受尊敬的资深记者一直在报道哈勃和卫星在轨服务，并与弗雷德·桑德斯一起在戈达德航天飞行中心工作。他在文章中感叹道：“我担心很少有记者会再访问戈达德，但它充满了最前沿的理念。”当水池实验被提出时，切波利纳建议科沃尔特做 2.5 小时的工作，然后为《航空周刊》写一篇有见地的文章。马西米诺发表的推文引发了对那些早期开拓性工作的纪念意义，这些工作为 5 次服务任务中每一次哈勃出舱活动的顺利运行都做了准备，正如科沃尔特等人撰写的文章中所报道的那样，让广大公众真正了解每次太空任务的大致情景。

图 4-10　在休斯敦约翰逊航天中心附近的 NBL 进行出舱活动培训之前的一部分训练内容，目的是让飞行梯队成员熟悉他们要使用的设备。此准备工作还包括熟悉拆装舱外操作相关的设备以及对它们的使用

图 4-11　有效载荷指令官约翰·格伦斯菲尔德在 NBL 哈勃最后的出舱活动培训课程期间协助迈克尔·马西米诺

图 4-12　NBL 的辅助潜水员是出舱活动训练的无名英雄。近 50 年来数十名潜水员在亨茨维尔和休斯敦的训练池中协助潜水以支撑每一次的模拟操作培训

4.3.5　令人惊奇的机遇

安德鲁·福伊斯特尔飞行前接受 NASA 采访时说“非常兴奋”，3 次出舱活动他都被安排与哈勃出舱活动老将约翰·格伦斯菲尔德一起进行。“这是一个绝佳的机会。这是我长久以来一直在思考的事情。我感到很荣幸能够与约翰合作。”他承认约翰不论作为太空团队的队友还是出舱行走的伙伴，都从经验角度给予了大量的帮助，“我从约翰身上学到了很多。”

4.3.6　出舱活动挑战

与所有哈勃出舱活动的情况一样，为了保证执行 STS-125 航天员的安全，需要在工具研发过程中格外考虑细节，要准确地了解要进行的每项活动，并结合工程师、工具和设备反复进行演练以确保一切按预期运行。自2002年SM-3B以来，出舱活动需求的进一步升级以及SM-4更广泛的任务都要求比以往具有更高的安全性和风险接受度[18]。

建立出舱活动安全性保证的一个重要部分是验证由哈勃望远镜出舱活动团队实施的风险控制，然后最终由哈勃安全小组验证并记录在验证跟踪日志中。正如相应的论文所解释的那样，“每个工程学科都有一套特定的必须要满足的要求。”对于出舱活动工具和程序开发而言尤其如此，飞行梯队成员接近仪器和更换部件并依靠这些工具和设备来确保任务能够安全有效地完成，并且在出舱活动时间节点允许的范围内执行。

当SM-4任务在2006年重新提上日程时，为了使这些计划在哈勃发射这么久之后仍然符合工具和接口的新要求和改进要求，工程人员做出了不少努力。使情况更加复杂的是，由于望远镜在轨道上，所以无法验证它是否符合新要求，当然也不能对其进行改装。另外，用于运输新兼容设备和仪器的设备和程序是为以前的服务任务创建的，因此并不能满足所有的要求。因此，“在SM-4项目之前，完全满足当前在轨服务平台的所有安全性要求几乎是不可能的，这在2012年也曾具体谈到。”

然而，必须引入一套控制方案，以尽量减少危险并确保乘员安全。这始于一个完整的初步危险评估（PHA），对整个SM-4任务，包括系统和子系统、工具、设备、人员的位置、可接触的危险以及飞行梯队人员的活动进行评估，从而确定潜在风险的大致范围。如果类似的风险从早期任务的审查中得以确定，那么团队可以通过载荷安全审查委员会（PSRP）进行JSC安全审查流程。这种分析适用于所有新的风险报告，包括运载器的硬件和软件、新电池、新的仪器以及新工作环境下的出舱活动。国际空间站在2002年引入了一项新的国际空间站安全要求，目前正在应用于哈勃太空望远镜，这项任务涉及到不遵守规定的操作措施下的风险控制，以保护飞行梯队成员。这些控制“是基于这样一种信念：一个有经验的航天员，知道潜在危险的位置和类型后将采取适当的可靠措施，可以将风险减小到一个可以接受的水平”。这种风险不能通过物理抑制或重新设计而得到控制，他们必须按后果和可能性来定义。因此他们将风险降至可接受风险隐患报告（ARHR）中规定的范围之内，因此 ARHR 是由空军开发的一种基于风险减轻的方法。因此 SM-4 团队通过无意脚踢类负荷、接触类的危险（锋利的边缘和触摸的温度）、便携式足约束插座负荷和热连接器等来确定风险的减轻程度。这些可以通过“出舱活动要求文档”和接触限制文档中警告声明条款旁的分析、检查和注意事项来确定。

SM-4 任务中的 7 种可接受风险的危害被列为 3 个主要类别：机械和结构的危险、电气危险和个人的危险。机械和结构的危险包括损坏便携式足部约束和产生锋利边缘的脚踢负荷，RMS 速度和操作间隙。另外还涉及电气风险、热风险和若干涉及已知的锋利边缘、尖点和突起的接触危险。

之后就可以制定出舱活动的时间表和脚本、编写报道、乘员训练、改进设计，另外还有 NBL 训练、飞行梯队汇报、1-g 培训和虚拟现实模拟等。所有这些活动构成了详细设计的出舱活动模拟训练，以识别和减缓潜在的风险。最终的风险评估将首先形成“出舱活动需求”文档（SMR-4028），之后编入出舱活动的清单，这些文档包括了在应急程序（SMR-4064）中详述的标称情况。工程师为望远镜和仪器收纳器的每个工具和接口，都开发了出舱活动验证计划（HST-TR-010303，附录 D）。一旦被验证，一份经过签署确认的工作指令便完成制定。该计划确定了工具与工具连接处和与仪器界面配套的设备、望远镜表面的传递路径、具体操作的位置、使用机械设备的预期优势以及所有视觉提示的位置。

出舱活动团队利用一切机会对设备进行适当的检查，以明确戈达德航天飞行中心机械工程处建立的“go/no-go”标准。最后在发射前几日的载荷检查期间，出舱活动团队在 Cape 再次验证了这些设置是安全的。

4.4　STS - 400 救援的选择

在哥伦比亚号事件后再次决定飞向哈勃望远镜时，航天飞机和飞行梯队人员的安全成为头等大事。自从 2005 年航天飞机恢复运行以来，国际空间站被视作损坏的轨道飞行器乘员的“安全港”，直到他们搭乘另一架航天飞机或专门为此发射的联盟号飞船回到地球。然而，哈勃望远镜与国际空间站有着不同的轨道倾角，如果亚特兰蒂斯号发生什么事情不能返回地球，它的飞行梯队成员将不得不充分利用现有的资源，希望能由另一架飞船进行营救。自从 STS - 107 以来，所有航天飞机的发射均安装了高分辨率相机、C 波段跟踪雷达，并在贮箱外部安装了相机。一旦安全驶入轨道，航天器会使用 50 英尺（15.24 米）的在轨展开式传感器系统（OBSS），这是基于机械臂系统进行扩展，用来检测加强碳机头和机翼前缘的，加强碳机头和机翼前缘将承受入轨的最高温度。在前往国际空间站的任务中，轨道器为了交会俯仰机动（RPM）将进行姿态翻转，以便舱前的防热瓦可以在对接前由空间站人员检查和拍摄。该信息立即由地面工程师检查来界定停靠在空间站时必须进行的修理，例如 2005 年的 STS - 114 任务中松动的陶瓷瓦填充材料通过临时任务在轨顺利修复。

由于 STS - 125 不会接近国际空间站，因此无法由空间站工作人员检查其腹部。因为要在一个更高的轨道飞行，所以会面临轨道碎片的巨大风险，而且最暴露的地方即是腹部。NASA 决定在飞行第二天使用 OBSS 对腹部的部分区域进行检查。针对哈勃任务的碎片研究是在哥伦比亚号事件之前，并没有考虑到哥伦比亚之后的新检验程序，以及对飞行环境的更新理解等。

对于 STS - 125，有一个独一无二的情况是，另一个航天飞机奋进号会在另一个发射台上处于待命状态，它将准备执行救援任务，通过论证这样操作是必要的。在救援航天飞机准备发射的期间，亚特兰蒂斯号的航天员可以节约足够的电力和氧气延长其运行寿命到25天。STS-400救援飞行发射时，可以在飞行驾驶舱内搭乘4个乘员。中间舱区域会有7个位置可以将STS-125乘员带回家。执行这个救援任务的航天员实际上是STS-126的航天员。最初的计划是在2008年10月执行哈勃任务，如果不需要救援的话，在11月会将其全体航天员发射到国际空间站。结果SM-4被推迟到新年，STS-126却如期发射。然而，STS-400任务依然要靠奋进号，并且在SM-4实际发射时，它的有效载荷舱被STS-127任务所占据。因此，如果在应急情况下安排奋进号去救援哈勃乘员，克里斯·弗格森会任指令官，埃里克·博任驾驶员，沙恩·金布罗任MS1，史蒂夫·鲍恩任MS2/FE。博也被训练成初级RMS航天员和任务专家，来执行与STS-400相关的应急出舱活动。

4.4.1 没有人愿意看到的任务

奋进号于2009年4月17日在LC39B发射塔架来为“应急发射”做准备，这绝对是一个没有人希望执行的任务。随着亚特兰蒂斯号在39A上工作，这是自去年10月之后第一次出现两个航天发射台全被占用。如果SM-4一切顺利（后来确实如此），奋进号会被转移到39A（5月31日）来为定于6月的STS-127任务做准备。

亚特兰蒂斯号的发射标志着STS-400发射准备工作的开始，它有可能在7天内的某个时间发射。在SM-4任务执行期间，如果在亚特兰蒂斯号启动后检查未发现异常，奋进号将随时待命3天。即使发射后检测到亚特兰蒂斯号在某种程度上受损而不能返回地球，但如果它仍然能够在太空中运行的话，那么哈勃望远镜的服务工作将继续进行。如果太空飞行第九天调查发现亚特兰蒂斯号有任何致命的故障，然后紧随着哈勃的部署完毕，航天员将使一组C+电源进行断电，这同时会关闭关键加热器和其他系统，此时已无法返回地球。同时，奋进号将开始为期3天的发射倒计时，亚特兰蒂斯号航天员将在太空飞行第12天进行试图修复航天飞机的出舱活动，如果没有成功，奋进号将于次日发射。如果在早期发现了任何损坏，那么亚特兰蒂斯号的飞行梯队人员将有大约 25 天的补给，但是如果在飞行第 9 天的调查中发现故障，剩余时间将缩减到 16 或 19 天。当然所有的这些计划都取决于奋进号第一次试图离开发射平台，并且如果存在技术问题或天气恶劣，那么就需要再等 2～3 天去发射、交会、转移和着陆；除此之外，救援航天飞机的到来也将会很晚。

4.4.2　救援的情景

假设奋进号发射后，在太空中度过的第一天将核查 RMS 状态、交会对接设备和应急出舱活动压力服，同时将舱内压力降低为 10.2 psi，并准备第二天与亚特兰蒂斯号会合。在大约 23 个小时的任务中，奋进号由弗格森驾驶，用“＋R”的方法从亚特兰蒂斯号下方逐渐接近并交会。之后他们将相对静止并在打开载荷舱之后会合。但是由于要保证安全对接间距，两架航天飞机朝向要相互垂直，尤其是在尾翼部分，并且驾驶舱也为两架航天器上的航天员提供了最优的视角。救援方案推测亚特兰蒂斯号上的 RMS 无法用于协助行动，因此奋进号上的机械臂系统将充分发挥作用。在大约 24 英尺（7.31 米）处，博会用他的机械臂抓住 OBSS 前端一个固定装置，是亚特兰蒂斯号的热防护系统。然后，机械臂通过 90°偏转把航天器引导在最稳定的姿态，以支持航天员转移救援。只有亚特兰蒂斯号上需要获救的乘员实施出舱活动，为此他们在 JSC 水箱中进行了练习，以便熟悉救援过程中的相关动作。

飞行主管保罗·戴伊描述救援系统时，提出该任务的突出特点是“直接的”，意味着它是一个不需要加任何花哨去面对的挑战，因此其关键问题是简化。按照设计，在这项任务中乘员将使用以往用过的各类熟悉物品。亚特兰蒂斯号上只有 4 套压力服供服务哈勃使用，但在营救舱气闸内携带着第 5 套超大压力服。在 STS－400 第 3 个太空日格伦斯菲尔德和福伊斯特尔会进行 4 小时 50 分钟的出舱活动来绑好沿着 RMS 布局的一根电缆，这将作为两架航天飞机之间的救援通道。他们将护卫麦克阿瑟（穿着尺寸调整后的航天服）越过奋进号，在那里他可以进入气闸舱分发多余的压力服。当格伦斯菲尔德和福伊斯特尔携带额外的（空的）压力服回到亚特兰蒂斯号，由麦克阿瑟控制气闸舱。一旦进入飞行梯队人员舱内，她会脱下她的压力服，把衣服处置好并放进气闸舱。由格伦斯菲尔德和福伊斯特尔取回衣服并把它带入亚特兰蒂斯号后，他们会返回奋进号并通过气闸舱。在第一次出舱活动结束时，格伦斯菲尔德、福伊斯特尔和麦克阿瑟会登上奋进号。

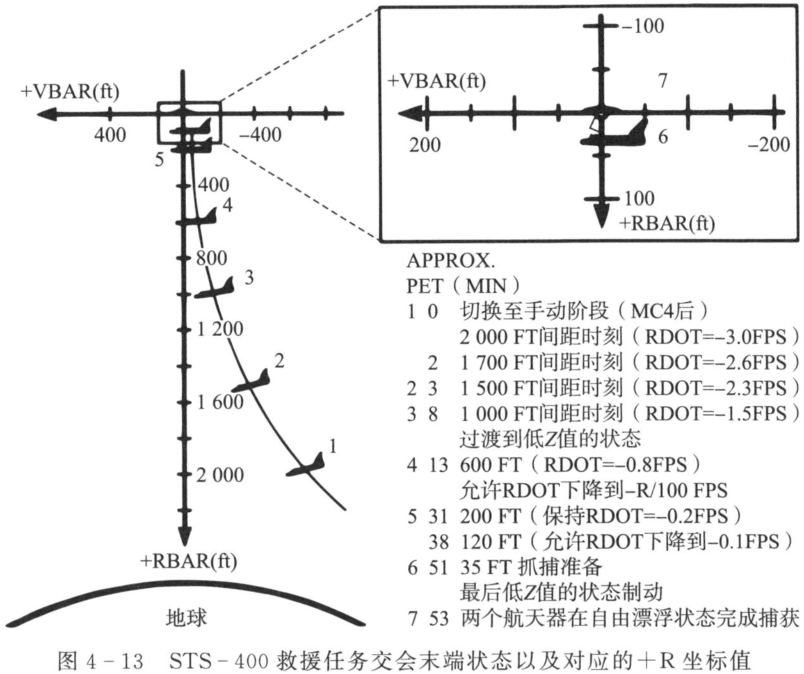

图 4 - 13　STS - 400 救援任务交会末端状态以及对应的＋R 坐标值

在第 4 个太空日的一次持续 1 小时 45 分钟的出舱活动期间，马西米诺和约翰逊将进入奋进号，在那里格伦斯菲尔德穿着福伊斯特尔的航天服在气闸舱中等待。马西米诺和约翰逊携带压力服到亚特兰蒂斯号上，马西米诺会带着空的压力服进入气闸舱并且控制它。

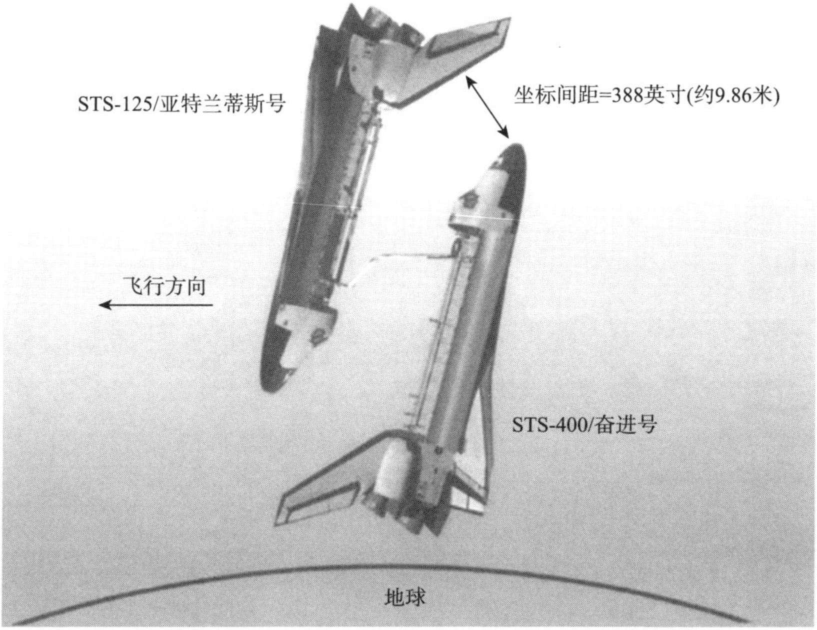

图 4-14　STS-400 处于执行救援所需的位置

同时，约翰逊将在奋进号的气闸舱与格伦斯菲尔德会合。同一天晚些时候，马西米诺、古德和奥尔特曼（穿着大号压力服）将进行第三次也是最后一次出舱活动，即经过 2 小时 30 分钟后最终进入奋进号。毫无疑问，奥尔特曼作为指令官将按军队惯例最后一个离开损坏的轨道飞行器。

奋进号的返回途中，7 名亚特兰蒂斯号飞行梯队人员会用躺式座椅躺在中间舱内地板上。

亚特兰蒂斯号可以进入地面远程控制状态，等待地面指令最终将在远离人口聚集区的太平洋上空再入大气层并最终坠毁。

如果真是这样的话——幸运的是这个任务实际上从来没有飞行过——航天飞机计划可能就在那里结束了，奋进号成功完成第一次

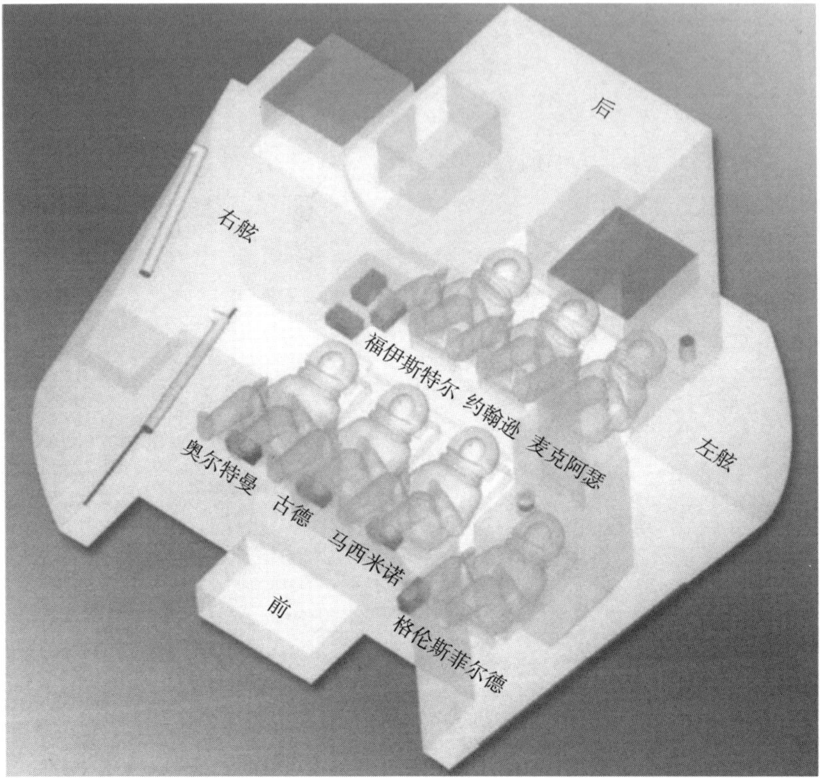

图 4-15　奋进号航天飞机返回时驾驶舱中获救航天员的座次安排

太空救援后停在地面上，而亚特兰蒂斯号则损毁了。然而哈勃有望在那之前已经得到亚特兰蒂斯号飞行梯队成员的在轨服务。考虑到航天飞机将计划在 2010 年退役，那样的话就不会有时间、资金和政治支持来进行事故调查并对剩下的两个轨道器发现号和奋进号进行对应的改进来完成空间站后续组装任务。

4.4.3　任务失败的后果

在这种情况下，哈勃望远镜可能将得到继续，但国际空间站组装任务将肯定不能如期完成。随着亚特兰蒂斯号失利且只剩下两个航天飞机，我们就不会完成空间站组装所需的另外 9 次飞行了。另外，联盟号飞船需要重组来支持空间站的在驻人员。此时将不能执行的 9 次航天飞机任务包括：

1）STS－127：2J/A 和日本拥有的希望号（Kibo）实验室舱外暴露平台，并且将美国航天员蒂姆·科普拉送上国际空间站。日本航天员苦田光一将和国际空间站－19 常驻人员一起搭乘联盟号飞船返回地球。

2）STS－128：货物运输任务，同时妮科尔·斯托特接替科普拉。

3）STS－129：货物运输任务和将航天员斯托特返回地球。

4）STS－130：宁静号节点舱－3 以及穹顶舱的运输和安装。

5）STS－131：货物运输任务。

6）STS－132：俄罗斯小型研究模块黎明号（Rassvet）。

7）STS－133：货物运输任务和永久性多用途模块——莱昂纳多号（Leonardo）的安装。

8）STS－134：货物运输任务。

9）STS－135：货物运输任务和运输 OBSS 至国际空间站（后期加入了飞行清单）。

鉴于这一点，再次回顾国际空间站的规划很有必要。因 SM－4 任务与国际空间站无关，当 SM－4 从 2008 年推迟到 2009 年时，大部分空间站的硬件已经完成安装，因而飞行 STS－125 是新增任务。一旦航天飞机飞行以 STS－125／400 结束，继而 Kibo 实验室舱外暴露平台、俄罗斯 Rassvet 模块、宁静号节点舱、穹顶舱、永久多用途模块 Leonardo 和轨道器可展传感器系统（OBSS）系统都将不可能运输到空间站。当航天飞机不再被使用时，数以吨计的物资将不能运送到空间站，而大量不需要的装置和垃圾也无法得到有效处置。哈勃的最后服务任务期间的严重问题所引起的后果可能致使国际空间站的后续实施计划变得艰难。

4.5 变轨并未启动

将哈勃置于地球大部分大气层外的轨道上可以捕捉令人惊叹的图像，但这也需要付出代价，因为在 569 千米（353 英里）的轨道上望远镜受到阻力后容易使得轨道衰降。早期使用航天飞机来发射和服务望远镜的决策，为利用航天飞机的发动机来调整望远镜轨道提供了机会。截至目前，这些操作确保哈勃在轨顺利运行超过 25 年。

4.5.1 预测和计划

望远镜运行寿命期间，飞行动力学专家已经连续发出了轨道衰减预测。在服务任务期间，轨道高度的测定与短期衰减预测主要为日常科学服务和在轨服务任作提供支持。此外，长期轨道衰减预测，可以用来支持安排今后的研究，并预测哈勃服务结束最可能的时间。

基于 2002 年 11 月以来的最新大气模型以及太阳活动发展趋势，SM－4 初始阶段哈勃工程师曾推导出两套大气环境预示图，包括名义状态以及相对保守的状态（即环境参数取值相对恶劣）。这些大气环境预示图与航天飞机帮助望远镜重新变轨的数据一起保障了科学计划的执行。据测定，在进入前一年，望远镜会遭遇较长时间的太阳能电池阵列运动和科学能力的持续退化，此时望远镜观测效果将会低于基础值。若没有 SM－4 再次进行轨道抬高，预计到 2013 年望远镜就会进入大气层。然而有了 2009 年的 SM－4 任务使其轨道抬高，尽管只有 10 海里高度，但重新进入大气层的时间很有可能将延迟超过 2020 年。因此，随后的任务推迟到 2009 年，这对望远镜轨道保持周期来说，已经接近其裕度极限了[19]。

4.5.2 哈勃变轨经历

当哈勃在 1990 年 4 月进入 380×385 英里（612×620 千米）轨

道时，它处在第 22 次太阳极大周期（1986 年 3 月至 1996 年 6 月）。44 个月后，在 1993 年 12 月，当第一次在轨服务人员搭乘 STS－61 时，它已经处于轨道下降趋势，此时望远镜轨道高度已经下降到 364×370 英里（586×596 千米）。SM－1 期间的变轨实施程序把轨道提高至 368×373.5 英里（592×601 千米）[20]。在 1997 年 2 月 SM－2 乘员抵达前 38 个月，哈勃的轨道已经再次下降到 366×372 英里（590×599 千米）[21]。这段时间的工作人员完成了最长的变轨，同时也为了躲避预测到的飞马火箭第 4 级残骸碎片接近而进行了非计划点火，最终 SM－2 将望远镜放在一个新的 372×385 英里（599×620 千米）轨道。在 STS－82 任务的时候，第 23 次太阳周期在其最小相位。61 个月后，当 SM－3A 在 1999 年 12 月抵达哈勃时，望远镜的轨道在 372 英里（598 千米），并且第 23 次太阳周期在上升阶段。此次任务期间没有进行任何机动，使得航天飞机离开时望远镜的轨道与交会时几乎相同。在 2002 年 3 月 STS－109/SM－3B 任务抵达时，第 23 次太阳周期正处于最大相位，此时望远镜已下降到 355.6 英里（572.8 千米），但通过又一次轨道机动把它抬高到 359 英里（578.3 千米）。

2009 年最后的在轨服务任务——SM－4 将再次执行变轨，因为这将是确保哈勃轨道足够高的最后机会，以继续它的科学任务到至少 2014—2015 年。但 SM－4 规划的变轨操作却从未发生。既然在最后一次服务任务计划中包含变轨操作看上去如此重要，那为什么没有去执行它呢？

4.5.3　SM－4 方案

在 2009 年 5 月发行的 STS－125 宣传资料表明（第 9 页）：“在哈勃上面的工作完成后，奥尔特曼和约翰逊将监视亚特兰蒂斯号推动望远镜达到一个更高的轨道高度，确保它在后续运行期间能在地球引力环境下得以生存。关于这次任务能够提高到多少高度，这最终将取决于亚特兰蒂斯号可用的推进剂。”当机动变轨任务从飞行计划中移除后，人们普遍认为这是为了保存推进剂来应付增加的微流星体的轨道碎片（MMOD），但那不是后续的新闻发布会中给出的理由。新闻发布会给出的说法是由于一个特别“平稳”的太阳周期而修改了变轨数据。始于 2008 年 1 月的第 24 次太阳周期正处于上升阶段，执行任务时其活动强度尚且较弱。

STS－125 任务主管查克·肖解释说，任务实施之前研究的数据以及预测的轨道衰减率意味着在 2025 年之前望远镜能够保持它的科学任务基础值[22]。对此，最低轨道高度实际上是一系列根据太阳活动变化而推算得到的高度。当太阳活动强度发生变化时，会相应影响轨道摄动环境。随着时间推移，最终导致望远镜飞行减速，从而把轨道高度降低到不能精确地拍摄出科学任务需求的清晰照片的程度。由于望远镜使用磁力矩器和陀螺仪来控制它的姿态，随着轨道不断降低，这些系统就会越难克服大气阻力，这些阻力不仅降低航天器的高度也会使它加速姿态旋转，最终不断加剧影响科学观测计划。随着航天飞机的退役，除非是依靠某些未来（目前为止假设）的航天器，哈勃注定会坠入大气层烧毁。

决定不在 STS－125 进行变轨推进的另一个原因是再入飞行主管托尼·切卡奇关于保留足够的推进剂支持航天飞机变轨的考虑。在哈勃服务任务结束之后，航天员进行轨道调整（OA）的操作，帮助航天飞机降低轨道。通过降低亚特兰蒂斯号的高度，从而也降低了 MMOD 的影响，因为一个更高的轨道将增大航天飞机遭受 MMOD 碰撞的风险。

史蒂夫·霍利还回忆起早期务必要解决的问题，特别是第一代和改进的第一代太阳电池阵，包括拆装更换过程的相应程序。对于 STS－31，阵列没有展开，其中的一个已经在 STS－61 任务中被抛弃。然后在 STS－82 上，电池阵装载并未纳入任务计划。在 STS－103 期间，有一个铰链销凸起。在为 STS－82 准备期间，霍利解释说，“在 STS－82 之前，我担忧的除了需要发展游离反应控制系统（VRCS）推进和许多摄影测量外，还有一个问题，那就是即使我们不打算为哈勃提供推进功能，我们仍旧需要一种方式来确保望远镜以及展开的太阳电池阵针对碎片风险进行必要的规避机动，而最终这件事真的发生了。”[23] 另一个关于哈勃推进的有趣的现象是，在 STS－61 任务中，通过使用正向反应控制系统（FRCS）完成姿态机动，而 STS－82 和 STS－109 采用的都是 VRCS。因此，较大的轨道机动系统从未像最初设想的那样在哈勃启动变轨中实施。

尽管之前存在着担心——如果没有 SM－4 会使轨道高度提前下降，但是数据检查评估表明，在 STS－125 飞行期间并不需要对哈勃进行变轨操作。

4.6　发射程序

SM－4 原定于 2008 年 10 月执行，但哈勃上的 SIC&DH 在 9 月下旬的故障意味着任务不得不推迟，直到修复准备工作取得成效。人们希望发射在 2009 年 1 月进行，特别是报道显示 NASA 每月为任务延迟耗资 1000 万美元。最终 STS－125 被返回至 VAB，而指定专用于 STS－400 任务的奋进号被转移到 LC39A，这是为了使其如期在 11 月作为 STS－126 飞向国际空间站。

哈勃上的 SIC&DH 由一台标准的 NASA 专用计算机、两个数据格式化单元、两个中央处理单元和其他一些项目的硬件组成。幸运的是，该系统并没有与望远镜主计算机相连，而是用于处理科学数据，因此望远镜本身并没有受到影响。戈达德的工程师成功将哈勃切换至备份通道，即所谓的 B 通道，自 1990 年发射之后这个通道一直处于休眠状态。这种变动需要一小段时间来完成，直到 10 月 30 日才得以获得使用 B 通道的第一张图像。同时，戈达德的工程师正在为飞行准备备用的 SIC&DH。这比预期的时间要长——人们很快就发现，1 月份的时候无法进行发射了。尽管保持航天飞机在地面上需要成本，但没有经过彻底测试而安装新的装置是毫无价值的，因此最终发射日期定于 5 月。做出这项决定后，硬件就必须重新规划到系统中。有效载荷已在 10 月 15 日从亚特兰蒂斯号上拆除，并且 SRB/ET 在 5 天后移到了 VAB。轨道器 11 月 8 日从 SRB/ET 转移至 OPF3 号大厅存放。为 STS－125 而组装的 SRB/ET 和发现者号对接，来为 3 月份发射到国际空间站的 STS－119 飞行任务做准备。

在 2 月初，为了让 STS－127 能够使用 High Bay 大厅，STS－125 的新的 SRB/ET 不得不从 High Bay 1 移至 VAB 的 High Bay 3。截至 3 月 24 日，为了发射塔架上的相关工作，亚特兰蒂斯号返回至 VAB 中。STS－400 为被分配到计划用于下一次国际空间站任务 STS－127 的航天飞机，即还是奋进号，同样也还是弗格森、博、鲍恩和金布罗四名航天员，这 4 名航天员最近刚刚从 STS－126 任务中归来。

4.6.1　超轻可更换设备装载系统

虽然这是对哈勃望远镜的最后一次服务任务，但这并不意味着所有的支持设备都是从早期的任务中回收的。超轻可更换设备装载系统（SLIC）是运送硬件入轨的最新载体，它将占据整个货舱宽度。SLIC 可以显著提高搭载的有效载荷的质量，但是安全发射要求航天飞机不可能超过其最大载重，那么结构中每一磅或者一千克的质量都将影响到有效载荷、补给或推进剂的质量配置。SLIC 是第一个由碳纤维、氰酸酯树脂和钛金属基复合材料制造的全复合材料结构系统。重 1 750 磅（793.8 千克）的 SLIC 拥有 5 500 磅的负载能力，比之前的载体更结实、更轻便，并且灵活应用转接系统可以增加舱板使用面积，此外它还有一个配置多种扩展功能的蜂巢状外部结构。STS－125 程序时间表见表 4－1。

表 4－1　STS－125 程序时间表

日期	事件
2008	
5 月 31 日	在 STS－124 的发射期间，39A 发射台东侧一堵 75×20 英尺的墙体倒塌；这些耐火砖是为了保护混凝土免受土星 5 号发射的热量而研发的，安装于 20 世纪 60 年代，许多掉在了发射台附近，剩下的一些撞上并破坏了发射台四周围栏的一部分。调查确定，由于砖的年限较老（超过 40 年）而导致了损坏
7 月 15 日	STS－125 使用的 ET－127 到达 Cape；计划 9 月发射
7 月	捆绑的 SRBS 存放于 VAB High Bay 3 的 MLP1
7 月	RMS 安装在载荷舱舱门附近的纵梁上，轨道器臂传感器系统（OBSS）安装在亚特兰蒂斯号的右纵梁
8 月 3 日	ET－127 安装到捆绑的 SRBS
8 月 11 日	为 STS－126 /STS－400 需求发射准备的 ET－126 到达 Cape；其推迟交付导致发射推迟至 10 月 1 日
8 月 18 日	热带风暴袭击佛罗里达州中部海岸，迫使 KSC 关闭，并且发射延迟到 10 月 10 日
8 月 22 日	亚特兰蒂斯号从 OPF Bay 1 转移到 VAB，并且与 SRBS&ET 搭配
9 月 2 日	由于热带风暴汉娜，STS－125 的推出被取消
9 月 4 日	STS－125 从 VAB 转移到 39A 发射台
9 月中期	受到飓风艾克的影响，JSC 被迫关闭超过一周；亚特兰蒂斯号已经转移至 LC－39A，奋进号转移至 LC39B；自 2012 年 7 月以来第一次两个发射台同时使用。JSC 的关闭不仅影响乘员的培训，而且飞船控制器训练也受到影响，因此发射推迟至 10 月 14 日。技术人员还发现，新电池周围的绝缘材料似乎在包装内部松动了，但维修不会导致发射计划的推迟
9 月 21 日	技术人员发现，航天服上外层为特氟龙材料的鞋子的辅助导轨滑动系统不能和特氟龙外衣准确配合
9 月	载荷转移到 LC－39A 载荷风险服务设施（PHSF）
10 月	哈勃因为主计算机关闭遭受重大挫折；在问题被调查和解决的同时，10 月 14 日的 STS－125 发射被取消。人们希望在 1 月发射，但这和之后 2 月底的发射日期都相继被取消了
10 月 15 日	HSM－4 载荷从亚特兰蒂斯号上拆除；开启安全模式的哈勃切换到备份端通道

续表

日期	事件
10 月 20 日	为了进行装配国际空间站的其他任务，亚特兰蒂斯号转移到 VAB；奋进号从 39B 发射台（作为 STS－400 L－o－N）移至 39A 发射台以作为 STS－126 飞往国际空间站
10 月底	任务更换的硬件测试和验证导致最早无法在 4 月底之前发射
11 月 8 日	亚特兰蒂斯号解除连接，它原来搭配的 SRB 和 ET 用于 STS－119/15A；亚特兰蒂斯号转移到 OPF 3 进行维护和储存，并在这段时间更换了机翼上 RCC 的边缘
12 月 4 日	STS－125 重新定在 5 月 12 日发射
2009 年	
1 月	第二个 SRB 组装在 VAB 的 High Bay 1
1 月 15 日	ET－130 安装到双 SRB 上
2 月 10 日	STS－125 从 HB 1 转移到 HB 3 VBA 以便允许 STS－127 在 HB 1 中被处理
3 月 24 日	亚特兰蒂斯号从 OPF 转移到 VAB
3 月 31 日	STS－125 转移至发射平台
4 月 2 日	更换的碳化硅和 DH 硬件到达 Cape
4 月 24 日	为了使发射窗口延长到 2 天或 3 天，发射提前一天到 5 月 11 日
4 月 30 日	飞行准备审查
5 月 8 日	有效载荷舱门为飞行而关闭；飞行梯队人员抵达 KSC 的 T－38
5 月 11 日	发射

在为 STS－125 运行做准备的同时，航天飞机在 2010 年（后来是 2011 年）退役的程序也开始了。包括 SM－4 在内，在航天飞机飞行清单中依旧有 9 项任务（后来变成 10 项）。到 2009 年 4 月底，NASA 开始执行第一轮裁员。主要的合同承包商也缩减了他们的人力配置，与此同时，人们正在着眼于未来的太空项目，并致力于设计一种使美国人进入轨道的新运载火箭和航天器。但这仍然需要很多年，这段时间内美国人能够飞到国际空间站的唯一方法就是搭乘俄罗斯联盟号飞船。届时在 Cape 将是一个悲伤的时刻，同时也应该

是一个值得骄傲的时刻，因为航天飞机时代将正式宣告结束。幸运的是，在此之前还有一个飞行梯队成员被送往哈勃实施在轨服务，同时接下来空间站组装完成也是指日可待。

4.6.2　“你好，佛罗里达”

在2009年5月8日，哈勃最后服务任务的倒计时开始了，发射窗口天气状态预测显示，有80%的概率会是好天气。NASA的测试主管杰里米·格雷伯告诉记者，“我们所有的系统都处于良好的状态。我们没有任何问题要报告。”大约1小时后，飞行人员在T－38s时刻从休斯敦抵达，在传统的Cape跑道上举行的飞行前发布会上，任务指令官斯科特·奥尔特曼向人们和这片将美国人送到天空的土地问候，“你好，佛罗里达州，我们终于来了，我很高兴！”他指的是该任务和全体工作人员走到现在所经历的漫长道路。迈克尔·马西米诺指出，由于在过去的两年半时间里一起训练，所有航天员已经成为一个真正的家庭，有机会驾驶航天飞机和到哈勃上面去工作的梦想即将成为现实。将STS－125从发射台发射出去，只能有3天的时间来完成，因为在此之后负责跟踪上升轨迹的空军东方测试区将为支持其他航天飞机的发射而重新进行配置，下一次航天飞机的飞行会在5月22日。奥尔特曼结束了会议并说到：“让我们发射亚特兰蒂斯号吧！”

哈勃项目主管普雷斯顿·伯奇将SM－4描述为“迄今为止最好的改造”。这个任务将会给望远镜增加5年的寿命。然而必须做到万无一失才行。航天员必须进行训练，硬件必须按照设计的方式工作。不过，基于所有测试、培训和计划状态，有理由对此次任务的成功抱有极大的信心。

4.6.3　2009年5月11日/发射

亚特兰蒂斯号于2009年5月11日载着7名飞行梯队人员和相关设备发射执行STS－125任务，旨在恢复哈勃的科学能力并延长其使用寿命至少到 2014 年。[24]

发射 9 分钟之后航天飞机进入轨道，为了进行轨道操作，飞行梯队为航天飞机进行了配置，并且也对 RMS 进行了测试，以验证它能够检查轨道器热防护系统的状态，并在之后捕捉到望远镜，然后预计支持 5 次出舱活动。第 1 个任务是检查有效载荷舱的硬件来验证在上升过程中它们没有因严苛的振动环境而遭受损坏。

这次任务中，没有来自太空的航天员报告，也没有在 NASA 网站上发表博客。社交媒体已经进入 Twitter 的新时代。午餐之后不久，马西米诺从太空发出他的第一个推文，“在轨发布：发射过程非常棒，我感觉很好，我正在努力工作并享受壮丽的景观；我这辈子的冒险经历开始啦。”他 Twitter 的昵称为“astro _ mike”，从 4 月初就开始更新状态，一直到他训练的最后阶段、任务执行过程以及他回到地球后的最初几天。

太空飞行第 2 天的工作（5 月 12 日），主要是为第 2 天哈勃望远镜停靠而准备飞行支持系统。在中部座舱内，航天员检查了出舱活动的相关设备，包括 EMU、气闸舱和大量的工具。

自从 STS－107 之后，这是第一个而且也是最后一次不执行国际空间站相关任务的航天飞机任务。由于哥伦比亚号的热防护系统在上升过程中受损而造成的悲剧，NASA 提出了要求每一个轨道飞行器在到达太空后立即检查其热防护系统。这需要长达 49 英尺的 RMS 推动 50 英尺的 OBSS 来检查 TPS、头罩和机翼前缘，下行传输图像以供 JSC 的团队作分析。到达国际空间站的轨道器首先需要完成其底部防热结构的状态检查，但是对这次哈勃任务来说是不可能的。为此，STS－125 额外花费了 2 小时 10 分钟来完成这一项检查。当奥尔特曼、约翰逊、古德、麦克阿瑟和马西米诺进行这项超过 7 小时的 OBSS 检查期间，格伦斯菲尔德和福伊斯特尔在马西米诺的辅助下继续进行出舱活动的准备工作。

通过 OBSS 调查所获得的数据将交由地面工程师，由他们评估上升过程中可能造成的损伤。在机身右翼的前端有一个 21 英寸

图 4－16　亚特兰蒂斯号发射执行 STS－125 任务，即最后一次哈勃望远镜在轨服务任务。在空地上，奋进号伫立在第 2 个发射平台上，一旦需要就准备发射。幸运的是它在这次任务中没有用到，所以可以继续执行其下一个到国际空间站的任务

(53.34 厘米）的受损区域。任务管理层表示“不是很深，也不是很明显”，只是有迹象表明：在发射飞行大约 105 秒之后，在右舷脊部区域有东西在振动下脱落。在 STS－107 任务中损伤的早期迹象被忽视了，鉴于那次任务的教训，人们连夜做了进一步的调查和分析，就是为了对这一问题做出确认。第 2 天，在对得到的图像进行检查之后，地面团队告知航天员们不需要对可疑的地方再做进一步的 OBSS 检查了。听到这个消息，奥尔特曼回答说：飞船上“有一些欢快的出舱活动者”。

同时发射架检查小组在 SRB 喷管的北侧发现有 25 平方英尺(232.25 平方分米）的损伤，那里的耐高温涂料已分离，并且一些气

动外形受到影响，然而评估认为并不严重，且不至于推迟下一次原定于 6 月的发射。

4.6.4 交会对接概况

STS－125 使用了跟 STS－109 相同的交会流程和＋R 接近策略，并且使用了和 STS－103、STS－109 一样的备份程序，来应对光圈关闭故障。事实上，应急交会程序从部署哈勃的 STS－31 时的 12 项增加到这次最后任务的 21 项。

图 4－17 在休斯敦的任务控制台的 3 名 STS－125 飞行主管：布赖恩·伦尼（右边坐者）、诺姆·奈特（左前方）和托尼·切卡奇（站在右边），布伦特·杰特飞行乘组操作主任（后左）和约翰·麦卡洛克首席飞行主管（后坐）。他们在等待 STS－125 从佛罗里达州发射。注意玻璃隔板后面的参观者观察室

4.6.5 最后的捕获

当 5 月 12 日控制任务结束时，望远镜关闭了它的光圈门，并将两个高增益天线收拢。在新一天的第 1 个小时内，奥尔特曼在约翰逊和古德的协助下把亚特兰蒂斯号带到离望远镜 50 英尺的地方。由于系统临时出现的通信问题，将哈勃机动到最佳捕获位置的计划不

图 4－18　SM－4 期间在戈达德的 ESA 团队：（从左往右）迈克尔·艾登、洛塔尔·格拉克，曼弗雷德·施密德和乌多·拉普（图片来自 ESA）

得不取消了，所以奥尔特曼手动操纵亚特兰蒂斯号到达交会所需要的位置。这使捕获动作推迟了 20 分钟。

在美国中部时间下午 12 点 14 分，麦克阿瑟用 RMS 以一个流畅的动作成功抓住了望远镜，然后轻轻地把它最后一次放入到航天飞机载荷舱内。“休斯敦，亚特兰蒂斯号已经把哈勃放到飞船上了”，奥尔特曼在西澳大利亚的上空飞过时宣布了这一消息。随后，FSS 内的脐缆与望远镜顺利连接，使得双方接通电源和通信。捕获 1 小时 45 分钟后，为了接下来的在轨服务工作，地面控制人员旋转 FSS 来定位望远镜的两个太阳电池阵，与此同时航天员们对望远镜进行了目视检查。正如预期的那样，近 20 年来一直面向太阳一侧的外部结构明显受损。在查看到轨道碎片或微流星体撞击的迹象后，航天员又对航天飞机防热结构进行了详细的摄影检查。对于哈勃老手奥尔特曼、格伦斯菲尔德和马西米诺来讲，他们可以比较直接地对比他们在 2002 年离开时望远镜的样子。事实上它的情况似乎并没有恶化太多。格伦斯菲尔德高兴地说，“哈勃，这个太空中 19 岁的老人，看起来仍然棒极了。”

在后来的日子里，格伦斯菲尔德和福伊斯特尔检查了他们即将使用的设备，然后又复习了一遍他们在第 2 天早上要进行的第 1 次出舱活动计划。

任务管理层宣布亚特兰蒂斯号的热防护系统在进入大气时将是安全的，但对它头部和机翼前缘的详细 OBSS 检查将会继续进行。

4.6.6　5 月 14 日/第 1 次出舱

这次任务中，原计划持续 6.5 个小时的第 1 次出舱活动实际上进行了 7 小时 20 分钟。格伦斯菲尔德是第一个离开气闸舱开始“自由漂浮”的梯队成员，为当天的舱外活动而准备好有效载荷舱。作为出舱活动的新手，福伊斯特尔随后也跟着出舱了，并爬上由麦克阿瑟操纵的 RMS 的末端。

图 4－19　出舱期间，约翰·格伦斯菲尔德正在按照“提前到位”的安全要求操作一根出舱系绳

在飞行前的采访中，福伊斯特尔表示，他非常期待离开气闸舱开始他的第一次出舱活动。“我期待着那一刻，我的头朝向地球，从

航天服的角度看下面是地球，只有舱外服将我和我周围的空间隔开，在我下面 300 英里处就是地球。我希望此刻我不会迷失自我，我能够继续下去。”[25]第一个出舱活动的首要任务是更换加强版的 WFPC-2，这个重 900 磅（408.25 千克）的全色相机是用来研究星系的演化、暗物质和暗能量。真正到取出旧设备时，航天员才发现困难比想象中的更大，福伊斯特尔需要使用特殊扳手来拆除紧固件，并且还发现很难把存储箱中的旧相机放于装载新相机的有效载荷舱内，因为槽形螺栓无法正常安装。然而经过多次尝试，福伊斯特尔最终还是设法把它放到载荷舱内。

接下来，两个航天员解决了之前导致发射延时的问题，即更换了在 2008 年 9 月主通道失效的科学仪器控制 & 数据处理器（SCI&DH）。随着更换装置的安装，哈勃望远镜中心计算机再次能够完全向所有的仪器发出指令，并将收集到的科学数据格式经处理后传输到地球。

现在两个人分开单独工作，格伦斯菲尔德把软捕获机构（SCM）安装在哈勃舱尾，当望远镜不再产生科学结果时航天器就可以通过它和望远镜交会停泊，要么把它推上更高的轨道，要么把它推入大气层燃烧坠毁。同时，福伊斯特尔安装了计划的 4 个锁中的两个，这样之后的出舱任务就变得容易了。由于安装剩下两个比较困难，所以他安装了另一种形式的锁紧机构，这两者可以执行相同的功能。

完成之后，两名航天员又做了一些后续任务的准备工作。一个安装在 RMS 上的平台将为 OBSS 提供一个更清晰的视野，以检查剩下的 40 片防热瓦状态，因为在 5 月 13 日检查时并没有对这些热防护瓦做出完整的成像。这项检查将在第 2 次出舱活动开始前进行。

当格伦斯菲尔德重新进入气闸舱时，他意识到虽然望远镜为我们带来了一些挑战，但在太空中和在地面团队协助下最终都能够克服它们，“我们给了哈勃一个拥抱”。

图 4-20 更换 WFPC

图 4-21　由 STS-125 在哈勃尾部安装软捕获机构，后续来访的飞行器可以停靠在这个装置上，在望远镜寿命的末期来提升或者降低其轨道高度

4.6.7　5 月 15 日/第 2 次出舱

在第 2 次出舱开始之前，奥尔特曼和梅甘·麦克阿瑟通过 RMS/OBSS 完成了对亚特兰蒂斯号腹部剩余部分防热瓦的状态检查，以在返航之前获得供地面分析的扫描图像。这次检查持续了 45 分钟，初步的数据结果确保任务管理层可以进一步分析和排查热防护系统，而着陆前的最后检查安排在了 5 月 19 日。

迈克尔·马西米诺和迈克尔·古德是第 2 组出舱活动的成员，他们计划进行一次 6.5 小时的出舱活动，但最终花了 7 小时 56 分钟，时长为历史第 8。哈勃老手马西米诺先出舱并自由漂浮在外，而新手古德站在 RMS 上。他们合作更换了全部 3 个速度传感器单元（RSU），它是望远镜指向系统的一部分，每一个都装有两个陀螺仪。

2 号 RSU 非常顺利地从太空望远镜中取出来并进行了更换。然而并非事事顺利，当他们试图对第 3 号 RSU 陀螺进行安装时，由于容差很小，新的 RSU 难以安装到位。不过他们放下了这个 RSU 而把原计划安装到 1 号位的 RSU 调整至 3 号位。但是原计划安装到 3 号位的 RUS 依旧很难安装到 1 号位。对此，航天员在把 RSU 的紧固螺栓向望远镜内侧紧固时还是有些困难，只能让部件有少许的自由晃动。

有效载荷指令官约翰·格伦斯菲尔德在亚特兰蒂斯号内监视外边的操作，他告诉地面，他觉得情况不太乐观，即使他的同事能够固定螺栓，有的装置仍可能安装得不正确。因此大家同意安装由 1999 年 SM－3A 从哈勃带回的飞行备用件。从有效载荷舱的应急 ORU 保护室（COPE）内找到该零件也是不容易的，但是一旦这样做，出舱的航天员就能很容易地把装置放置到望远镜上的 1 号位置从而完成任务。

虽然哈勃望远镜可以在只有 3 个陀螺仪时表现完美，但还是决定更换所有的 6 个陀螺仪以最大限度地延长它的寿命。翻新的零件并没有全新零件所具备的各种改进设计，并且它的陀螺也是经过翻新处置的，因此可能不会持续太久。但不管怎样，还是有了 6 个功能齐全的陀螺仪在上面。而地面最新的测试表明，如果有必要的话，哈勃望远镜可以在两组陀螺仪的条件下运行，甚至是在只有一个陀螺仪工作的极端条件下也能满足部分要求。因此可以看出，望远镜上配置有大量的冗余设计。

RSU 的更换耗费了很多额外时间，时钟滴答作响警示着出舱活动的时间限制，马西米诺和古德开始完成他们的最后一项任务。他们从 Bay－2 取出了之前的电池模块并更换上新的模块。460 磅（209.1 千克）的模块包含 3 个镍氢电池，每一个电池的质量为 125 磅（56.8 千克）。哈勃望远镜上的电池实际寿命为 5 年，是 19 年前搭载发射的原始电池。更换完成后不久，戈达德的控制人员报告称，新的电池模块和所有 6 个陀螺仪都顺利通过了初步测试。

4.6.8　5 月 16 日/第 3 次出舱

第 3 次出舱计划耗时 6 小时 30 分钟，但实际超出了 6 分钟。事实证明，这是一次具有挑战性的出舱活动，虽然仅仅聚焦于拆装一台仪器，所幸一个新的探测器顺利完成安装，并修复了一个未设计为可接受在轨服务的仪器。在他们回到气闸舱之前，航天员再次证明了将望远镜设计为在轨服务的特殊价值。

要移除的仪器是 COSTAR。这是在第 1 次服务任务中安装的，它的作用是作为一个“隐形眼镜”来校正主镜的光学特性。历经 16 年服役，当下它的技术水平已经相对落后，因此需要被移除，从而为 851 磅（386 千克）的宇宙起源摄谱仪（COS）腾出位置，这是“哈勃望远镜最敏感的光谱仪”，可以让科学家和天文学家使用哈勃望远镜利用近紫外和远紫外观察到更远的宇宙。它成为被安装在望远镜的第 12 个也是最后一个科学仪器。格伦斯菲尔德觉得，拆除 COSTAR 是一个历史性的时刻。

图 4－22　在控制台的 STOCC 员工，正在监控 SM－4 任务的第 3 次出舱活动（图片来自戈达德航天飞行中心）

在 COS 安全安装以及 COSTAR 固定在亚特兰蒂斯号的有效载荷舱之后，航天员开始着手这一天的下一个主要任务，即维修 ACS。这是一项从未在出舱活动中尝试过的任务。这台特殊相机设备是在 2002 年安装的，在 2007 年年初它的备用电源短路了，使其无法正常工作。哈勃团队渴望航天员们去修复它。修复绝非易事，但执行出舱活动的航天员提前准备了一些特殊设计的工具。其中，有一项任务要求从接入面板中取出总共 32 个螺钉。为了完成这项工作，航天员配备了“紧固件安置板”，将它放置在顶部的盖板以防止螺钉等各类紧固件自由漂浮。在更换完相机内部的 4 块电路板和 1 个新的电源之后，航天员重新安装了所有的 32 个螺钉并紧固到位。

在出舱活动之后的航天员们睡眠期间，戈达德的控制人员开始测试新安装的 COS，以确保它的电源和数据连接正常工作，然后又完成了一系列功能测试，为未来几周内的仪器校准做准备。随后的测试发现，ACS 出现了一些电源问题。功能测试表明，其宽场通道已恢复，但高分辨率通道状态显然是“不达标的”。工程师们已经将宽场通道与新的低压电池和相关的电子设备连接起来，但高分辨率通道电流立即出现过高状态，于是在进一步的检测之前将其关闭了，最后也并未采取进一步的措施。虽然有一个通道因故障处于关闭状态，但这次维修整体上还是成功的。

4.6.9 5 月 17 日/第 4 次出舱

虽然第 4 次出舱计划持续 6 小时 30 分钟，但实际耗费了 8 小时 2 分钟。这次主要想解决在 1997 年 SM－2 安装的太空望远镜成像光谱仪（STIS）的问题，它在 2004 年 8 月在一次电源故障之后就处于安全模式。为了完成这一装置的拆卸，马西米诺和古德将需要拆卸的 111 个螺钉妥善存放到紧固件安置板。他们面对的第 1 个问题是 1 个固定的扶手妨碍了他们操作紧固件安置板。由于 4 个固定螺栓中的 1 个螺纹出现了滑丝损坏，导致扶手难以拆除。航天员与戈达德的专家进行了讨论，并在地面一步一步的指示下试图去拆除扶手，

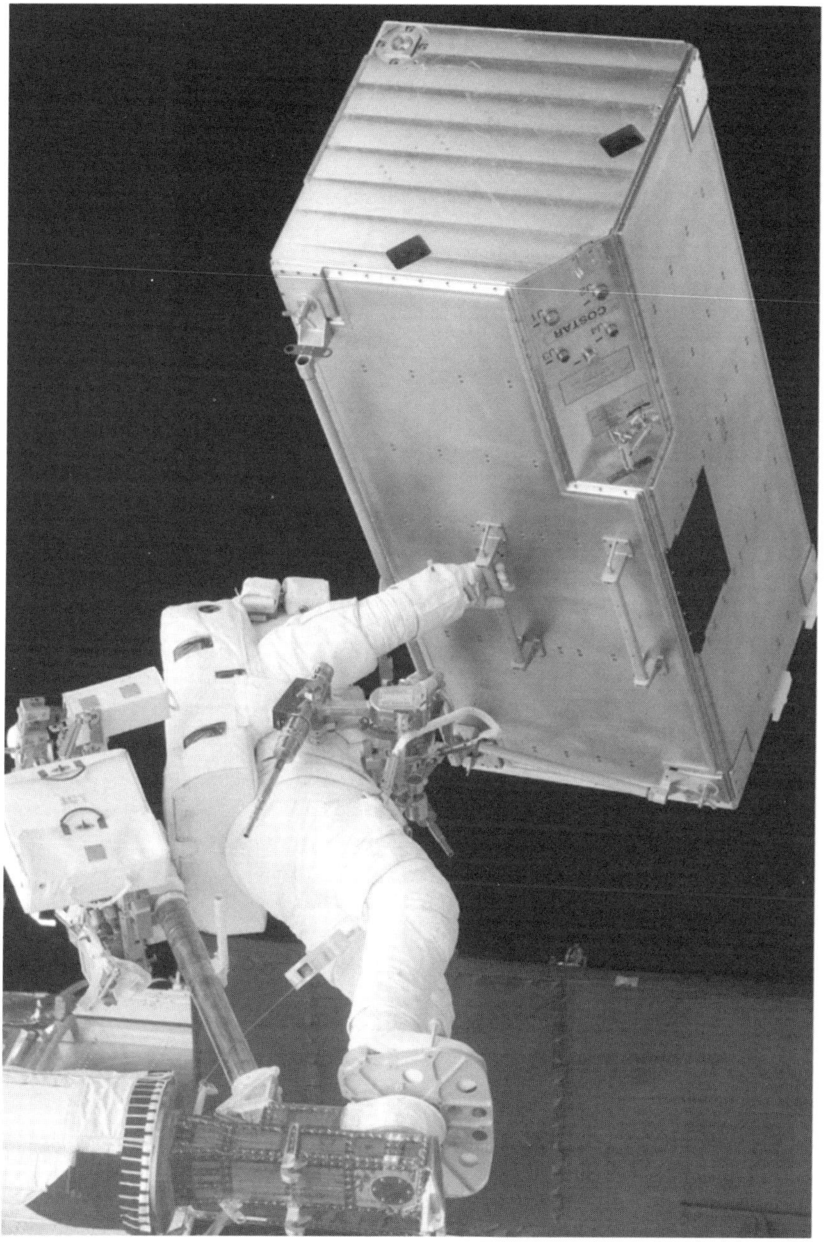

图 4－23　拆下 COSTAR

包括改变电动工具的操作时机和调节扭矩，但是依旧没有成功。此时马西米诺不客气地问道，“C 计划是什么?”飞行控制人员曾考虑去除固定扶手位置的小螺丝，但最后还是确定最便捷的办法可能是让航天员使用蛮力把手柄折断。

图 4－24　古德在第 4 次出舱期间维修 STIS

在亚特兰蒂斯号内，奥尔特曼很关心出舱活动任务中同伴的安全。他告诉马西米诺去摇动扳手来形成金属材料疲劳效应进而使扶手断裂，但是他又担心会形成锋利的结构边缘或者造成结构碎片脱落等。任务决定用聚酰亚胺胶带盖住扶手的两端，以帮助捕捉松散的物品或尖锐的端部，但这依旧会冒风险，每个人心中都非常担心这会刺穿或撕破航天服。对此，他们并没有接受过相应的训练，也没有现成的程序和工具帮助航天员手动操作。古德拿着处置袋准备随时应对可能出现的手套刺破等意外情况，他安慰

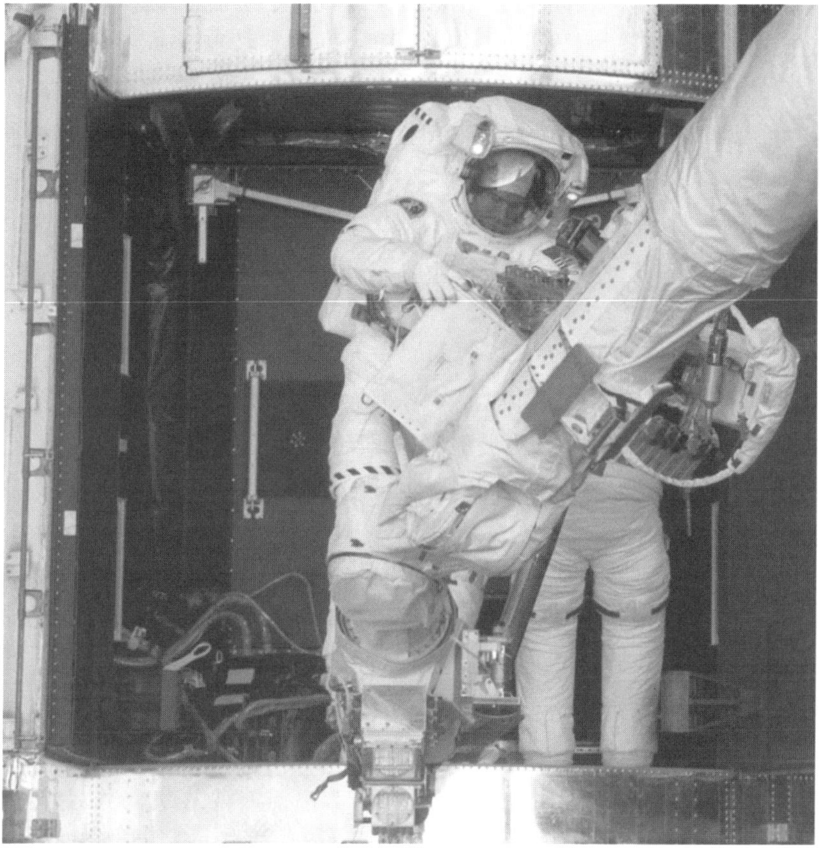

图 4-25　在第 4 次出舱期间古德在 RMS 上，旁边还有马西米诺（部分被遮挡）

马西米诺，“放松，这真的很容易。”牢固地紧握手柄的马西米诺说，“行动吧！”经过 3 个小时的舱外活动，手柄最终被轻轻折断了。碎片和剪断的螺丝钉粘在了处置袋中。之前的操作过程没有规划视频全程监控，所以地面要求收集更多关于行动后留下的锋利边缘的状态信息。最后，地面中心经过确认最终允许修理过程继续进行。

由于比预定时间晚了 2 个小时，他们有些着急。令马西米诺沮丧的是，在把紧固件安置板处置好之后，他刚要开始安装螺钉，电动工具就没电了，因此需要更换电池，然而这会花费更多时间。因更换电池而回到气闸舱的航天员的氧气供应系统已接近下限，这让剩下的出舱活动时间所剩无几。回到望远镜后，他们迅速拆卸共计 111 个紧固件，并将每个螺钉和垫圈妥善存放至安置板，从而打开了电子舱舱盖。揭开舱盖之后，损坏的电源系统进入视野。随后，航天员通过一个特殊工具将旧电源取出并顺利完成新产品安装。这个电源盒被一套崭新的结构件密封着，并且只设置了两个较为简单的锁定装置，从而使它更容易安装。

这是他们最后一次出舱活动，奥尔特曼告诉马西米诺和古德，其他的飞行梯队同事都对他们的努力感到非常自豪。“我想让你四处看一看，因为你的哈勃出舱活动即将结束了。你一关上门我们就把你带进来。”就这样，出舱航天员到最后时间才关上了设备舱门。

他们计划在 Bay - 8 外安装一种 NOBL 不锈钢防护板，但在 STIS 上花费的时间实在太多，这意味着他们已经没有太多时间。如果当天最后一次在哈勃出舱活动时间不够，这项任务将被放到第 2 天任务中进行择机实施。

两人在进入气闸舱之前都看了一下遥远的地球。“真宏伟啊!”马西米诺说。“舱外工作是非常愉快的。”福伊斯特尔补充说，“在这里工作真是太棒了，所有操作都值得去做。”结束时，马西米诺说，“能看到我现在所看的东西，并且能为哈勃这种卓越系统工作真是一般人难以获得的机会，我只想说心存感激。”

当 STIS 基础测试完成之后，紧接着的是功能测试，结果表明状态良好，说明修复成功，因此该装置可以进入正常工作状态。不过之后它还是让自己进入了安全模式。尽管这个光谱仪看上去状态很好，现在处于安全模式是因为仪器修复后尚未达到最佳的温度条件。一旦温度条件允许，就要对其进行第 2 次功能测试。

4.6.10　5 月 18 日/第 5 次出舱

哈勃在轨服务最后一次出舱进行时，距离天文学家作报告提议建造一个太空中由航天员维护和维修的天文望远镜已经过去了 40 年。从望远镜发射，到人们对光学主镜缺陷的质疑，再到一次又一次的在轨服务任务，已经过去很多年，但却恍如昨日。

第 5 次出舱计划耗时 5 小时 45 分钟，但实际进行了 7 小时 2 分钟。它不仅是哈勃任务的最后一次出舱活动，这也将被证明是借助航天飞机气闸舱的最后一次出舱活动，这是因为航天飞机上的航天员之后的出舱活动将借助国际空间站的气闸舱。标志着自 1983 年 4 月 STS－6 任务第 1 次航天飞机所开启的出舱活动时代正式结束，巧合的是，那次出舱活动是由后来参与哈勃在轨服务的航天员斯托里·马斯格雷夫与唐·彼得森一起完成的。时代确实在改变。

格伦斯菲尔德和福伊斯特尔的第 1 个任务是从 Bay－3 拆下电池模块，任务涉及移除 14 个螺栓和 6 根电缆。然后，载荷舱内用于新模块固定的 12 个螺栓也要被拆下，这样该模块才可以转移到望远镜，并重新连接螺栓和电缆。这个旧装置自发射以来在哈勃上服役了 14 年，远远超过了它的 5 年设计寿命。这两个装置在回到地球以后将进行飞行后评估。此时这台“返老还童”的望远镜又准备好了，在未来很多年它还要继续从事科学研究，继续为全人类服务。

接下来，出舱航天员拆下了 FGS－2，取而代之的是一个在 1999 年 SM－3A 任务期间从望远镜拆下的装置，之前回到地球后对它进行了翻新和升级。3 个 FGS 分布在望远镜周围 90°的方位。其中两个用以控制望远镜的精确指向，然后使望远镜保持稳定。第 3 个可用于天体测量研究，比如空间中不同目标之间距离的测量等。

由于此次出舱的初始任务的完成比预期要早，所以格伦斯菲尔德和福伊斯特尔被问及是否愿意进行之前被延迟的 NOBL 隔热材料

图 4-26　近距离靠近哈勃的单人工作

的安装。充满激情的福伊斯特尔说，“我非常乐意。”这些面板将安装在 Bay-5 和 Bay-8 外面，以保护内部的系统。格伦斯菲尔德曾经将不锈钢板覆盖保温层描述为“大披萨床单”，当试着把新保温层盖在有些破裂的旧材料上时，格伦斯菲尔德很高兴，终于把面板安装到了望远镜上，因为以往的航天飞机已经把它运输过来两三次，但是他们没有足够的时间来安装它们，最终格伦斯菲尔德完成了这项工作。舱体通讯系统基地的丹·伯班克告诉航天员说，“这就是所有我们需要安装的设备，你们已经完成了所有的工作。”出舱活动成功地完成了对哈勃望远镜的服务工作。

当格伦斯菲尔德还在机械臂末端上的时候，梅甘·麦克阿瑟呼叫，“约翰，如果你在末端胡闹，我会带你回到气闸舱。”在返回途中格伦斯菲尔德不小心碰了望远镜上一处天线，上面掉下了一小块东西。“哦，我觉得很糟糕……对不起，哈勃先生。”幸运的是，地面上的控制人员告诉他工程师检查了天线，确定天线仍能正常工作。

奥尔特曼再次提醒出舱活动的同事们，这“可能是我们最后一次访问太空了”，所以他们应该多花点时间享受这段经历。

作为最后在轨道上看到哈勃的飞行梯队成员，在飞行前记者会上航天员曾被问到是否试图在哈勃上留下自己的标记，格伦斯菲尔德说，他们的“标志”，就是他们安装的新工具和他们修理的旧设备。然后他开玩笑说，作为 RMS 操作员的梅甘·麦克阿瑟并不希望在使用机器人手臂时在哈勃上留下痕迹。

这是 STS-125 任务最后一次出舱在轨服务活动，哈勃工程也是一个通过所有出舱活动而建设的高效工程的示范。在恢复科学观测实验之前，戈达德的控制人员将花 4 个月的时间检查和校准新仪器。

随着 5 次出舱的完成，STS-125 已经进行了 36 小时 56 分钟的出舱活动。历史上共有 23 次出舱活动致力于在轨服务哈勃，这些服务加起来总共有 166 小时 6 分钟，接近 7 天之久。

图 4-27　自称为“哈勃拥护者”的约翰·格伦斯菲尔德，他曾在太空 3 次访问哈勃

4.7　释放哈勃

2009 年 5 月 19 日，麦克阿瑟在亚特兰蒂斯号后座舱的 RMS 控制台上，准备最后一次部署哈勃。望远镜已经在航天飞机上度过了大约 5 天 19 小时。总的来说，哈勃已经在不同架次航天飞机轨道器载荷舱上接受了长达约 27 天的在轨服务，而 5 次任务的时间加起来几乎有整整 1 个月。当她在有效载荷舱上空升起哈勃时，地球上的控制人员命令哈勃打开了它的光圈门。最终释放是在美国中部时间的上午 7 点 57 分。仅仅过了 30 分钟，亚特兰蒂斯号启动发动机离开了。同时，停泊机构顺利收拢。在这一天剩下的时间，将专门使用 RMS 对轨道飞行器的热防护系统进行详细的检查，如果他们在这

一天内完成检查的话，就可以提前一天准备返航。

第 2 天（5 月 20 日）是亚特兰蒂斯号飞行梯队人员在繁忙的行程后应得的休息日。他们的活动包括与总统巴拉克·奥巴马通话，奥巴马说："我想亲自告诉你们，我对你们所有人以及你们所取得的成就感到非常自豪。"他还说，不久就会宣布新的 NASA 行政官，这是因为 NASA 需要确保空间事业持续给 NASA 和整个美国带来惊喜。事实上，退役的美国海军陆战队少将、资深航天飞机指令官查尔斯·F·博尔登即将担任这一职务，这并不是什么大秘密。有趣的是，19 年前博尔登曾驾驶 STS－31 将哈勃送上太空，现在他负责这个机构而服务任务也结束了。STS－125 任务的所有 7 名航天员均参加了 40 分钟的媒体访谈，午餐后他们与国际空间站 19 号梯队进行了交谈，他们分别是俄罗斯指令官根纳季·帕达尔卡、两名俄籍飞行工程师、NASA 航天员迈克·巴拉特，以及日本籍航天员苦田光。相比于此次哈勃任务的顺利实施，国际空间站的相关任务也正在不断推进，而这些并非巧合。基于常规 3 人梯队模式，国际空站间项目团队正在探索建立长期在轨的 6 人组任务梯队，以加快推进空间站建造与维护等各项工作。总而言之，尤其是比起几年前来说，NASA 和国际空间站的处境确实要更加光明。

5 月 21 日亚特兰蒂斯号飞行梯队成员准备着陆，预定的着陆是在第 2 天。航天员把工具设备收起，并检查了 RCS 推力器和飞行控制面板。休斯敦传来消息说，再入返回前的防热瓦检查已经顺利完成。

当天下午飞行梯队人员与马里兰州参议员芭芭拉·米库尔斯基及佛罗里达州参议员比尔·纳尔逊进行了交谈。芭芭拉是该项目一个长期的政治支持者和任务重新启动的主要推动者，纳尔逊是前载荷专家也是参议院的另一名成员。之后他们进一步接受了美国主要电视台的采访。飞行梯队成员还有一项荣誉，那就是他们成为了第 1 次在太空中直接向参议院听证会作报告的航天员，召开听证会的是参议院拨款委员会关于贸易、公正、科学和相关事务的下属机构，由参议员米库尔斯基担任主席。此类证据是由航天员约翰·菲利普斯率先于 2005 年 6 月在国际空间站向众议院科学小组的航天航空分委员会提出的。

当航天员们完成他们的程序和活动时，任务管理层正在监测低压天气的最新状态，因为在过去的 3 天里，它所带来的 16 英寸深的积水严重影响了航天飞机着陆设施。

4.7.1 回家

计划于 5 月 22 日登陆佛罗里达州的计划因雷暴、低云层和阵雨而取消。加利福尼亚的爱德华兹在这一天无法实施着陆，但随后要求做好着陆准备。5 月 23 日，佛罗里达州的天气也不适宜着陆，但 NASA 不愿意选择加利福尼亚的着陆窗口，因为那样会导致亚特兰蒂斯号不能及时执行国际空间站的任务，所以没有选择爱德华兹。5 月 24 日，有两次着陆时机的佛罗里达州的天气依旧无法令人接受，因此，亚特兰蒂斯号在明媚的加利福尼亚阳光下降落在爱德华兹 22 号跑道上。至此，该任务共行驶了 530 万英里（850 万千米），持续了 12 天 21 小时 37 分钟 9 秒。

休斯敦航天中心二级指令舱航天通信员格雷戈里·H·约翰逊说道，“欢迎回家，亚特兰蒂斯号。祝贺你成功地完成了任务，赋予哈勃新的视野，这将继续扩大我们对宇宙的了解。”对此，任务指令官斯科特·奥尔特曼说，这次任务“从开始到结束一直让人保持着兴奋”。

NASA 主管太空科学的副行政官艾德·韦勒告诉记者，现在这个任务宣告圆满成功。来自戈达德的工程师发布报告，新仪器和系统测试进展顺利，到目前为止一切正常。他还回忆起 2004 年 1 月 16 日 SM-4 任务取消的事情。“如果那天你告诉我，我会在几年后坐在这里，完成 5 次完全成功的出舱活动任务，一个全新的哈勃望远镜重新运作，它将很好地运作到它寿命的第 3 个 10 年，当时我不会跟你下赌注哪怕是一分钱。但哈勃确实宣告了美国航天再度辉煌的时代正式开启。”

图 4－28　2009 年 5 月执行哈勃最后一次服务任务的航天飞机在加利福尼亚着陆，结束了始于 19 年前的 1990 年 4 月以来的哈勃服务时代

安全着陆大约 90 分钟之后，飞行梯队成员离开了亚特兰蒂斯号并进行了常规的飞行后医疗检查。他们于 5 月 26 日飞回航天中心附近的艾灵顿场。在爱德华兹的着陆并不理想，因为轨道器必须搭载 747－SCA 返回佛罗里达州，导致接下来的任务增加了 10 天的转移时间。这也使 NASA 额外增加了 180 万美元的成本。

4.7.2　旅程继续

STS－125 任务完成之后，有一个令人高兴的事实，那就是尽管哈勃在将近 20 年的运行时间里出现过许多问题，但是这次在轨服务使它重新焕发了生机。哈勃拥有最先进的仪器，很有希望在原规划基础上再次延续长达 5 年的一流科学服务。然而也有一种悲伤的情绪，因为航天飞机很快就要退役了，以后再也没有人能访问望远镜了。

NASA 主管空间操作的副行政官比尔·格斯登美尔在亚特兰蒂斯号降落之后说，“这个任务展示了人类可以在太空飞行中应对什么样的挑战。这项任务要求航天飞机团队、哈勃科学和在轨服务小组以及飞行梯队成员都做到最好。这个结果是对整个团队和多年准备的致敬。”

艾德·韦勒同样也发出感叹，“这并不是故事的结束，而是哈勃科学观测新篇章的开启。哈勃望远镜将比以往任何时候都更加强大，继续给我们带来惊喜、启发和鼓舞，为下一代空间望远镜发展铺平道路。”[26]

4.7.3 飞行梯队成员继续前进

对于航天员来说，返回地球的初期就是一个系列飞行后的任务报告，随后进行了一系列的旅游和一些公共宣传任务。一段时间里迈克尔·马西米诺继续更新他的“推特”，回来当晚他发布了一条信息。“在家里，即使筋疲力尽，也睡不了太多，与家人聊到深夜分享太空故事时，对太空仍记忆犹新。”第 2 天是美国阵亡将士纪念日，大家得以休假在家，然后他补充说，妻子开车载着他到处逛了几天，因为他还不允许开车，这是他完成任务后重新适应正常生活过程的一部分。他还说“当我打开一袋食品后，以为它还会飘在空中，于是就习惯性地放开了手，幸好没有把它摔坏。”[27]

对于奥尔特曼、马西米诺和格伦斯菲尔德来说，STS－125 是他们最后一次飞行进入太空，他们最终离开了 NASA。奥尔特曼在 2010 年退休，而马西米诺直到 2014 年退休。古德和福伊斯特尔在 2011 年航天飞机退役前一起执行过国际空间站组装任务。对于麦克阿瑟和约翰逊，安排了航天员办公室新的技术岗位，继而等候新的飞行任务规划。“哈勃拥护者”约翰·格伦斯菲尔德在 2010 年离开了 NASA 成为马里兰州巴尔的摩太空望远镜科学研究所的副主任，致力于即将到来的詹姆斯·韦伯太空望远镜（JWST）项目。同年，他还成为巴尔的摩约翰·霍普金斯大学物理与天文学系访问研究教授。2012 年，他返回 NASA 担任科学任务理事会副行政官。

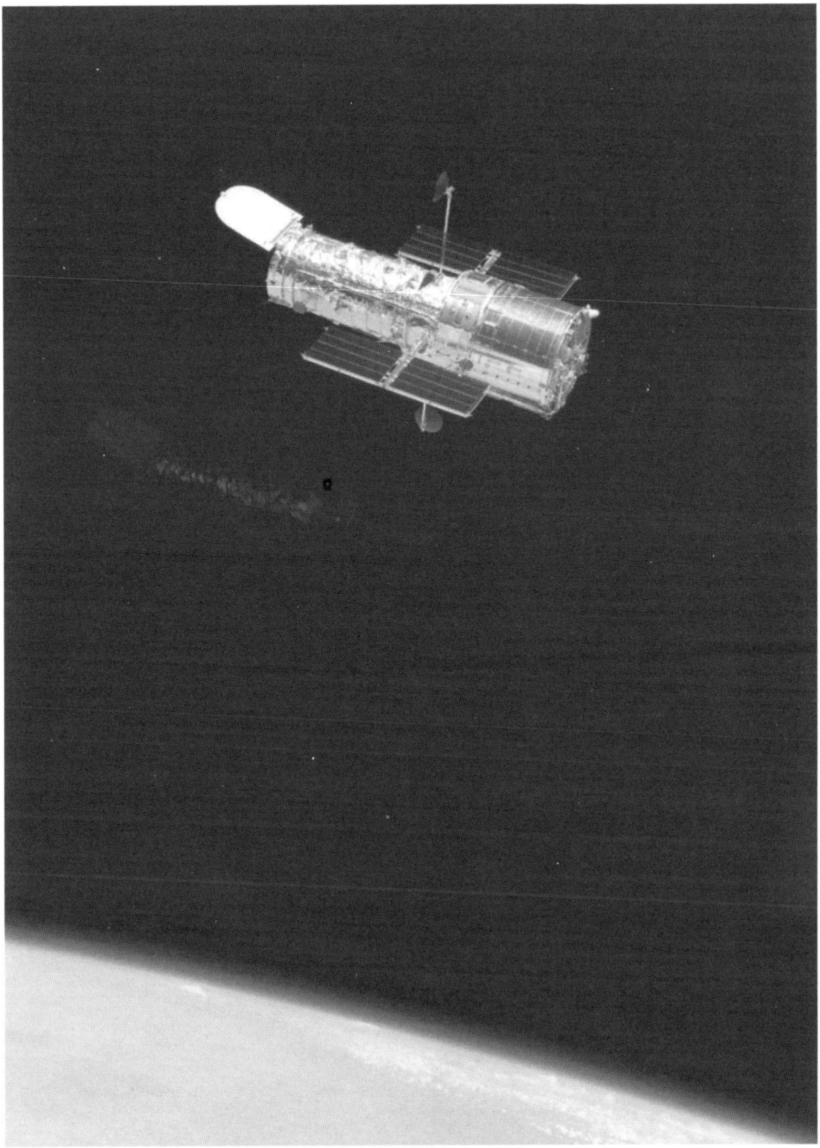

图 4－29　哈勃望远镜的旅程还在继续……

4.7.4　2011 年/国际空间站组装完成 & 航天飞机退役

2011 年 7 月，在完成了最后一次国际空间站组装任务之后，第 135 次航天飞机飞行任务降落地面。巧合的是，最后执行任务的仍是亚特兰蒂斯号，也成了完成国际空间站任务的最后一架航天飞机，结束了持续整整 30 年的航天飞机项目。

参考文献

[1] The Description to Cancel the Hubble Space Telescope Servicing Mission 4 (and its Reversal), Steven J. Dick, in Hubble's Legacy, Roger D. Launius and David H. DeVorkin (eds.) 2014, Appendix, pp151 - 189.

[2] Space Shuttle Costs for Hubble Servicing Mission and Implementation of Safety Recommendations Not Yet Definitive, US GAO Report to the Subcommittee on VA/HUD - Independent Agencies, Committee of Appropriations, U. S. Senate, November 2004, GAO - 05 - 34.

[3] Hubble Space Telescope Servicing Mission Costs, Hubble Fact Sheet, Goddard Space Flight Center, undated circa 2004.

[4] William Readdy Oral History Interview March 23, 2004.

[5] Mission Impossible, John Grunsfeld, in Hubble's Legacy, chapter 6, p67.

[6] AIS interview with Preston Burch, November 13, 2013.

[7] Steven Dick, 2014 p172; Considering Hubble's Fate, a follow up, by Jeff Foust, The Space Review, August 18, 2003; also Life after Hubble, Jeff Foust, The Space Review, February 2, 2004; and Space Shuttle Safety and the Hubble servicing mission, by Dwayne A. Day, Space Review, March 8, 2004; Astronauts lobby for saving Hubble, Marcia Dunn, Associated Press, MSNBC, Technology & Science Space News, March 18, 2004.

[8] AIS interview Preston Burch, 2013.

[9] AIS Interview and Emails from Chuck Shaw, December 2014.

[10] AIS interview and emails from Chuck Shaw, various dates 2014.

[11] http://www.nasa.gov/mission_pages/shuttle/shuttlemissions/sts125/main/interview_Johnson.html, NASA Preflight Interview: Gregory C. Johnson, Pilot, July 31, 2008, last accessed May 12, 2009.

[12] http://www.nasa.gov/mission_pages/shuttle/shuttlemissions/sts125/main/interview_Good.html, NASA Preflight Interview: Michael Good, mission Specialist, July 31, 2008, last accessed May 12, 2009.

[13] http://www.nasa.gov/mission_pages/shuttle/shuttlemissions/sts125/main/interview_McArthur.html, NASA Preflight Interview: Megan McArthur, mission Specialist, July 31, 2008, last accessed May 12, 2009.

[14] http://www.nasa.gov/mission_pages/shuttle/shuttlemissions/sts125/main/interview_Feustel.html, NASA Preflight Interview: Andrew Feustel, mission Specialist, July 31, 2008, last accessed May 12, 2009.

[15] http://www.nasa.gov/Mission_pages/shuttle/behindscenes/hubbletools_prt.htm, Hubble Flight Tests Toolmakers, Steven Siceloff, NASA Kennedy Space Center, May 8, 2009, last accessed May 12, 2009.

[16] http://twitter.com/Astro_Mike tweet dated April 18, 2009, last accessed May 26 2009.

[17] The first underwater sim for final Hubble EVA, Craig Covault, Spaceflight Now, posted May 10, 2009, http://spaceflightnow.com/shuttle/sts125/090510covault/ last accessed June 30, 2014.

[18] Hubble Space Telescope Servicing Mission Four (HST SM4) EVA Challenges for Safe Execution of STS-125, Robert P. Dedalis, William H. Hill, Karin Bergh Rice, Ann M. Cooter, Goddard Conference Paper May 19, 2010, Fourth International Association for the Advancement of Space Safety Conference 19-21 May, 2012, Huntsville, Alabama, USA.

[19] Hubble Facts, HST Orbit Decay and Shuttle Re-boost, HST Program Office, NASA Goddard Space Flight Center, 2003.

[20] Satellite Digest-262, Spaceflight Vol 36 No3 March 1994 p100.

[21] Satellite Digest-300, Spaceflight Vol 39 No5 May 1997 p180.

[22] Email to AIS from Chuck Shaw February 4, 2015.

[23] Email to AIS from Steve Hawley February 6, 2015.

[24] STS-125 Mission Status Reports #1 through 27, May 11-24, 2009, STS-125 launch and landing blog.

[25] Feustel, NASA preflight interview 2009.

[26] NASA's Space Shuttle Returns to Earth after Hubble Mission, NASA News Release 09－120, May 24, 2009, NASA Headquarters.

[27] http://twitter.com/Astro_Mike, last accessed May 26, 2009.

第 5 章　哈勃的未来

航空航天机构工程任务的成功案例通常由克服发展、测试和飞行异常所构成，很多时候正是这些异常推动了技术的发展和未来更可靠系统的出现。但是，人们必须切实掌握这些才能最终获得成功。

——摘自 2004 年在 JSC 的第 37 届航空航天机构研讨会材料

哈勃最后一次在轨服务任务于 2009 年 5 月进行，这也是航天飞机最后一次单独飞行任务。在此之后，所有的航天飞机任务都是为了进行国际空间站组装以及为空间站进行各种补给。由于国际无人货运飞船所提供的运输能力有限，所以航天飞机可以帮助增加国际空间站的补给量。

航天飞机的最后一次飞行任务——2011 年 STS-135 标志着从 30 年前开始的美国载人航天一个时代的结束。这个时代，充满了对未来空间开发和探索的伟大梦想。新的航天飞机将用于建造空间站，构建能够支持工商业和太空企业的大型在轨设施，甚至可能使人类重新探索月球并将人类足迹延伸到其他行星。除了空间站之外，其他的梦想还有待去实现，但有一点可以确定，我们已经比 80 年代初期走得更远了。尽管航天飞机有缺点和局限性，也有反对者和怀疑者，但是航天飞机系统确实在许多技术方面均走在前列，这其中包括航天器在轨服务技术以及返回地球的技术，哈勃太空望远镜任务就是在轨服务技术的一个突出代表。

随着航天飞机退役，美国放弃了带有充气式载荷舱的重型运载火箭。这意味着将不可能再次到访哈勃，或者说实际上是失去对任何卫星进行维修和保养的能力。而且重新对航天飞机进行设计和建造还需要很长的一段时间。或许可以这样说，就像英法协和超声速客机一样，航天飞机的设计同样是超前的，它蕴含了很多先进的设计技术，但是在没有进一步技术发展和资金支持的情况下，只能无情地遭受时代束缚。

距离最后一次航天飞机对哈勃望远镜进行服务已经过了 6 年，望远镜依然在正常运行并提供一流的科学研究数据。对于那些从事策划、设计、建造、发射和日常运作的人来说，这是对他们工作最好的肯定。这也证明了 19 年来在一系列航天飞机任务上付出的巨大努力，将望远镜部署到太空，克服了困扰望远镜的球面像差问题，尤其是在没有更换缺陷主镜的情况下，对望远镜进行了有效的维修和升级。

根据莱曼·斯皮策在 20 世纪 40 年代提出的第一条建议，需要花费 30 多年时间才能达到在太空中部署望远镜的地步。这似乎是很久以前的事了，但实际上并非如此。现在离发射 30 周年还有不到 5 年的时间，时间是过得如此之快。因此，在我们等待哈勃太空望远镜和航天飞机的后续行动时，虽然已经确定不能使用航天飞机对望远镜进行维修了，但是它们对该计划的影响仍然以多种形式持续下去。哈勃感谢那些维修它和使它持续运行的人们，虽然他们中的许多人已经转向了新的目标和挑战，但是哈勃仍在他们心中。

5.1　哈勃继续在轨飞行

哈勃每天绕地球飞行 15 圈，利用一切机会来观测天体，并通过 TDRS 地球同步轨道中继卫星将观测数据传输至位于戈达德航天飞行中心的太空望远镜运行控制中心，进而传送给太空望远镜科学研究所。哈勃因其观测而闻名世界，但从通过服务任务返回地球的硬件上人们也能得到一些额外的数据。通过了解为什么某些材料可以长时间地暴露在空间环境下，而其他材料却不能，设计师们就可以使卫星更好地在空间环境中运行。这是航天科研任务及其技术发展的一部分。

5.2 哈勃回收计划

材料技术是设计和开发航天产品的重要组成部分。航天器在轨运行很长时间后，要对回收的硬件采集合适样品来进行检验。在这里展示的只是通过哈勃服务任务返回地球的所有材料中进行的数百项研究和调查中的一部分，包括物理硬件、样本、照片和视频、电视报道、天地对话及评论、航天员的任务汇报会以及哈勃独立于科学计划之外而定期提供的大量飞行数据。然后将其与飞行前数据和数百个测试、模拟结果进行比较，同时也与硬件测试、训练和飞行硬件的评估结果进行比较等等。在互联网中的数十篇科学技术论文、文章、专题介绍和官方报告中，不仅包括了哈勃试验、元器件和材料的发展，而且还包括了在服务任务完成后，对回收材料的分析。这足以让工程师和科学家忙碌多年，更不用说作家、研究人员和在校学生。

5.2.1 部件回收

早期的卫星不是为了回到地球而设计的，它们的设计目的只是为了在太空中运行并通过无线通信报告它们的状态，在那个时候实现这一点已经够难了。后来工程师开始设计一个系统，使重要的元件在进入大气层后能够保存下来，以便能够完整地回收这些元件，从而可以进行飞行后的检查。

军事侦察卫星率先使用这种技术，即让曝光胶片通过返回舱返回地球。之后，这项技术应用在小型科学卫星上，使生物样本暴露于空间环境中然后返回生物样本。一些科学任务需要很长时间才能完成，但由于返回的有效载荷是有限的，进入大气层和着陆过程中的特殊环境使其不能真正提供关于所用材料耐久性的重要信息。对于载人航天飞行来说，载人舱段要求更大，任务就会更复杂。尽管如此，由于返回有效载荷的重量限制，从空间返回样本的可用数量仍然很小。航天器系统返回时唯一能够完整保存下来的就是回收舱。在水星、双子座和阿波罗（美国），东方号/日出号和联盟号 SSR（俄罗斯），以及神舟号（中国）中都应用了这些设计。多年来，已经有几十个载人返回舱回收用于研究，主要是使用烧蚀型防热材料来保护返回舱安全返回地球。在其中的几个任务中，各种材料样品在短时间内暴露在空间环境中，然后由航天员带回地球进行分析。阿波罗 12 号带回的样本还包括在航天员降落在其附近之前，在月球表面工作了 30 个月的无人 3 号测量飞船的部件。空间站的出现为研究长期暴露在低轨道环境中的材料和硬件提供了条件。而且，站外的样品以及大量的照片会帮助工程师和科学家了解在空间环境中不同材料会产生什么变化。但即使是这些研究仍然非常有限。我们需要的是能够将一台在轨数月或数年的大型飞行器送回地球的能力。航天飞机及其巨大的有效载荷舱使其成为可能。

5.2.2　整星回收

随着在 1981 年发射可重复使用的航天飞机，不仅航天飞机自身可以在任务结束后返回地面进行仔细检查，而且通过它的机械臂、巨大的有效载荷舱和航天员出舱活动设施等，航天飞机也能够与已经在太空中运行了一段时间的卫星连接，回收它们并且将其返回地球进行分析，至少在理论上，可以将卫星再次部署到轨道上。

在航天飞机回收的硬件中，最著名的是在 1984 年通过 STS－51A 带回的印尼通信卫星（Palapa）和西联通信卫星（Westar）、1990 年通过 STS－32 带回的长时间暴露试验设施（LDEF）、1993 年由 STS－57 带回的欧洲 EURECA 自由飞行平台，以及 1996 年由 STS－72 带回的日本空间飞行器（SFU）。多年来，各种各样的卫星被捕获，以便航天员们能够在上面工作，但它们随后又被放回轨道上。在返回地球的那些卫星中，之前被 STS－41B 部署的 Palapa 和 Westar 几乎一模一样，它们在发射时没曾想过还能返回地球。但是原本要把它们送入地球静止轨道的固体火箭发动机出现了故障，虽然这种卫星的设计并不是为了可回收，但是一旦设计好配套程序和工具，理论上它们就能成功地回收、返回地球、改进翻新、并随后通过消耗性运载火箭重新进行发射。日本和欧洲的航天器都是为了在太空中停留数月进行回收而设计的，虽然设计成可重复使用，但是它们没有被再次使用过。LDEF 在 STS-41C 部署后计划在轨道上只停留一年，但是由于 1986 年挑战者号的失事使得回收延迟，这也意味着当它被回收时，已经在太空中停留了近 6 年的时间。所有这些回收的航天器在长时间的轨道飞行方面给我们提供了更多的信息。

一开始的想法是定期将哈勃返回地球进行重大维修，但很快就改为在轨维修。有那么一段时间，人们希望在任务结束后能够将望远镜返回地球，以便在将其捐赠给博物馆之前进行拆解和研究，但是这难以实现。尽管如此，还是有可能在一系列在轨服务任务中研究哈勃望远镜，并取回硬件进行检测。哈勃任务中经常被忽视的一个方面，是它同时还为人们提供了有价值的材料信息，这有助于使未来航天器在更安全、更经济的环境下工作更长时间。

5.3 材料工程

建造一个在轨航天器，尤其是像哈勃这样精密的航天器，在这个过程中，最具挑战性的就是选用什么材料。在建造过程中，完成组件的测试后，下一步就是让航天器飞起来，以知道它是如何工作的。因此花费一些时间对那些在太空中的材料样品进行分析是有必要的，这样可以分析它们适应复杂空间环境的能力。从哈勃望远镜返回的 LDEF 和其他部件有助于推动材料科学在太空应用领域的发展。

NASA 戈达德的材料工程师本·里德解释了哈勃是如何帮助工程师们进一步发展材料技术的[1]。最初以为哈勃每 3 年就要在轨服务一次，但最终是接近 5 年一次，所以我们致力于研制下一次服务任务中要使用的各种仪器，同时将建造飞行硬件和训练航天员作为主要任务。这种方式运行得很好，我们团队能够持续保持 20 年稳定工作，不是因为这是一个工作计划，而是因为每一个新的服务任务都比以前更具挑战性。由于核心人员持续在岗，服务任务从 3A 到 3B 再到 4，我们变得更加精明、有经验并更有见识。因此，尽管任务挑战越来越大，对哈勃团队来说有如开展同样的工作，但是取得的成果却越来越大。

“电子科技的发展使得在航空航天领域中的所有电子部件至少可以使用 5 年。半导体行业的技术进步非常迅速，哈勃太空望远镜就从中获益，以至于我们的探测器在两次服务任务之间的 3、4 或 5 年内得到了极大的改善。因为在这段时间里技术进步非常迅速，这意味着每台仪器的性能都比前一台仪器高出 10 倍，而且现在依然如此。例如在服务任务 3A 中，一台 486 替换了阿波罗时代的飞行计算机（DF－224）。那不是一台你在家中使用的 486 计算机，它是双核的且拥有更多的功能。从阿波罗到 486，有多少代电脑被超越？顺便说一下，这台电脑现在仍然可以使用。所以在 5 年服务周期内，需要研制更为复杂的仪器、训练航天员和训练像我这样坐在控制台上的人。5 年似乎是一个很好的间隔时间。当然，由于哥伦比亚号失事，最后一次服务任务被推迟了，这次事件的影响极为深远。”

此外，里德还解释了材料工程在在轨服务哈勃方面的作用。“材料工程担任了两个角色。首先它担任了保证航天器任务顺利进行的一方。我会定期向他们发送报告和审批材料。在我工作的每一个任务中我希望经我核实的在旁边的两万磅（9 072 千克）硬件不会伤害到航天员。另一方面系统工程方面，那也是我的兴趣所在。他们进来并且说：‘我们需要把这个 14 英尺的散热器安装到哈勃的外面，由于没有支架，所以我们打算临时把它夹到航天员的扶手上。’麻烦的是，散热器每天会发生 15 次膨胀和收缩，每年就是 5 000 次。而且，由于它的膨胀和收缩与望远镜不同，最终会使望远镜的扶手因发生结构疲劳而折断，这将危及我们的科研能力。所以我们需要的是一种能让我们把它附在扶手上的材料。这种材料必须满足要求，即有足够的刚度，这样它就不会滑动。但是它也不能太过刚硬，以

图 5-1 哈勃太空望远镜 GSFC 首席材料工程师本 · 里德（图片来自戈达德航天飞行中心）

至于 5 年后由于金属疲劳而失效。顺便说一下，它不会污染仪器。这正是我所喜爱的，所以在接下来的 2 年中我会与热控团队、出舱团队、机械团队和能源团队一起工作，以确保我们是从系统角度来看待这个问题的，并且保证我研制出的材料（还要加上验证它的测试程序）是符合要求的。我们的团队成员涵盖了所有的学科，每天的讨论就像日常会议一样。在这样的事情上工作 12 年正是我所喜欢的。”

“一个仪器重 700 磅，我会亲自参与其中 1% 质量的工作，并会

图 5-2 本·里德（左）在 STS-125 期间与热防护系统图像协调员丹·史密斯进行了会谈。他们位于休斯敦 JSC 任务控制中心的有效载荷操作控制中心（图片来自戈达德航天飞行中心）

起到重要的作用。其中大部分是对标准钛和复合材料的审查和批准，确保里面没有隐藏其他材料。但是，我能够真正参与进去的机会只有 1%～2%，那就是当热力学或者电子工程师碰到一个问题时，而且是不能通过万能胶或复合材料解决的问题。”

“我们从哈勃上带回来的东西，大部分都是整个仪器，事实证明，它在轨道上运行 3、4、5 或 10 年后并没有太大的改变。除了由于它们暴露在太阳辐射、X 射线、原子氧和热循环环境中，航天器表面的材料已经发生改变。所以说，我们带回来的其他东西都是来自望远镜内部。在担任这个职位的 12 年中，我每周都在思考哈勃望远镜上的陀螺仪。陀螺仪工作的方式是将望远镜的姿态特性反馈给控制系统，从而制定有效的控制策略。哈勃比任何其他人造卫星做得更好的是它的指向能力。它可以锁定目标，然后在 24 小时内保持

6 毫秒的精度。这好比在一英里远处持续对焦一根头发丝，哈勃能够做到这样的事情，比如在哈勃深度场和超深度场的图像中进行百万秒曝光，而不会出现抖动和漂移现象。哈勃的能力核心即是陀螺仪，陀螺仪的核心就是这个以每分钟 5 000 转转速旋转的小轮子。而且它需要与航天器的其余部分隔离，所以陀螺仪的运动是独立于航天器运动的。两者之间的数值差就是它所感知到的运动。我们需要为这个旋转轮提供动力，以便它能够持续旋转，所以会有一些微小的柔性导线可以将能量传递给转子。现在这些导线漂浮在一种会随着时间慢慢分解并产生游离溴的液体中。游离溴具有很强的腐蚀性，会侵蚀柔性导线的金属从而进入导线，紧接着将导线腐蚀使其断裂并最终导致陀螺仪失效。哈勃 SM－3 分成 3A 和 3B 即是因为陀螺仪故障，这就是服务任务 3A 存在的原因，因为柔性导线在轨道上断裂，导致陀螺仪性能下降。哈勃有很多失效的陀螺仪，但是无法逐一分析数据。我花了很多时间研究陀螺仪问题，并改善柔性导线。因此，我们通过检查返回的材料，然后再采取必要的改进设计。”

当然，并不是所有的飞行后工作都是在戈达德进行的，有的是在美国其他 NASA 中心进行分析，还有的在承包商、学术界和 ESA 进行分析。根据本·里德所说，最好的例子就是望远镜外部的隔热层破裂。“由戈达德的成员、俄亥俄州的刘易斯研究中心和阿拉巴马州的马歇尔航天飞行中心组成的团队，最终和约翰逊航天中心和英国伦敦的自然历史博物馆进行了合作。他们有一个团队，拥有独特的设备使他们能够检查哈勃隔热层和回收的 WFPC－2 中的结构破损，以确定残留的绝对微小材料是来自地面还是来自太空。它们是人为碎片，还是来自太空的微小流星？我们已经从 NASA 跨中心拓宽至政府部门，对这个返回材料进行合作研究。”

从哈勃飞行过程中获取数据也很重要，不仅要得到仪器的科学数据，而且还要从记录与环境和材料状况有关参数的传感器中获得数据。正如里德所回忆的那样，“哈勃中间部分设置了 10 个设备舱，大小大约是办公室门的四分之三。哈勃电子设备像所有的电子设备一样，效率其实并不高；它使用的是半导体而不是超导体，因此它产生的热量必须以某种方式消散。由于我们没有空气冷却风扇，所以我们把热量消散在太空中。例如，在 Bay5 中，就在 NICMOS 仪器的正上方，一个设备安装在该门的背面，但是设备的信号发射器变得太热。因此，我们对望远镜进行了滚动姿态约束。如果转向出现问题，那么信号发射器就会出现过热，并且会使焊料过热和熔化，所以哈勃望远镜科学观测能力现在必须加以限制，以有效防止电子设备过热。”

“所以研究团队找到在轨服务团队——我的上司弗兰克·切波利纳，说：‘嘿，你能做些什么呢?’我们唯一能做的就是在电子盒的背面让航天员安装一个更好的导热垫片，但散热器还是有限的。我们需要的是以某种方式制造一个更大的散热器空间。最好的解决办法是制成一个具备散热功能的舱门。为实现这个操作，在最后一次服务任务 SM－4 中在 Bay5 和 Bay8 中设计了一个 NOBL，这要求航天员拆除一定数量的热控多层，并把它带回来，然后用超软的铝箔面板代替它。但是，如果这个面板安装时不能大面积贴合，那么它只是另一个隔热层，而不是一个真正的散热器。所以我们需要一种特殊的粘合剂，这种粘合剂在轨道上仍然要保持粘性。在温度降到零下 75 摄氏度，也就是零下 100 华氏度，粘合剂仍然保持粘性，但是它不能污染航天员的衣服。我参与了粘合剂的开发，并且告诉航天员如何使用粘合剂。在最后的任务中，约翰·格伦斯菲尔德拆除 MLI 并安装新的 NOBL，同时拆下了大约你桌子一半面积大小的散热内衬，然后把它塞进一个垃圾袋，接下来将这个铝箔贴在之前没有产生散热的辐射表面。在出舱之前、出舱期间和出舱之后这三个阶段，我们都有非常漂亮的设备舱电子设备的温度云图，而且出舱前和出舱后相差了 13℃，这是由于放上散热器导致电子设备的温度降低了 13℃。这足以让我们取消对航天器滚动方向的姿态限制，恢复它原来收集科学数据的能力。在此过程中实时遥测显示出现了一个问题，随后我们很快将其顺利解决。那天晚上我睡得很好，因为约翰·格伦斯菲尔德在拆除设备的过程中喊出我的名字，所以我觉得这是个双重奖励。”

图 5-3　每次服务任务后的工作总会包含对回收材料的详细检查。在这里，本·里德研究了由 SM-3A（STS-103）带回地球的一部分哈勃热控多层（图片来自戈达德航天飞行中心）

5.4　环境影响

哈勃望远镜的服务任务主要是为了提高观测性能，同时确保系统和科学仪器在较长时间内的高效运行。这项工作中的一部分是回收不再需要的硬件项目，并对回收部分进行分析。对于一个专门的航空航天工程师小组来说，这无疑是有了一个分析已经被替换、修理、改进或者取消的硬件的机会。

当望远镜在太空中待了三年半之后，哈勃小组对第一个服务任务返回地面的硬件进行了初步分析。随后的服务任务带回了新的材料及其相关信息，从而扩大了研究范围，并不断将研究信息更新到空间环境材料适应性研究的数据库中[2]。

5.4.1　SM－1 回收的硬件

第 1 次在轨服务带回的硬件包括两个完整的仪器（WFPC－1 和高速光度计）、第一代太阳能电池板之一（另一个被在轨扔弃）、两个速率传感元件（RSU）、两个电气控制元件（ECU）和一些保护望远镜电路的保险丝插头。

返回地面后，研究人员首先对这些物品进行了初步的和最低等级的评估，比如太阳能电池板被详细拍照记录，污染样品被包装运回 ESA。剩下的硬件装在以前用于伽马射线观测站（GRO）和 LDEF 组装运输系统（LATS）改装的产品存放设施中，随后被运输到戈达德，为了让回收的存储环境足够洁净，在佛罗里达州到马里兰州的旅途中一直在关注清洁存放设施。

5.4.2　分析小组

对 SM－1 带回的哈勃硬件的检查与对回收的 LDEF 卫星材料的检查类似。所以这次要参考 LDEF 处理过程相关经验。1994 年 1 月 27 日，在戈达德召开的计划会议和电话会议得到了几位 LDEF 检查员的支持，他们将相关经验教训分享给了哈勃硬件的分析研究团队。因此，在哈勃飞行后检查计划的早期阶段，决定采用在分析 LDEF 项目中使用过的 Systems SIG 来对机械、热学、电气和光学这四个主要工程学科进行分析。这个系统是在回收 LDEF 之前开发的，测试的重点是“从上到下”，这意味着每个系统在拆解单元和测试每个子系统和组件之前都已经在最高的可行水平上进行了测试。Systems SIG 的使用还意味着对于所有的结果，包括原始数据，甚至是不会再次飞行的硬件，都需要建立有效和安全的数据档案系统，以便在将来的某个时候进行进一步的、更深入的分析和研究。在电子、润滑剂、密封件、机械、热管、太阳能电池、粘合剂和光学元件（包括窗口、镜面、过滤器和传感器）等研究领域，也重点梳理了几个需要长期保护的飞行硬件。

5.4.3 评估系统

评估方法取决于所研究的内容。然而，系统部件评估首先是通过目视检查，并结合相关图像进行分析，同时对所有数据进行整合分类处理，以便于进一步的研究。

对于光学元件，评估的重点是光学特性以及空间环境对其所造成的变化。在戈达德，没有进行小反射镜（例如 M1 反射镜，拾光镜和 WFPC－1 的光圈窗口）端到端的系统测试，这是因为模拟在轨极端寒冷温度的成本太高。对于望远镜组件、表面及内外部的污染物沉积的评估，则通过在各个位置进行的冲洗、刮擦、胶带粘附、夹拭来采集完成。机械评估包括锁紧机构的性能评估、盲插连接和导轨以及润滑剂的取样。对于电气和电子测试，在戈达德利用 VEST 测试工具进行电流电压测试（IVT）、电气集成连续性和隔离测试（EICIT），以及功能和性能测试。随后，再与发射前测试结果进行比较，以确定环境对组件的影响。热效应的评估包括对内部和外部表面以及多层绝缘体的热性能、热辐射涂层（TEC）退化的测量和评估以及热管性能的测量和评估。还有一个关于微流星体和人造轨道碎片对硬件外部的影响研究。硬件承包商和科学仪器供应商也对印刷电路板、焊点和少许电气部件等进行了更详细的分析。

对飞行支持结构和航天飞机有效载荷舱中的各种仪器载体以及出舱活动所使用的工具也进行了相应的飞行后分析，以获得额外的参考资料和数据信息，用来评估空间硬件的磨损程度。

5.4.4　回收硬件的检查结果

下面详细介绍 SM－1 所返回硬件的检查结果。需要注意的是，科学仪器 WFPC－1 和 HSP 在更换时均处于运行状态。

WFPC－1 在极冷的传感器窗口上显示出异常的污染效应，表观上显示为围绕一连串斑点逐步形成污染物凝结，这与在 LDEF 上发现的情况相似。在肯尼迪航天中心进行的初步检查中，M1（紫外线）反射镜外缘的铝涂层出现明显的起泡和剥落，但其余反射镜基本上是干净的。WFPC－1 外部暴露在一个面向深空的环境中，但是发现其内部的拾光镜处于良好状态，仅有少量尘埃颗粒。在仪器外的散热器表面发现了二十几个高速撞击处，与 LDEF 上的发现相似，这些撞击都是对称的，呈倾斜的凹坑形状，撞击导致表面的油漆受损。对返回的太阳能电池板进行初步检查发现母线出现了分层现象，两个铰链销已经开始“松动”。ESA 后来进行了功能测试和大量的微型流星体/碎片撞击检查。

5.5　空间碎片

“人们越来越关心微流星体/空间碎片对航天器的影响，这引起了人们对威胁哈勃太空望远镜的讨论……临界穿透指的是会降低望远镜在轨运行的能力或者会显著降低科学数据质量的碎片碰撞及穿透。”[3]在望远镜发射 4 年前写下的这个声明，是对轨道碎片和微流星体造成结构破坏研究的一部分。报告确定了最有可能发生穿透的位置，在这些位置穿透可能会使光线干扰望远镜的观测能力。另外，对结构的穿透可能会导致航天器不能使用，对关键系统或部件造成损害。

5.5.1 发射前研究预测

根据望远镜310英里（500千米）的运行轨道高度处的流星体/碎片状态预测，研究人员着重评估了望远镜暴露在流星体/碎片环境中的时间以及暴露在该环境中的结构区域，对于每个部件或关键位置的“无穿透”（在尺度上为零）的概率等等。研究考察了对单层和双层结构的影响力，并给出了主要支撑结构和系统对于碰撞影响是否关键的评估，最终确定了如下主要依据：是否位于主结构内、暴露在环境中表面积所占比例、是否为ORU、是否对这种破坏具有耐受性。

对于舱内组件，已经确定它们被足够大面积材料和结构充分保护，确保它们几乎不受撞击影响。小面积暴露在外部环境中的部件，包括高增益天线台和高增益天线馈源等，由于对粒子撞击的目标面积较小，其穿透概率也极小。ORU对于望远镜的操作并不重要，因为从设计上看，如果出现损坏可以被替换，因此不包括在最终报告中。ORU包括低增益天线、太阳能电池板、OTA设备部分和SSM设备部分。其余所有的关键组件都暴露在空间环境中，包括磁力矩器等，因为它们外露的面积小，所以对损坏具有较高的承受力；用于高增益和低增益天线的波导，对直径高达0.5～0.75英寸（12.7～19.05毫米）的孔的穿透具有一定的容限，但无法承受哪怕较小撞击引起的连锁效应；另外还有暴露的电缆，由于采用了冗余设计，因此具有较高的损坏容限。

为了测试孔径、光罩、前罩、四个独特的后罩区域和后罩板舱壁的穿透能力，通过设计试验让各种尺寸的颗粒由小孔气枪高速射出。通过记录颗粒的速度和质量并测量所产生的孔的大小来确定对结构的影响。测试评估了什么样的屏蔽已经到位，以及是否需要额外的保护，如多层防护结构等。在马歇尔航天中心，通过EB23将孔尺寸分为性能下降最小、性能下降和性能严重下降，从而进一步定义了望远镜每个区域的杂散光余量。性能下降是比最低水平差 10 倍的水平，严重下降是比性能下降再低 10 倍的水平。在测试期间调整了颗粒尺寸，以确定上述区域的临界穿透概率。通过测试发现，“报告显示，在哈勃望远镜使用寿命为 2 年时，有 92.25%的可能性不会发生严重的穿透。”这种可能性是针对造成望远镜观测能力最严重退化的穿透。报告还指出，最有可能承受严重影响的区域是后罩，并且建议开发杂散光泄漏修复技术，有可能会使用 MLI 毛毯和 Forza 胶带作为修复材料。

记录撞击损伤是服务任务的目的之一，STS－31 任务部署望远镜时也为此提供了一个机会，可以将该设施的图像以一种近乎原始的状态记录下来作为参考。在第一次服务任务即 STS－61，对 DTO 于 648 的电子照相机（ESC）进行了测试，并且准备通过接下来的两次服务任务来更详细地调查记录哈勃的异常[4]。

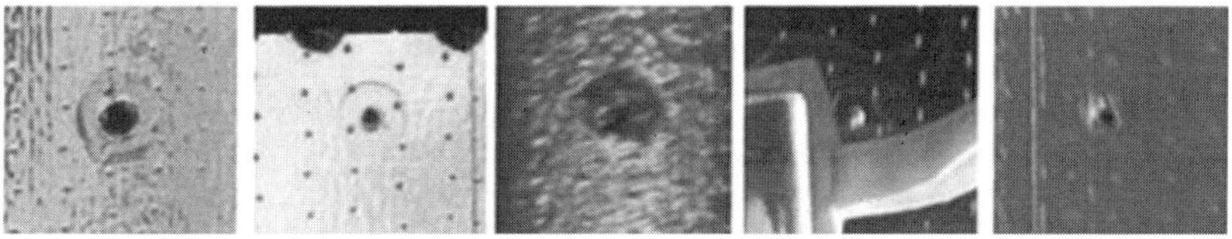

图 5－4　在 STS－103 任务时使用 400 毫米镜头拍摄的 5 张撞击照片

5.5.2　哈勃撞击损伤状态

在 STS－82 和 STS－103 中，航天员获得了高速撞击的图像[5]。在 STS－103 中，就在望远镜发射十周年之前的几个月，斯科特·凯利在后驾驶舱使用 ESC 来记录望远镜所有可见区域的图像。为了完成这个任务，他曾接受过专门的训练，在全变焦设置下使用了 3.12～7.8 英寸（80～200 毫米）的镜头，而在选定的部位使用了

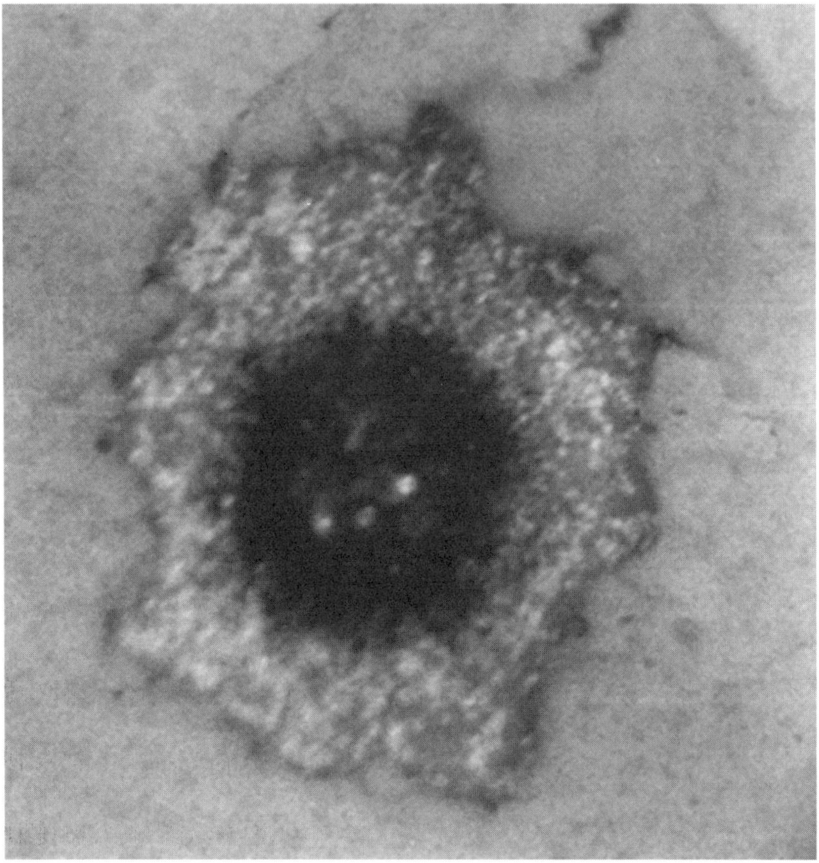

图 5 - 5　望远镜局部撞击损伤状态的特写，受损区域尺寸为 500 微米×540 微米

15.6 英寸/400 毫米的长焦镜头。他总共拍摄了 99 张图片，其中 50 张是来自 7.8 英寸/200 毫米镜头，49 张是来自 15.6 英寸/400 毫米镜头。选择了 571 个撞击特性进行描述和分析；398 张图像来自 7.8 英寸/200 毫米镜头，173 张图像来自 15.6 英寸/400 毫米镜头。在可行的情况下，JSC 图像科学和分析组测量了孔和周边分层结构的尺寸。在 7.8 英寸/200 毫米图像中识别的最大孔为 0.07～0.31 英寸（2～3 毫米）。15.6 英寸/400 毫米图像中的大部分孔在 0.039～0.07

英寸（1～2 毫米）的范围内。通常，分层结构是实际孔的两倍。近十年来，哈勃-V3 象限的平均撞击密度约为每平方英尺 265.6 次（每平方米 45 次）。这种图像分析不能区分微流星体和空间碎片造成的影响，但可以通过进一步的统计来分析研究这两者之间的不同特征[6]。

5.5.3 碎片分析

2009 年 5 月，在第 5 次也是最后一次在轨服务任务（STS-125）期间，WFPC-2 仪器从望远镜上取下，存放在有效载荷舱内最终返回地球。自从 SM-1 任务安装相机之后的 16 年内，热辐射器已经被撞击了 700 次，产生了多处直径为 300 微米及以上的凹坑。在进一步的光学检查之后，NASA 和 ESA 于 2011 年达成协议，对撞击坑及相关材料进行分析。在 JSC 的空间硬件洁净室检查了热辐射器的受损区域，并从撞击特性中提取了 486 个“特征区域”。然后将这些样本在两个机构之间进行分类以做进一步的研究。

NASA 的研究是在 JSC 宇宙材料研究和探索科学部门（ARES）的帮助下进行的，使用了扫描电子显微镜（SEM）和能量色散 X 射线光谱（EDS）技术。ESA 分析是采用伦敦自然历史博物馆的 SEM/EDS 方法进行的。另外，在萨里大学的离子束中心（IBC）使用了扫描质子微束的离子束分析（IBA）方法进行了研究。测试工作持续进行，他们的研究结果会在会议和座谈会上进行报告。所以，哈勃样本仍在促进着碎片对航天器影响的研究计划发展，这有助于为未来的空间结构制定合理的保护措施。这项研究也增加了我们对人造轨道碎片和微流星体造成的撞击破坏之间差异性的理解。

5.6 航天员的照片记录

在载人航天飞行中，航天员使用照片进行记录一直是标准做法。这些年来，尽管设备和技术发生了变化，但目标仍然相同。通过使用一系列的摄影设备和技术，工作人员已经建立了大量的图像和视频数据库，这些图像和视频显示了硬件长期暴露在空间环境下的变化情况。摄影记录的特定事件或场景让人很感兴趣，而且会为任务的具体目标补充更详细的照片，就像斯科特·凯利在 STS-103 中的情况。这些补充图像来自于每个飞行梯队成员的实时观察以及飞行后关于照片和录像内容的汇报。

图像记录主要是用于某一瞬间特征、老化和环境对望远镜的影响。在地球上构建和测试过程中得到的图像使得工程师和航天员能够将硬件或材料样本可视化，有助于做出关于在轨服务和维护的合理方案。随后 6 次与哈勃相关的航天飞机任务在轨进行了大量的拍摄，进一步补充了这些图像。这份独特的图像系列工作开始于 20 世纪 70 年代后期的制造、20 世纪 80 年代的测试、1990 年的启动准备和部署，以及接下来 20 年的在轨服务。每隔几年重新访问哈勃望远镜的机会，为工程师和科学家们提供了大量的视觉证据，显示他们的硬件如何在 19 年的时间内变化。对于哈勃任务来讲，部署任务和前 4 次服务任务之间的间隔时间为 3 年，最后两次服务任务之间的间隔时间则为 7 年。航天员对望远镜状态的分析和飞行后对望远镜状态的评估，还有对返回硬件的监测等，这些信息建立了一个庞大的数据库，足以表征航天器是如何随着时间的推移而老化的。

5.6.1 摄影测量评估

1997 年 2 月在 SM-2 任务期间对太阳能电池板的评估是哈勃任务中使用摄影的一个例子[7]。两个太阳能电池板在 1993 年 12 月 SM-1 任务中被替换，其中一个正在地球进行分析。部署的第二代电池板的照片揭示了在 11～31 英寸（27.94～78.74 厘米）范围内存在几何变形。在戈达德进行地面模拟之后，已经确定这是在轨负载导致的，而且变形可能会加剧，如果达到一定的水平，那么电池板的完整性可能会受到损坏。考虑到这些检查结果和可能存在的风险，1995 年 4 月，在戈达德的哈勃飞行系统与在轨服务项目组（HST FS&S）要求 JSC 的图像科学与分析小组（IS&AG）对 1997 年 2 月

SM－2 期间的扭转运动状态进行摄影测量分析。

图 5－6　马克·C·李在 SM－2 期间通过便携手持式设备拍摄了哈勃表面的图像，这是每次任务都要进行的长时间图片摄录工作的一部分

5.6.2　摄影测量规划

为了满足获取"扭曲状态"的要求，STS－82 的飞行梯队成员在执行第一次出舱任务之前和完成最后一次出舱之后，要获得太阳能电池板的 8 个顶端位置的三维（3D）测量结果。这项研究要求在轨道飞行器的游标器 RCS 发射期间，也就是紧接着在计划使用航天器推力器重新提升哈勃轨道高度之前，测量电池板端部在二维平面外的振幅和频率，其精度要求为正负 0.5 英寸（12.7 毫米）。飞行梯队成员将对视频数据进行下载处理，对此需要进行快速分析和总结，以使 FS&S 团队能够针对即将到来的出舱计划中的潜在风险做出关

键决策。飞行后分析是为了在 SM－2 服务任务结束时确定电池板的“最佳和最终”位置，用来支持下一步服务任务的计划。另外，通过对在推力器点火期间收集的电池板运动数据的分析，能够便于对其进行动力学的特性分析。

图 5－7　在有效载荷舱内的哈勃望远镜，其中显示了在 SM－2 期间拍摄的电池板细节

所采用的方法就是在有效载荷舱内使用 4 台相机进行两两组合拍摄，这个方法以前在和平号空间站的任务中使用过。每个摄像机在望远镜的已知位置上对齐，太阳能电池板顶端的位置由两个矢量（每一个矢量来自一台摄像机，从图像的标定中心到电池板顶端的当

前点）的交集来识别，然后使用单个摄像机测量每个电池板角点的运动。该运动是由已知物体距相机的距离的比例因子来确定物体距离。研究人员在规划和评估方法方面做了大量工作，得到一个最优的结果。还需要研究视角和照明等因素的影响，当然还有航天员和飞行控制员的培训、模拟和测试、选择合适的摄像头、开发适当的培训辅助工具以及生成飞行文件。

5.6.3 计划和培训

在规划过程中人们决定，如果在在轨服务和再启动操作期间将电池板展开，那么就可以避免不必要的风险，包括电池阵重复展收过程产生的应力。后来的结构动力学分析表明，电池板可能无法承受航天飞机的主 RCS 在重新启动期间的加速度过载，这可能会在电池板双撑杆处施加过度的载荷，并且太阳能电池板顶端的面外变形可能与施加在双撑杆上的应力直接相关。因此，在航天飞机主 RCS 再启动之前，人们提出了一个重新测量电池板的动态位移方案。

STS－82 飞行梯队成员曾参加了 3 次培训来熟悉摄像过程，培训包括 IS&AG 分析师的概述、任务操作中的摄影/视频训练和 JSC 的虚拟现实训练。此外，3 个综合模拟（JIS＃1，＃2 和＃5）的部分内容也用于支持对上述操作练习的准备。

5.6.4 结果对比分析

在 STS－82 飞行任务期间，所有数据都被成功收集，几乎所有的分析都是实时进行的，只有在飞行第 5 天期间一个电池板上的两个边角位置的测量数据是例外。除了最初的静态变形测试之外，所有结果都实时地传送给了 FS&S 团队。人们使用 FD3（V－RCS 环）、4、5（FSS 旋转）和 8（气闸压下，旋转和再启动）来收集 4 个角点所有静态变形结果，但是 FD6 和 FD7 的结果与其他 4 个结果明显不同，这是因为在 FD6 和 FD7 期间，哈勃处于不同的位置。得到的结论是在任务期间没有显著的结构变化。

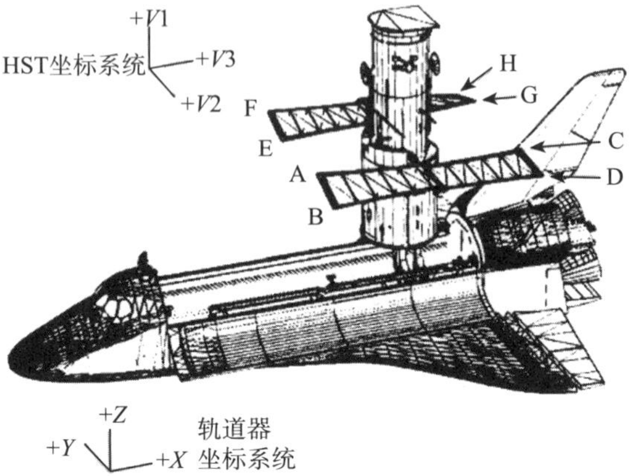

图 5-8　哈勃处于有效载荷舱内的示意图，其中包括太阳能电池板的标识以及在 STS-82 任务中进行摄影记录所使用的航天飞机哈勃坐标系统

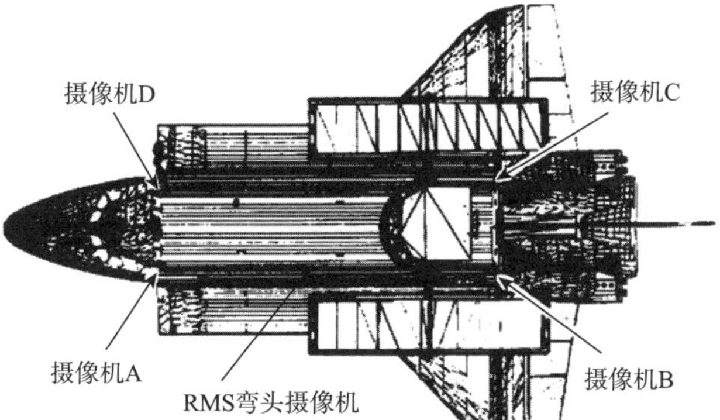

图 5-9　用于获取太阳能电池板顶端图像的摄像机在有效载荷舱中的布局

针对 V-RCS 引起的运动事件，技术人员进行了两项运动分析。电池阵角点之间的最大位移是 0.6 英寸（15.24 毫米）。角点 B 的位移为 0.7 英寸（17.78 毫米）。两者都存在 0.1 Hz 左右的振动响应。当气闸舱在 FD8 阶段减压时，总共有 22 英寸（55.88 厘米）的位移，振动频率为 0.1 Hz。角点 G 的初始最大位移为大约 6 英寸（15.24 厘米），角点 H 的最大位移为 7 英寸（17.78 厘米）。

图 5-10　洛塔尔·格拉克在 SM-2 任务返回后检查哥伦比亚号载荷舱内的太阳能电池板

随后研究人员详细分析了这些测量数据，包括对飞行图像和其他记录数据的更深入的研究。从中得出的一个建议就是应该在 SM-3 任务和国际空间站任务中安排类似的测量及分析。

5.6.5　经验教训

任务报告列出了一些经验教训。首先是在进行必要的分析时所提供的可用资源不足。这是因为低估了 JSC 执行任务所需的资源。尽管 JSC 和戈达德都希望保持“尽可能有限”的分析，以保障实施服务任务。此外，还对任务计划进行了重新安排，并对分析进行了修订。由于缺乏经费和人力资源，这些工作落在一小部分人身上，他们必须完成比预期更多的工作，并在短时间内去完成。报告说，今后的这种活动需要充足的资金、适当的计划和时间，以及资源和人力的合理分配。

这些程序工作人员都参与了计算机图形的生成过程，并将其纳入飞行数据文件（FDF）的照片/视频清单中。结果发现，在飞行前进行的虚拟现实训练（VRT）在识别和解决问题方面是一个很好的方法。但由于 JIS 并没有准确反映实际任务支持情况和对应的飞行过程（包括实际圈数等），这导致一部分任务场景被忽略，因为在实际任务中需要花费很多时间。另外，虽然在 JIS 之前的 IS&AG 员工接受了严密的培训，但由于工作量和资源的限制，对后勤人员的这种培训不连续，导致了在任务期间缺乏足够的备份能力。这意味着在人手不足的情况下工作人员需要进行两班倒的工作，他们要面对额外的压力，同时还要应付增加的工作量，然而预定的交付时间却不会发生变化。

其中有一点强调了调查人员、飞行梯队成员和飞行控制人员之间的团队合作重要性（哈勃飞行任务经常证明这一点），就是在执行任务前向 MCC 的综合通信员（INCO）介绍情况并解释程序，向他们展示培训录像的重要性。INCO 控制有效载荷舱相机，并通过 Ku 波段下行链路处理在轨图像的传输。报告说，“INCO 了解采集要求的目的和性质，大大改善了控制中心和视频数字分析系统（VDAS）实验室之间的通信，从而提高了在轨图像的质量。”

程序上的改进也是在这次练习中得到的经验教训，例如使用 6 台分布良好的相机和一个备用控制点，比使用 8 台相机更有效。人们曾认为图像中“哈勃望远镜上的标识点很容易被识别”，但实际情况是这些标识点很难区分。在有效载荷舱中分析望远镜的太阳能电池板边角处所需数据点的最小数量在 100～150 之间，而戈达德提供了 132 个。

照明条件也起了一部分作用。当太阳以黑暗的太空作为背景时电池板光照效果最好。但是这并非一成不变，主要取决于轨道器的方向。有时旋转的地球处于背景之中，导致运动跟踪丢失，使分析变得困难得多。

总之，报告指出，“IS&AG 已经进行了许多影像分析来支持太空任务。然而，这对哈勃太阳能电池板的摄影测量范围、精度和具体圈数提出了一个巨大的挑战。实际上，这可能是第一次使用非公制和非校准摄像机在轨道上进行这种精确的运动和位置分析。”

在 SM－2 任务期间，FD3 和 FD8 之间的太阳能电池板变形在统计学或结构状态上没有显著的差异，因此在任务期间静态变形现象并没有明显的变化。这也在一定程度上证实了 SM－1 任务的结果。

由于 FD8 上气闸舱减压而引起的气压下降量导致了 6.5～9.7 英寸（16.51～24.63 厘米）振幅的振动，产生了 3 分钟的电池板运动；这远远超过了之前幅度最大为 1.4 英寸（35.56 厘米）的振动。

5.7　哈勃回收硬件分析

当决定不在地面上维修望远镜时，就失去了每 5 年分析一次完整结构的机会。其中一个原因是在将哈勃送回地球的过程中可能会产生更多损伤，但这项任务的成本和复杂性也是另一个原因。选择在轨服务最终被证明是一个明智的决定，在轨更换单元的设计使望远镜允许出现严重的故障或缺陷，尤其是长期运行后的性能下降或产品退化，这些服务任务使得望远镜功能及其贡献最终远远超过预先制定的计划。

通过设计 ORU，使得航天员能够将望远镜的一些元件带回到地球来进行检查。这些科学仪器和其他一些硬件设备本来是要被替换的，但是也有其他一些返回的硬件在最初并没有归为 ORU，它们在一定程度上为经历长期在轨飞行硬件提供了检测和研究的机会。以下介绍了服务任务期间带回地面的一些主要元件。

5.8　电池

在发射时，哈勃包含 6 个镍氢（NiH_2）电池，分成两个并联模块，每个模块包含 3 个电池。这些电池为望远镜上的所有设备供电，并支持望远镜在每一圈轨道的夜间进行科学研究（36～40 分钟）。在每一圈轨道的光照时间最多为 60 分钟，电池由太阳电池阵充电。充电电池的问题在于，随着在轨时间的增长，它们的充电量会减少。1990 年发射的电池寿命为 7 年，实际上可以使用更长时间。尽管曾计划在 2004 年的 SM－4 任务中将其替换（此时电池已经运行了它预期的两倍寿命），但是哥伦比亚号的失事使得该任务直到 2009 年才完成，到那时电池已经运行了 19 年，经历了超过 260 万次的充放电周期[8]。

5.8.1 电池生产

在 1986 年挑战者号失事之后，16 块总计 22 个单元的 NiH_2电池被加急制造出来。其中 6 个是安装在要发射的哈勃系统上的一对飞行模块中。从 1989 年 6 月开始在马歇尔航天飞行中心，人们使用 6 节电池测试模块组（包括 TM1 和 TM2）又进行了 7 次寿命周期测试，第 7 次被指定为飞行备用电池（FSB）的测试。该计划旨在调查整个系统中与电池控制有关的问题，因此检查的周期（到 2007 年为止为 95 000 次）略多于对望远镜检查的周期（到那时为止为 92 000 次）。独特的电池监测能力为单个电池的老化特性评估提供了有价值的信息，可作为预测电池在轨使用寿命的基础。就在 1990 年发射之前，剩余的 3 个电池被安装在另一个模块中，并被命名为飞行备用模块（FSM）。

最初上述电池并不是为哈勃设计。最初的设计是用 9 个 55 安培·小时的镍镉电池驱动望远镜，而这就需要每 5 年更换一次。由于挑战者号失事，推迟了哈勃的发射计划，这使得工程师重新设计并改进了电池方案。最后决定使用镍氢电池，其电池寿命相应调整为 7 年，这为规划服务任务提供了更多的时间。值得注意的是，这些电池的实际工作时间几乎是设计寿命的 3 倍。这些部件一直受到监控，根据它们的老化速度判断，并不需要在 1997 年的 SM－2 任务中更换它们，但为了进一步延长望远镜的寿命，最后的服务任务就必须得去更换了。

1989年在MSFC开始的电池测试项目继承了望远镜飞行电池的模式，并被电力系统工程师用来研究延长电池寿命。当哥伦比亚号在2003年失事导致暂时取消SM-4任务时，研究人员开展了新的研究来衡量哈勃电池的最佳寿命。幸运的是，它们表现良好，随着SM-4任务重新纳入计划，它们能够一直运行到2009年，在那时它们会在STS-125任务中被替换并返回地球进行分析。

SM-4任务中的电池于1996年制造，在“干贮”状态中保存了4年，然后在2000年8月重新调到“激活”状态。又经过4年的干贮，2004年进入“湿贮”状态。哈勃处理计划要求进行60个月（5年）的湿存贮和14年的干、湿以及任务寿命周期，这意味着这些电池理论上将在2014年前接近其寿命极限。由于这些限制和SM-4任务规划，在2006年9月，人们决定从2007年1月开始制造第二套备用电池，以便备用。通常情况下，这需要24个月的生产周期，但为了赶在2008年秋季STS-125的预定发射日期前，备用电池的生产必须在15个月内完成。STS-125被推迟到2009年后，这增加了人们对老电池的担忧，而且也使其在轨运作使用时间减少了9个月。当它们被安装在望远镜上时，已经13岁了。尽管如此，通过合理地预期它们可以支持哈勃的正常运行至少到2014年。

5.8.2　在轨性能

哈勃最初使用一种软件控制充电器（SWCC）系统，该系统是一种高速充电系统，受太阳照射的限制，电压/温度水平许可的充电电流约为1安培。在1993年，被更换为硬件控制（HWCC）系统。然后在2000年的SM-3A期间，航天员安装了降低安全模式电压/温度水平的电压/温度改善组件，将系统恢复到SWCC，使用的是CCC继电器而不是微调继电器。但是在1999年功率控制装置出现故障时，人们分析发现使用微调继电器系统更为有效，因此在SM-3B之后，再次改回HWCC状态。

工程师每天都会监测电池中的压力以及模块的温度，以便进行寿命预测。在 1996 年，哈勃主加热器关闭，导致温度降低但同时也提高了电池容量。然而，1999 年的 PCU 短路导致了 4 年时间内无法进行温度再调节循环，直到 2002 年更换了故障元件之后才恢复运行。此后，模块的平均温度变得越来越不稳定，并且实际温度正在增加，这又反过来影响了电源系统的日最大压力和总体容量。到了 2003 年，在马歇尔对试验电池进行的地面研究显示，通过控制目前的充电速率可以增加电池容量。这些研究在第二年实施，进一步的改进也改善了温度的变化。为了解电压衰减和容量衰减极限，又继续进行了测试。到 2010 年，电池容量检查表明电池寿命预测可以更为乐观。从 12 年的时间间隔中获得的数据表明，电池 2、3 和 4 具有最高的容量衰减率，而电池 1、5 和 6 是最低的，因此最迟在 2010 年之前需要更换。这些研究还表明，45 安培 · 小时的最低容量取决于许多突发事件，其中一些不得不做调控处理，以保证科学计划能够持续到 2008 年的 SM - 4 服务任务。任务延迟到 2009 年之后，又进一步强调了在 SM - 4 任务到达哈勃之前要密切监测和保守使用电池。

5.8.3　性能评估

哈勃是第一个在低轨道上使用这种电池技术的航天器，因此不知道它们的性能会随着时间的推移如何下降。按照望远镜的设计，其运作时只能有 5 个电池工作，而且经常断开一个单元来测试其存储容量。该过程需要通过电阻器使电池放电，同时测量电容量（安培 · 小时），直到该单元达到其截止电压水平。但由于电力控制元件的失效，这种措施在 1999—2002 年期间不得不暂停，直到 SM - 3B 任务将其取代。

除了支持科学仪器和其他电子系统，哈勃的电池必须保持足够的功率，以便在电压低于 26.4 伏时将望远镜置于安全模式。当电压低于这个值时，望远镜就会进入“减载模式”，关闭一些仪器和系统，然后采用零陀螺仪太阳安全模式，直到下一次服务任务来完全恢复电池的充电容量。航天器在这个状态下运行需要的充电容量很小。

在 6 节电池充满电的情况下，1990 年时可以达到 550 安培·小时。到 2002 年的 SM－3B 任务时，电池的电量已经下滑到了 380 安培·小时，而 5 节电池的电量只有 310 安培·小时。预计到 2004 年年底的 SM－4 时，它将再次下降到约 250 安培·小时。如果没有替换电池，预计 2010 年左右电池电量将低于 100 安培·小时。安全模式下的科学操作所需的最低容量为 90 安培·小时，零陀螺太阳安全模式的最低容量预计为 40 安培·小时。很显然，SM－4 的延误发射使望远镜处于危险之中。来自地球上的放电/再充电测试周期的数据表明，哈勃电池的放电深度（DOD）约为 8%～12%，这反过来表明电池的可靠寿命约为 8 万个周期或 14.5 年。由于望远镜是在 1990 年 4 月发射的，这意味着电池将在 2004 年 10 月底达到其预期/预计的寿命。

任务要求最小电池容量是 45 安培·小时，最小总线电压是 26.4 伏。自发射以来，在轨的和地面的电池都经历了周期性的修复程序，即将电池放电至 15 伏，然后重新充电。在 2002 年 2 月更换 PCU 后，电池每 4～6 周会进行一次修复。飞行数据和地面测试分析表明，在 SM－3B 之后，每个电池 45 安培·小时的最小任务容量只能持续到 2008 年。为了在更现实的条件下评估测试数据，对在两个测试模块中使用的电池进行了一系列“假设”情景模拟。这些用 6 个电池进行的平均测试所得到的结果表明在 2006 年需要进行在轨替换。飞行备用电池（FSB）也在马歇尔进行了测试，表明到 2009 年需要进行更换。然而，在做出这种预测时必须允许有很大的误差。这种不确定性加强了对持续监控的需求，以确保能够基于最新的实时飞行数据进行更准确的性能预测。

在撰写本书时（2015 年 5 月），哈勃太空望远镜已经使用第二套电池运行长达 6 年时间了，其表现和前一套电池一样出色，以至于可以使望远镜在 25 周年之后继续运行。

对从哈勃回收的电池所进行的分析将继续提供关于类似系统的运行寿命和下一代 NiH_2 电源使用寿命的信息。这些研究虽然一般不会成为头条新闻，而且由于专家身份和对敏感商业信息的保护而难以进行调研与分析，但了解这些系统如何运作可以为将来的计划提供一些最重要的经验教训。

5.9　太阳能电池板

经过近 4 年的在轨运行后，在 1993 年 12 月由 ESA 建造的哈勃太阳能电池板的一个在第一次服务任务中，被带回地球并进行了分析。第二个电池板的丢失令人失望，但在几个月前，欧洲 EURECA 的自由飞行器在太空中运行了差不多一年后被 STS－57 任务取回，并且它的两个太阳翼也在进行与哈勃望远镜类似的电池板分析。这两个方案在组件和材料调查方面有相似之处，ESA 返回调查（PFIP）对在原子氧、辐射、流星体和空间碎片工程、低周期疲劳、材料降解等方面提供了各种有价值的信息，并对电池板上出现的异常情况进行了调查。

哈勃太空望远镜的第一代太阳能电池板是为了在低地球轨道上运行而设计的，它有良好的适应环境温度交变能力，可以在正负 100 摄氏度之间交替进行 30 000 个周期，相当于在轨 5 年时间，并且在太空中运行 2 年后，仍能在 34 伏电压下至少提供 4.4 千瓦的电力。在太阳能电池板拆除当天（1993 年 12 月 5 日），它实际上还能提供 4.8 千瓦的电力，比预测值高了 6%。

5.9.1　ESA 飞行后研究项目

ESA 负责协调管理哈勃和 EURECA 的 PFIP 项目，并建立了一个由电池板开发和制造相关人员组成的调查小组。ESA/ESTEC 和英国航空航天局在 1995 年共同完成了哈勃电池阵的飞行后状态及性能研究[9]。

哈勃第一代太阳能电池板采用了灵活的展开方式，而欧洲能源技术委员会则采用了刚性电池板。尽管它们在设计上有所不同，但是太阳能电池组件的设计是相同的，只是电池的尺寸不同，大部分材料和部件采用的电路网是相似的，使两者在结构上可以直接比较。与欧洲电池板方案相比，哈勃电池板研究人员的优势在于有更多机会检查和取样。这是因为哈勃电池板尺寸较大，而且并不打算再次使用。而对于 EURECA 电池板，最初的意图是对其进行翻新并随卫星反复飞行最多至 5 次。然而，第一次任务中功率的过度衰减促使进行了飞行后检查。在这种情况下，EURECA 此后再也没有应用到实际飞行任务。计划于 1995 年的飞行任务由于缺乏资金而流产，而且 ESA 也没有采用 1997 年的飞行时机。

对来自哈勃望远镜的太阳能电池板进行的飞行后调查，主要目的在于获得有关可展收柔性太阳能电池板的机械和电气的完整信息，并将其与欧洲经济委员会卫星的刚性板进行比较。研究结果将使两者的设计更加可靠，同时提高保护措施，防止短路或开路等随机故障的产生，同时可使太阳能电池板的在轨性能更加容易预测，也使运行成本降低。该研究通过其他方式补充了关于低地球轨道上的微流星体和空间碎片的影响信息。

电池板的评估实际上是在轨拆除后就已经开始了，并且在航天飞机着陆后继续进行。在 KSC 进行了绝缘性和电路性能检查，并详细检测了电池板设计中的运动部件及其他关键部件。初始样品从电池板上切下来，并密封在氮气中进行妥善保存，所以最终被科研人员带回 ESA，而不是作为货物托运回去。

5.9.2　飞行中的异常

在更换第一代哈勃太阳能电池阵之前，4 块柔性电池板发生了 5 次放电故障：两次电池板断路，其中一个已经恢复；在 SPA - CC 位置处的一个太阳能电池板短路，也已经恢复；电源电路和温度传感器电路之间的短路，以及两个 SPA 和结构之间的短路。在回收的电

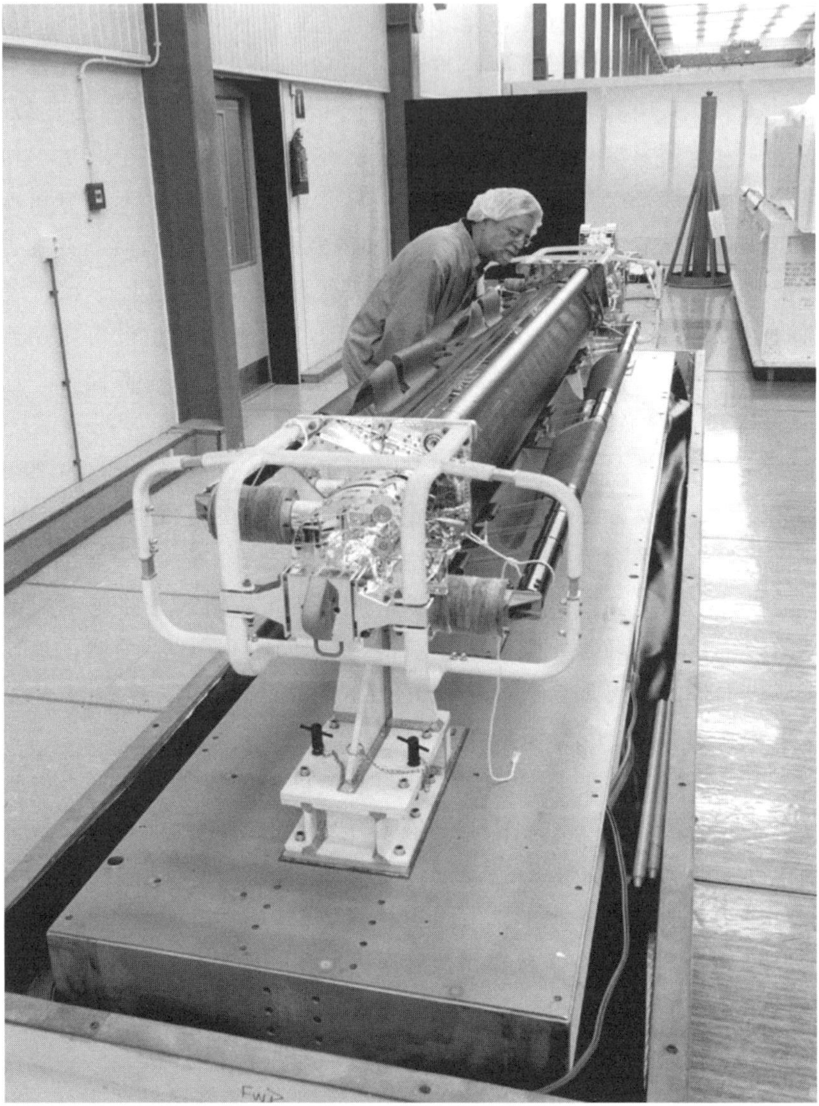

图 5-11　在太空飞行 8 年后，第二代太阳能电池板于 2002 年 3 月被送回 ESA。在详细检查之前，洛塔尔·格拉克正在检查产品外观状态

图 5-12　由 SM-3B 任务带回的太阳能电池板在 ESA 展开检查（图片来自 ESA）

池板上出现了 SPA-CC 上的间歇性短路和其他一些异常。在 STS-61 出舱活动过程中，由于在关闭后舱门的过程中产生较大的机械载荷，导致 SPA-CC 故障。还有两个异常事件是由柔性电池板的物理布局造成的。

工程师们研究了各种故障模式和条件，重点研究了以下几个方面：制造过程中边缘切割造成的锐边；由制造引起的局部撕裂或较大变形，外来金属污染的存在或在交付之前发生的损坏；运动部件表面的磨损；展开机构之间的 25 微米卡普顿绝缘的慢速运动，以及重复热循环对电性能的影响。

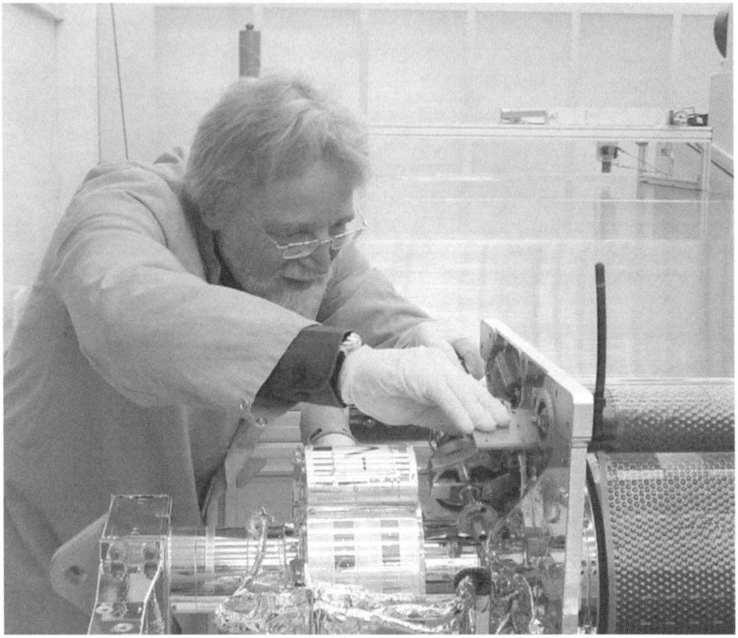

图 5-13 ESA 太阳能电源部门负责人洛塔尔·格拉克正在检查回收的太阳能电池板驱动机构

图 5-14 回收的太阳能电池板显示，大概平均每平方米有 4 处受损（图片来自 ESA）

5.9.3　其他研究

飞行后调查还分析了太阳能电池的退化状态，因为这对后续功率预算会产生影响。分析主要集中在电池板上所使用的覆盖层，以及在辐射、温度、原子氧等方面的环境适应性。ESA 小组还研究了在轨道上运行了 43.3 个月的电池板功率情况，并分析了相关测试数据。特别令人感兴趣的是电池板的旋转角（与标称角相比），这是由电池板上不确定的阳光反射或阴影所造成的。并且当望远镜姿态调整以进行科学观测然后又转向太阳的过程中，由反射产生的额外功率增加可达到电池板总输出的 4%。

调查发现，橡胶类材料保持了良好的粘合状态。面向太阳的一侧没有明显分层，铰链状态良好，铰链环未受损。在支撑结构上的涂层有不同程度的变色，尤其是在它们毗邻的地方，看上去比涂在银色母线和撑杆上的涂层要黑得多。这与制造过程中的涂层厚度相关，为了适应望远镜运行中的原子氧环境，所使用的太阳能电池粘合剂是道康宁公司的 93 - 500 有机硅聚合物胶，回收后状态良好，并且镀金层也显示出良好的状态。上部的内部缓冲组件（IBA）出现了最大程度的变色，这是由于缓冲组件暴露在紫外线下使得覆盖层变暗。

主展开机构、次级展开机构和太阳能电池板驱动机构在 KSC 和英国航空航天局先后进行了检查。在此之后又将其组装起来，进行了详细的检测和分析，主要集中在每个机构内和流体蠕变迹象、齿轮磨损，以及电机电路性能评估。

经过近 4 年的时间，估计有 4 万个大于 10 微米的粒子影响哈勃望远镜的太阳能电池板，实际太阳能电池板的面积（包括两侧面积）为 251 平方英尺（70 平方米）。由于数量巨大，到 1994 年 6 月，已经决定对这两个柔性电池板上尺度为 100 微米的碎片的初始撞击进行分析，并对 17.94 平方英尺（5 平方米）和 10.76 平方英尺（3 平方米）的缓冲组件进行了研究。这些调查指出，其中一些粒子已经使硅片局部损坏，但碎片不影响发电。整体功率测量的结果表明，剩余的硅片仍能够继续正常工作。

与飞行前数据相比，回收的硬件机械性能仍然正常，说明所使用的材料和涂层适应当前长期在轨环境。热疲劳检测显示出了设计上存在的弱点，但是这将在未来的计划中得到改进。另外，研究结果显示单个太阳能电池的电量退化低于预期水平。在数以万计的粒子对电池板的影响中，有几个粒子穿透了柔性橡皮布，但并没有导致任何严重的故障或过度的功率下降。

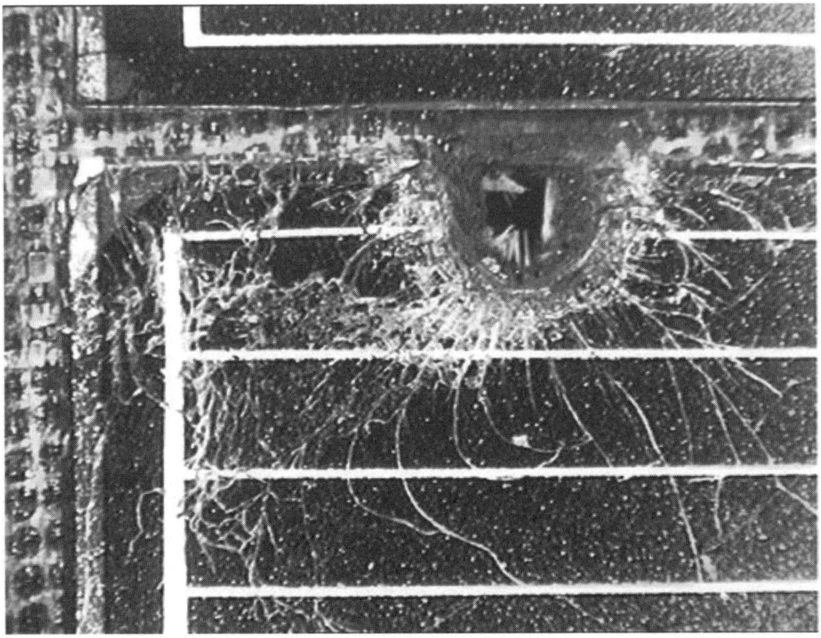

图 5-15 由 SM-3B 返回的已经损坏的第二代太阳能电池板的近照

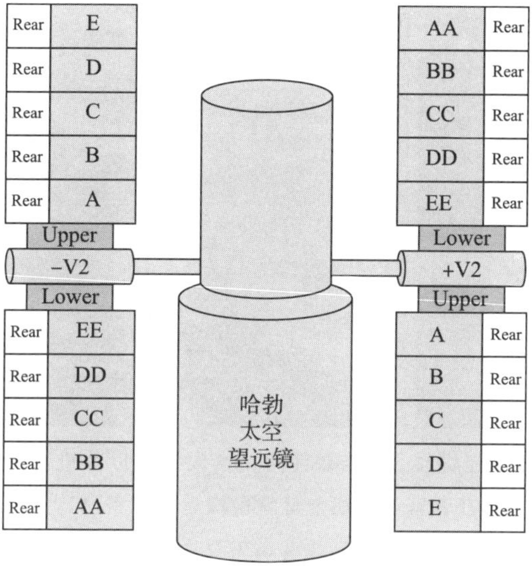

图 5－16　电池板各面板标识（飞行前后的标识方法相同）

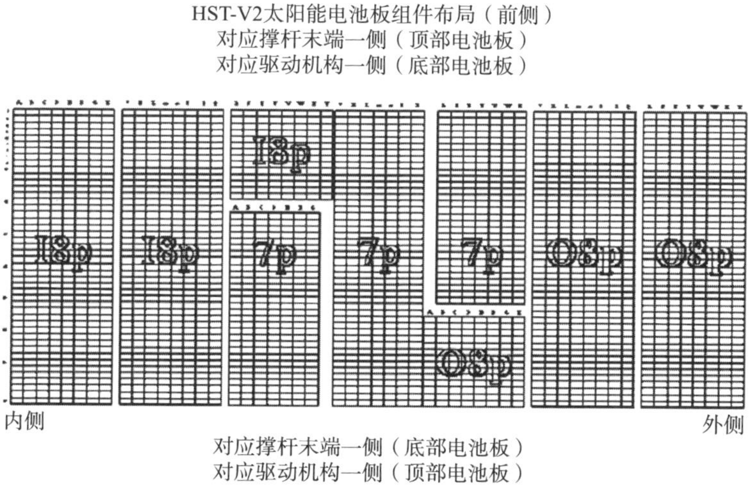

图 5－17　V2 太阳电池阵板面板布局

注：上侧柔性电池板单元编号正好与此相反（例如 46－1）

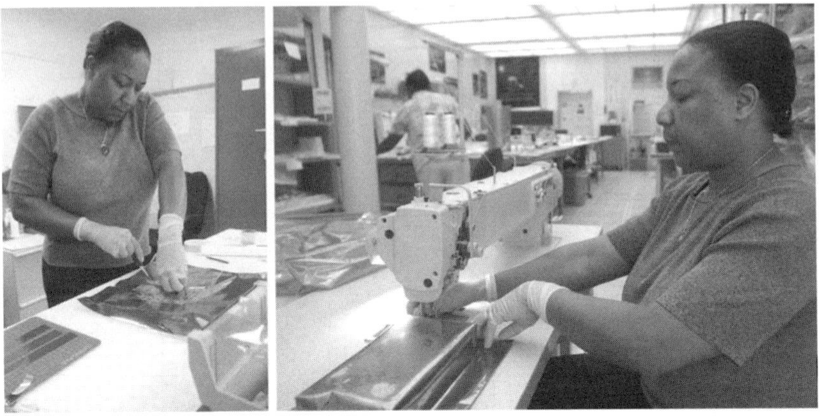

图 5-18 回收后热控材料分析结果使得后续设计得以改进。在这里，技术人员布伦达·埃斯塔沃正在裁剪一块铝卡普顿薄层，来准备制造安装在哈勃望远镜上的热控多层。原材料切割完之后，就需要小心翼翼地缝上一些尼龙搭扣，这样有助于在出舱期间携带及安装（图片来自戈达德航天飞行中心）

5.9.4 ESA-MADWEB

作为飞行后研究计划的一部分，ESA 设立了一个网站，报告有关微流星体和空间碎片对卫星硬件的影响。这个 MADWEB 包含了 ESA 进行的 3 个重要研究的数据。这其中包括对返回的 EURECA 硬件的分析，还有 STS-61 回收的第一代太阳能电池板和 STS-109 回收的第二代电池板的相关研究成果[10]。这些数据使得研究人员能够获得飞行后的结果，但是除会议和专业期刊以外通常不会对这些数据进行公开报告。流星体和碎片的分析工作包括研究材料技术和分析各种自然和人造轨道碎片以高超声速撞击的影响，如何测量和分类这些影响以及任务（或任务的一部分）期间撞击的数量和严重程度，另外还包括碎片在撞击时的行为等，同时它还提供了用于模拟卫星运行环境的数据。

关于从哈勃望远镜回收的太阳能电池板，第一块（V2）于 1993 年 12 月在空间运行了 3.62 年后被 SM-1 任务收回。而 SM-3B 于

2002 年 3 月回收的两个电池板已经在太空中工作了 8.24 年。通过对第一块电池板（来自于 SM－1 任务）的研究，发现 20 次主要撞击中有 7 次（35%）完全穿透了太阳能电池板。缓冲组件出现 5 次撞击也完全穿透了材料。太阳能电池板和缓冲组件的化学分析表明它们的主要成分是硅，含有少量的钙、铝和镁。在太阳电池阵胞元中还存在铈锌，缓冲组件中还存在铁。在太阳电池阵胞元和缓冲组件中还发现了很多陌生的材料。电子扫描显微镜（SEM）确定这些污染物来自火箭推进剂、表面涂层碎片或颗粒等。只有一个样本可能来自一个天然的微流星体，但即使如此，根据 ESA 网站上的说明这仍然是可疑的。撞击过程的复杂性表现在，电池板中至少有 3 个孔显示了不同的撞击特征。

SM－3B 任务在 3011 天后回收的两块电池板提供了第二次研究哈勃电池板的机会。较上次而言，这次有 8 倍面积和 8 倍曝光时间的太阳能电池板以供分析。这不仅提供了对电池板详细分析的机会，而且还提供了在望远镜轨道高度上分析空间碎片环境随时间变化的机会。人们从微米到近厘米范围内对整个电池板进行了分析，总共确定了 330 个穿孔或近穿孔。对直径在 4～2 000 微米范围内的 30 个太阳电池阵胞元的 156 次撞击进行了残留分析。其中 69 个被认定为是空间碎片的撞击，50 个是流星体的撞击，其余 37 个来源不明。大部分微流星体为硅酸盐（50%）或层状硅酸盐（10%），其他主要为硫化物。SM－3B 任务回收的电池板上的自然粒子分布非常接近 SM－1 任务回收的单个电池板上的自然粒子分布。

空间残余物主要富含铝，其次则是钠。发现的大多数小型撞击坑（直径小于 30 微米）是由固体火箭发动机（SRM）燃烧粉尘所产生的碎片造成的。从 1959—2002 年每年的 SRM 发射分析表明，在 1990 年小型撞击坑最多，即望远镜发射的那一年，在未来的 12 年里逐渐下降。通过比较 1993 年返回的数据和 2002 年返回的数据，也证实了这一点。当然，太阳活动的水平在 1990—2002 年间也大不相同，这可能对带电粒子环境产生影响[11]。

5.10 热控材料

哈勃 80%的表面几乎都包覆有用于系统热控设计的各种多层隔热材料。当 STS－31 部署望远镜时，飞行梯队成员拍摄了它的外表面来记录其状态。连续的服务任务都继续了这一记录工作，提供了 19 年的舱外热控设计受空间环境的影响。在 5 次任务中，针对热控系统研究的重点内容包括取回样品在地球上进行分析，以及安装一些临时的贴片和新的热控多层，以帮助维持望远镜内部的正常环境[12]。

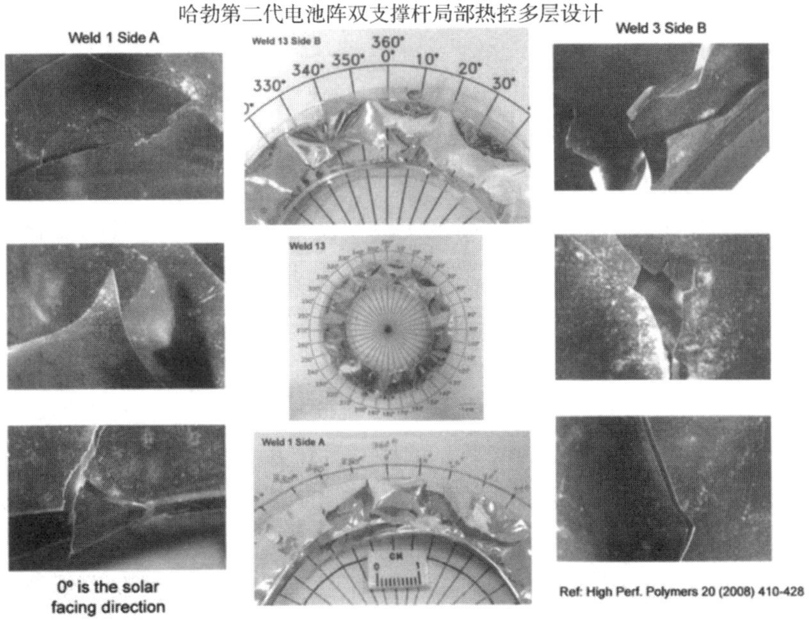

图 5－19 哈勃第二代电池阵双支撑杆热控多层局部状态

当 STS－61/SM－1 在 1993 年 12 月访问望远镜时，航天员取回了部分 MLI 来进行分析。研究表明，多层最外层即 FEP 上的镀铝出现了退化的迹象。详细检查后发现，在阳光照射最严重的地方，裂缝已经穿透了材料。在机械性能测试过程中，这些区域的集中应力显示出样品的强度显著下降。

在 1997 年 2 月，第二批在轨服务人员（STS－82）观察到 MLI 的外层严重开裂。在朝阳表面和阴影表面都有损坏记录。外层有大面积的撕裂，其中外层的 3 个区域从毯子上剥离，露出了下一层的铝化表面。据估计，当内层暴露在直射的阳光下时，温度将达到 200 摄氏度左右，穿过损坏的热控多层的热量每平方米可能高达 50 瓦。为此，建立了一个对问题能够做出快速反应的工程师团队——“老虎队”，以确定航天员能够实时做什么。受影响区域的飞行温度的历史记录是通过对照片文件的分析而得到的，加之对热环境的分析，使得工程师可以评估污染和结构影响。经过与地面的讨论后，随后确定了 5 个区域，这些区域可以使用航天飞机上的材料，即电缆、绳索、出舱工具、胶带和备用隔热修补材料，来进行修补。需要修补的区域被优先考虑，其他航天员已经在地面使用哈勃模型对修补程序进行了仿真和测试，然后将这些程序发送给航天员，让他们在两个飞行日内完成工作。其中，5 个任务区域中的两个是在遮光罩上，通过使用新材料完成了包覆操作。其中两个电子设备舱门也进行了修补，另一个用钢丝捆绑以防止外层进一步剥落。这种迅速的反应表明了在执行太空任务时，地面团队所发挥的巨大作用。及时制定临时修复方案为项目工程师提供了时间保障，同时也有利于在以后的任务中开发更有效的解决方案。

5.10.1　MLI 失效分析

戈达德在 STS－82 服务任务后成立了一个审查委员会，负责调查 MLI 问题。在接下来的一年，完成了明显受损区域标记。这项研究发现，MLI 外层在空间环境下退化，尤其是带电粒子。另外，反复的热循环使材料性能减弱，使其开裂。此外还调查了制造和储存方法，认为在多层制造和装配过程中产生的小切口往往会扩展成较大的裂纹，而在空间环境条件下可进一步使裂纹增大。

第一次服务任务返回的 FEP 材料上的镀铝与飞行前样品相比几

乎没有变化，但是发现第二次服务任务带回的材料密度增加了，这与核磁共振测试和 X 射线衍射所得的结晶度测量结果一致。SM－2 返回的样品经脆化处理后，其结晶度和密度与第一次任务样品不同。来自 SM－2 任务的样品在太空中经历了 200 摄氏度的热辐照，而来自 SM－1 任务的样品由于其所处的位置最高，其环境大概只有 50 摄氏度。为了进一步调查这种情况，从第一次和第二次服务任务中取出原始样品和一些材料加热到 200 摄氏度持续 7～9 天。结果发现原始样本和第一次任务样本的密度均增加，与暴露于太阳能加热条件下的情况一致。测试表明，原始样本和第一次任务样本结构相似，而第二次任务样本结构密度增加更明显。来自 SM－1 任务的样品性能改变更多，但是 SM－2 任务样品加热后则没有发生进一步的变化。热处理后的样品经 X 光照射后得出的结论是，FEP 暴露于空间环境中引起微观结构断裂最终导致脆化。当样品在哈勃在轨温度环境下加热时，材料特性几乎没有变化，但来自 SM－2 的样品所经历的试验水平产生了结晶度和密度增加。

为了解决这个问题，对新材料进行了相当于 10 年的模拟空间辐照试验。测试环境包括 X 射线、紫外线、带电粒子、热循环和原子氧。技术人员选择了两种材料进行测试，分别是：安装在太阳能电子设备托架上的新型外部覆盖层（NOBL）和安装在遮光罩和舱体向阳一侧的隔热屏和热控多层替换纤维布（SSRF）。对两种材料都进行了大量的测试，并涂上了可防止撕裂或开裂的涂层[13]。

5.10.2　SM－4 回收的样品

STS－125 任务从哈勃望远镜取回了被 NOBL 替换的两个 MLI 毯。Bay5 和 Bay 8 的样品在太空环境中暴露时间超过了 19 年。返回后对几个任务中拍摄的照片文件进行审查，并与早期的样本进行了比较。由于它们在望远镜上的特殊位置，尽管两处多层经历了不同的太阳辐射和热循环温度条件，但是两者的外层都出现了显著退化。Bay 8 的多层由于比 Bay5 更多地暴露于太阳热循环下而变得更脆弱，它像脆玻璃一样很容易断裂。由 STS－82 任务安装的贴片所保护的多层部分，其脆化程度仅略低于其他区域。由于材料状况不佳，无法对热量的影响进行大量的实验研究，但是加热 Bay5 样品时发现材料强度降低了。这些测试的结果可以用来研究未来航天器的类似隔热材料，建立在轨退化模型，从而改进热控多层方案设计。

哈勃样本的分析完善了正在国际空间站上进行的材料实验（MISSE－2）。

5.11 关注细节

正如 2004 年在第 37 届航空航天机构研讨会上发表的论文所指出的那样，“航天机械工程的成功案例往往包括克服发展、测试和飞行异常，但很多时候正是这些异常或故障推动了技术发展和未来更可靠系统的出现。当然，前提是必须从中吸取教训，以成功实现最终的任务。”论文还详细总结了数十名工程师和科学家为了保持哈勃太空望远镜飞行的奉献精神，他们甚至把最小的问题都解决了[14]。

上面引用的论文回顾了 1997 年 SM－2 任务回收的 FGS－1（望远镜相机之一）的飞行后检查情况。两位作者说，“一名航天器工程师能够检查在轨道上运行多年的硬件，这并不常见。”但是多亏了服务任务，才能够检查在轨道上运行的哈勃望远镜。当 FGS－1 被回收时，它已经在太空中使用了将近 7 年，星导航仪伺服机构（SSS）中的轴承累积了大约 2 500 万次的粗对准伺服周期。在哈勃偏置操纵期间，当指令为反向时，B－Servo 上的轴承扭矩组件就开始失速，这被称为反向碰撞（RB）。在 FGS 回到地球上的时候，SSS 轴承被拆下来进行了“后期状态评估”，以便更好地了解扭矩峰值的原因。与此同时，为了规划日后在轨服务任务中的修复措施，也要确定一些程序和设计上的改进。

5.11.1 星导航仪伺服机构

在望远镜上的 3 个精确制导传感器中的每一个光学干涉仪都包

含 A、B 两个星导航仪伺服机构（SSS）。这些伺服机构彼此独立移动，每个 SSS 由一个无刷直流电机和一个 21 位编码器（称为电机/编码器组件）组成，该编码器由一对名为“A”轴承和“B”轴承的双面超薄角接触轴承支持。

基于地面试验的早期工程研究发现，如果退化的润滑剂在过度的粗对准伺服循环后积累起来，那么当一个球轴承滚压它时，就会产生一个“碰撞”，这反过来会产生一个电机电压峰值，则在所有 FGS 轴承中都会出现明显的高扭矩，尤其在 FGS－1 轴承中更明显，最终 FGS－1 轴承会因此而停止运行。这证明了在航天器偏移回转过程中存在定向反转，也表明内部轴承异常或存在异物。FGS－1B 和 FGB－3B 都证明了这个问题，但 FGB－3B 能够继续发挥作用。因此，人们决定更换 FGB－1B 装置。

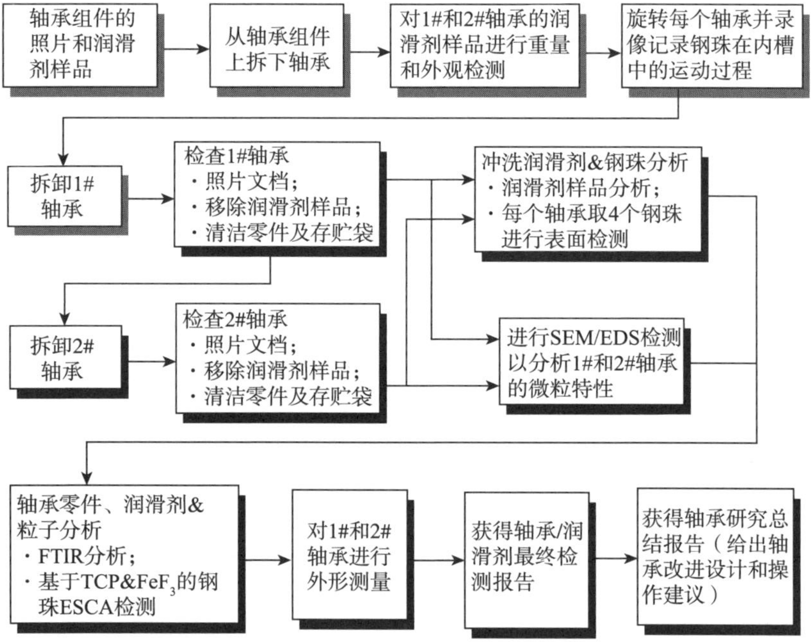

图 5－20　星导航仪伺服机构轴承飞行后分析研究流程图

5.11.2　详细检查

发生故障的装置被送回戈达德的哈勃测试系统，工程师们试图找出问题的原因。最终异常现象得以复现，但程度较轻，而且在最后测试的第三天就消失了。在返给制造商之前，该装置在洛杉矶桑尼维尔分校的材料分析实验室中进行了拆装。流程图中的评估系统和方法清楚地说明了这种调查所要求的各项工作。第一步是从可用数据中找出问题最可能的原因，并对可能的原因进行大量的复查。这需要检查所有的工程图纸和发射前的测试、飞行性能和飞行后的测试数据。这个程序包括拭抹样本、过滤漂洗、去除大颗粒和称重测试所需的每一组分，最终在考虑污染影响及其由此导致的在轨润滑剂损失以及设计误差等因素基础上，确定组件和润滑剂的设计参数。

实验室分析包括红外光谱、扫描电子显微镜、电子光谱化学分析、电感耦合等离子体质谱和光谱分析等。所有测试和调查数据都与逻辑分析数据一起汇编，这些逻辑分析数据包括清洁室操作中使用的做法和预防措施，装配工具和程序以及发射的地面处理技术。所有这些信息都被汇编成一份报告，以确定可能出现的异常情况以及造成异常的最可能原因，并提出补救措施以确保问题不再发生。

5.11.3　检查结果

接下来概括了轴承研究的范围，并附上详细流程图，揭示了每个回收硬件所需的飞行后调查分析的复杂性和深度。在FGS M/E滚珠轴承上没有润滑剂的迹象，因为润滑剂在滚珠轴承的环形滚道上降解成为了“黑焦油”润滑剂，呈现为一种“干燥”状态。报告说，“在轴承冲洗过滤器中发现了数百个颗粒和纤维，还包括一些金属纤维，它们是不锈钢、镀锌钢、碳钢、铝和铜。”然而，没有确凿的证据表明造成在轨异常现象的原因仅仅是这些粒子，而且飞行后的测试也无法在同样程度上复现太空中所经历的现象。有人认为，外来的粒子可能是一个原因，或者环形滚道中的故障或角误差导致了球轴承旋转并改变其速度进而相互施加额外的负载，从而使得扭矩增加。最终改进措施主要体现在轴承的适应性提升以减少滚珠旋转和堵塞的可能性、验证抗磨损涂层、严格控制污染等，并将这些措施推广应用到其他润滑剂材料的研究工作中。

在这个案例中，分析得出的结论是“清洁和处理精密仪器轴承的重要性以及污染存在的可能影响。SSS 检查的分析技术及其在本次调查中的重要性，应被视为未来相关异常研究的规范。”

5.11.4 总结

在轨服务完成之后，太空中的哈勃望远镜将继续在很长一段时间内运作着复杂的硬件和仪器来为我们提供宇宙科学知识。为了确保在太空中能够进行较长时间的在轨服务，需要在发射之前的很长一段时间内，在地球上进行严格的工作实践来确定航天器的在轨性能。如果不是因为有能力在太空中维修和保养望远镜并将硬件返回地球进行详细的检查，人们不会获得许多重要的经验积累，未来的系统也将会继续出现故障。服务任务已经结束，但这并不意味着回收哈勃硬件的工作不会继续下去。此外，望远镜的状态将继续由其下传的工程数据进行监测。在 2009 年最后的服务任务结束时，希望哈勃望远镜能够至少再运行 5 年，直到它被更先进的詹姆斯·韦伯太空望远镜所替代。尽管这套新设备的发射被推迟到了 2018 年（后被推迟到 2020 年），但哈勃仍有可能在这种情况下继续运行下去，并有希望能够在以后的一段时间内继续正常工作。

哈勃太空望远镜本来计划在完成任务后返回地球，但是航天飞机的退役使得这一计划搁浅。尽管望远镜永远不会成为珍贵的博物馆展品，但它的一些返回硬件和其他物品已经成为了珍贵的博物馆展品。哈勃的最终归宿目前尚未确定，但有一个选择是让一个机器人航天器把望远镜引导到大气层中再入坠毁。目前，该望远镜仍然是 NASA 最著名的卫星，它继续提供着一流的宇宙科学知识。

这种探索精神会继续在这个机构和工业的其他领域中存在，因为哈勃望远镜的贡献不仅仅体现在科学、天文和发现领域，而且正如最后一章所揭示的，还包括所有与该计划相关的人的成就、团队精神和自豪感。

参考文献

[1] AIS Interview with Ben Reed, October 25, 2013.

[2] Space Environment Effects Observed on the Hubble Space Telescope, Joel E. Edelman and James B. Mason, 1995.

[3] Hubble Space Telescope Meteoroid/Debris Protection Analysis, Jennifer Horn and Juan Maldonado, Structure and Propulsion Laboratory, NASA George C. Marshall Space Flight Center, NASA TM - 86552, June 1986.

[4] STS - 61 Space Shuttle Mission Report, NSTS - 08288, February 1994, NASA JSC . p30.

[5] Survey of the Hubble Space Telescope Micrometeoroid and Orbital Debris Impact from Service Mission 2 Imagery, JSC - 28472, 1998; and Survey of the Hubble Space Telescope Micrometeoroid and Orbital Debris Impact from Space Shuttle Service Mission 3A Imagery, JSC - 29539, 2001, prepared by David Bretz and Leif Anenson.

[6] New Report on Hubble Space Telescope Impact Damage, The Orbital Debris Quarterly News, January 2002, Volume 7 #1, page 4, NASA JSC Orbital Debris Branch.

[7] Photogrammetric Assessment of the Hubble Space Telescope Solar Arrays During the Second Servicing Mission, Final Report, C. A. Sapp, J. L. Dragg, M. W. Snyder, M. T. Gaunce and J. E. Deker, NASA JSC, NASA TP - 98 - 201793, April 1998.

[8] NiH_2 Reliability Impact Upon Hubble Space Telescope Battery Replacement, Roger Hollandsworth, Jon Armantrout and Gopalakrishna M. Roa, January 1, 2002, Lockheed Martin; also Hubble Space Telescope Battery Capacity Update, April 23, 2007, Lockheed Martin.

[9] Post - Flight Investigation Programmes of Recently Retrieved Solar Generators, Lothar Gerlach, ESA - ESTEC, Noordwijk, The Netherlands,

from 13th Space Photovoltaic Research and Technology Conference (SPRAT 13), June 14 - 16, 1994, Cleveland Ohio, Conference Proceeding, pp269 - 283, NASA CP 3278, published September 1, 1994.

[10] ESA MADWEB website, http: //space - env. esa. int/madweb/index. php last accessed May 6, 2015 .

[11] Results of Impact Analysis on HST Service Mission 3B Solar Arrays, Aurélie Moussi, Gerhard Drolshagen, James A. M. McDonnell, Jean - Claude. Mandeville & Anton Kearsley. from the Proceedings of the Fourth European Conference on Space Debris, Darmstadt, Germany, 18 - 20 April, 2005, ESA SP - 587, August, 2005.

[12] Analyses of Hubble Space Telescope Aluminized - Teflon Insulation Retrieved After 19 Years of Space Exposure, Kim K. De Groh, Deborah L. Waters, Jelilis S. Mohammed, Bruce A. Perry and Bruce A. Banks, NASA TM - 2012 - 217644, October 2012.

[13] Analysis of Retrieved Hubble Space Telescope Thermal Control Materials, Jacqueline A. Townsend, Patricia A. Hensen, Joyce A. Dever and Jack J. Triolo; published January 1, 1998, Science of Advanced Materials and Process Engineering, Series 43; presented May 31 - June 4, 1998, at the Science of Advanced Materials and Process Engineering, Anaheim, CA, United States.

[14] Hubble Space Telescope Fine Guidance Sensor Post - Flight Bearing Inspection, J. Pellicciotti, S. Loewenthal, W. Jones, Jr. and M. Jumper, Proceedings of the 37th Aerospace Mechanism Symposium, Johnson Space Center, May 19 - 21, 200.

第 6 章　总结与思考

哈勃已经恢复活力，而且重塑了我们对太空的认知，不断揭开宇宙中的物理定律。哈勃已经揭示了空间和时间的交互特性，而这些在人类历史上长久以来只能在科学家和哲学家的想象中被探究。今天，哈勃继续提供前所未有的宇宙奇观，并成为许多科学新发现的前沿。

——罗布·居特龙，NASA 戈达德航天飞行中心，2014 年 5 月 12 日

NASA 于 2014 年 5 月 12 日在纪念最后服务任务 5 周年时的报告说，这一任务延长了哈勃太空望远镜的寿命，并有望使哈勃太空望远镜能够继续运行，直至 2020 年詹姆斯·韦伯太空望远镜的发射[1]。不到 3 周前，也就是 4 月 24 日，NASA 更新了“gee - whizz”的公共消费统计数据，以此来庆祝于 1990 年部署哈勃望远镜的 STS - 31 任务执行 24 周年。望远镜绕地球运行了 30 亿英里（48 亿千米），对至少 38 000 个天体目标进行了一百万多次的观测。根据下载的观测结果，哈勃望远镜为进一步的分析和研究至少收集了 100 TB 的数据，每个月都向档案中增加 884 GB 的数据。全球有 4 000 多名天文学家在他们的研究中使用了哈勃数据，并先后发表了 11 000 多篇科学论文，“使哈勃成为有史以来最具生产力的科学仪器之一”。

6.1　总结在轨服务

能够获得这些记录和统计数据，哈勃和天文界主要依赖于近 50

年前决策的利用航天飞机实施在轨服务的研制策略。这一决定是由NASA和几家航空航天公司进行的初步研究演变而来的，当时的研究结果称之为大型太空望远镜。在整个70年代，人们对望远镜的方案细节进行了讨论和决定。为了降低设计研究转化为正式项目的成本，废除了望远镜返回到地球进行定期维修的建议，决定进行在轨服务，并且减小了主镜的尺寸。而且当时还存在技术障碍、行政封锁和政治斗争。望远镜的发射曾推迟了很久，在1990年，被称为"哈勃"的望远镜终于发射，这对那些把大部分职业生涯都投入到这个项目的人来说，是一种极大的安慰。就在发射几周后，人们发现主镜存在球面像差的重大缺陷，这让人感到震惊和沮丧。就像1986年的挑战者号失事一样，这使得NASA进行了大量彻底的内部调查。STS-61任务解决了光学缺陷，使得NASA的信誉得以恢复。5次服务任务不仅增强了望远镜的操作耐用性，使其远远超出预期寿命，而且还安装了新仪器，提升了它的科学能力。哈勃航天飞机任务数据见表6-1。

表6-1　哈勃航天飞机任务数据

对于哈勃来讲，有两种航天飞机在轨服务任务。如果故障威胁到望远镜的寿命，就会执行应急任务。这需要得到NASA行政官的授权，并且可以在12个月内完成。常规任务每三年执行一次，以更换磨损的、出现故障的或显示异常操作的设备	
在135次航天飞机任务计划中，有6个与哈勃相关的任务。主要是原先的部署任务（STS-31）和5次在轨服务任务（STS-61、-82、-103、-109和-125）。从1990年4月的望远镜发射部署到2009年5月的最后一次服务任务，这6次任务是在19年期间完成的。此外，在服务任务之前，一些任务评估了硬件和程序，1998年STS-95评估了服务任务3（后来分为两个）的设备和程序。还有一系列与哈勃和国际空间站发展出舱设备程序相关的任务，包括：（1993年）STS-54、57、51；（1994年）STS-64；（1995年）STS-63、69；（1996年）STS-72、60（由于舱门故障而取消）；（1997年）STS-87	
哈勃部署任务	
任务	STS-31
任务序列	第35次航天飞机任务；发现号第10次飞行
国际代号	1990-037A
发射时间	1990年4月24日

续表

发射地点	佛罗里达州肯尼迪航天中心，39B 发射台
返回时间	1990 年 4 月 29 日
返回地点	加利福尼亚州爱德华兹空军基地 22 号跑道
运载火箭	OV - 103Discovery/ET - 34/SRB BI - 037/SSME：＃1 2011；＃2 2031；＃3 2107
持续时间	5 天 1 小时 16 分 6 秒
航天飞机	发现号
目的	部署哈勃太空望远镜
飞行梯队成员	
指令官	施赖弗，洛伦·詹姆斯
飞行驾驶员	博尔登·JR，查尔斯·弗兰克
任务专家 1	麦坎德利斯 II，布鲁斯
任务专家 2	霍利，史蒂夫·艾伦
任务专家 3	沙利文，凯瑟琳·德怀尔
出舱飞行梯队成员（应急）	
EV1	麦坎德利斯
EV2	叙利旺
RMS	霍利
服务任务 1	
任务	STS - 61
任务序列	第 59 次航天飞机任务，奋进号第 5 次飞行
国际代号	1993 - 075A
发射时间	1993 年 12 月 2 日
发射地点	佛罗里达州肯尼迪航天中心 39B 号
返回时间	1993 年 12 月 12 日
返回地点	佛罗里达 KSC 航天飞机着陆系统，33 号跑道
运载火箭	OV - 105Endeavour/ET - 60/SRB BI - 063/SSME＃1 2019；＃2 2033；＃3 2017
持续时间	10 天 19 小时 58 分 37 秒

续表

航天飞机	奋进号
目的	首次哈勃服务任务（SM－1）
飞行梯队成员	
指令官	科弗，理查德·奥斯瓦特
飞行驾驶员	鲍尔索克斯，肯尼思·迪思
任务专家 1	桑顿，凯瑟琳·科德尔
任务专家 2	尼科尔，克劳德（ESA）
任务专家 3	霍夫曼，杰弗里·艾伦
任务专家 4	马斯格雷夫，富兰克林·斯托里
任务专家 5	埃克斯，托马斯·戴尔
出舱飞行梯队成员	
EV1	霍夫曼
EV2	马斯格雷夫
EV3	桑顿
EV4	埃克斯
RMS	尼科尔
服务任务 2	
任务	STS－82
任务序列	第 82 次航天飞机任务，发现号第 22 次飞行
国际代号	1997－004A
发射时间	1997 年 2 月 11 日
发射地点	佛罗里达州肯尼迪航天中心，39A 发射台
返回时间	1997 年 2 月 21 日
返回地点	佛罗里达 KSC 航天飞机着陆系统，15 号跑道
运载火箭	OV－103Discovery/ET－81/SRB　BI－085/SSME＃1　2037；＃2　2040；＃3　2038
持续时间	9 天 23 小时 37 分 9 秒
航天飞机	发现号
目的	第 2 次哈勃服务任务（SM－2）

续表

飞行梯队成员	
指令官	鲍尔索克斯，肯尼思·迪思
飞行驾驶员	霍罗威茨，斯科特·杰伊
任务专家 1	坦纳，约瑟夫·理查德
任务专家 2	霍利，史蒂夫·艾伦
任务专家 3	哈博，格雷戈里·乔丹
任务专家 4	李，马克·查尔斯
任务专家 5	史密斯，史蒂文·李
出舱飞行梯队成员	
EV1	李
EV2	史密斯
EV3	哈博
EV4	坦纳
RMS	霍利
服务任务 3A	
任务	STS－103
任务序列	第 96 次航天飞机任务，发现号第 27 次飞行
国际代号	1999－069A
发射时间	1999 年 12 月 19 日
发射地点	佛罗里达州肯尼迪航天中心，39B 发射台
返回时间	1999 年 12 月 27 日
返回地点	佛罗里达 KSC 航天飞机着陆系统，33 号跑道
运载火箭	OV－103Discovery/ET－101/SRB　BI－099/SSME＃1　2053；＃2　2043；＃3　2049
持续时间	7 天 23 小时 10 分 47 秒
航天飞机	发现号
目的	第 3 次哈勃服务任务（SM－3A）
飞行梯队成员	
指令官	布朗，柯蒂斯·李

续表

飞行驾驶员	凯利，斯科特·约瑟夫
任务专家 1	史密斯，史蒂文·李
任务专家 2	克莱瓦，让-弗朗索瓦·安德烈（ESA）
任务专家 3	格伦斯菲尔德，约翰·梅斯
任务专家 4	福尔，科林·迈克
任务专家 5	尼科尔，克劳德（ESA）
出舱飞行梯队成员	
EV1	史密斯
EV2	格伦斯菲尔德
EV3	福尔
EV4	尼科尔
RMS	克莱瓦
服务任务 3B	
任务	STS－109
任务序列	第 108 次航天飞机任务，哥伦比亚号第 27 次飞行
国际代号	2002－010A
发射时间	2002 年 3 月 1 日
发射地点	佛罗里达州肯尼迪航天中心，39A 发射台
返回时间	2002 年 3 月 12 日
返回地点	佛罗里达航天飞机着陆系统，33 号跑道
运载火箭	OV－102Columbia/ET－112/SRB　BI－111/SSME＃1　2056；＃2　2053；＃3　2047
持续时间	10 天 22 小时 11 分 9 秒
航天飞机	哥伦比亚号
目的	第 4 次哈勃服务任务（SM－3B）
飞行梯队成员	
指令官	奥尔特曼，斯科特·道格拉斯
飞行驾驶员	凯里，杜安·吉思
任务专家 1	格伦斯菲尔德，约翰·梅斯

续表

任务专家 2	柯里，南希·简
任务专家 3	利纳汉，理查德·迈克尔
任务专家 4	纽曼，詹姆斯·汉森
任务专家 5	马西米诺，迈克尔·詹姆斯
出舱飞行梯队成员	
EV1	格伦斯菲尔德
EV2	利纳汉
EV3	纽曼
EV4	马西米诺
RMS	柯里
服务任务 4	
任务	STS-125
任务序列	第 126 次航天飞机任务，亚特兰蒂斯号第 30 次飞行
国际代号	2009-025A
发射时间	2009 年 5 月 11 日
发射地点	佛罗里达州肯尼迪航天中心，39A 发射台
返回时间	2009 年 5 月 24 日
返回地点	加州爱德华兹空军基地，22 号跑道
运载火箭	OV-104Atlantis/ET-130/SRB　BI-137/SSME＃1　2059；＃2　2044；＃3　2057
持续时间	12 天 21 小时 38 分 9 秒
航天飞机	亚特兰蒂斯号
目的	第 5 次也是最后一次哈勃服务任务（SM-4）
飞行梯队成员	
指令官	奥尔特曼，斯科特·道格拉斯
飞行驾驶员	约翰逊，格雷戈里·卡尔
任务专家 1	古德，迈克尔·蒂莫西
任务专家 2	麦克阿瑟，凯瑟琳·梅甘
任务专家 3	格伦斯菲尔德，约翰·梅斯

续表

任务专家 4	马西米诺，迈克尔·詹姆斯
任务专家 5	福伊斯特尔，安德鲁·杰伊
出舱飞行梯队成员	
EV1	格伦斯菲尔德
EV2	福伊斯特尔
EV3	马西米诺
EV4	古德
RMS	麦克阿瑟

哈勃所取得的在轨服务成果令人印象深刻。在 1993 年的 SM－1 服务任务中，原来的 WFPC 仪器被第二代的设计仪器所取代，HSP 仪器被拆下，安装了 COSTAR 来校正主镜，并且使用了第二代电池板，以避免在进出地球阴影时出现抖动。然后，在 1997 年 SM－2 服务任务中，用 STIS 替换了 FOS 仪器，用 NICMOS 替换了 GHRS，飞行梯队成员对一些热保护系统进行了修补。在 1998 年哈勃轨道系统测试（HOST）计划下，通过 STS－95 飞行测试了用于哈勃望远镜的新技术。

第 3 次服务任务原本计划在 2000 年进行，但当陀螺仪出现故障，导致望远镜不能继续运行后，这个任务被分成两个独立的任务进行。然后在 1999 年 11 月，即预定发射 SM－3A 之前不到一个月，第 4 个陀螺仪的失效迫使哈勃进入了安全模式，等待航天员维修。在 12 月的最后几天，STS－103 飞行梯队不但要执行常规的在轨服务计划，安装一台新的计算机，并更换装有重要陀螺仪的速率传感装置，而且还要求在年底之前乘航天飞机返回地球，以避免千禧年可能会爆发的对电脑造成损害（但后来并没有发生）的潜在隐患。2002 年的第 3 次服务任务的第二部分是在国际空间站的帮助下进行的。SM－3B 第二次升级了太阳能电池板，并安装了新的 ACS 仪器和 NICMOS 新冷却系统。在接下来的一年中，不仅仅是哈勃项目的命运，美国载人航天飞行的命运也因哥伦比亚号的失事而受到质疑。

虽然航天飞机恢复了飞行，但最后的服务任务被取消了，然后又被恢复了。在2009年执行服务任务时，已经是第3次升级WFPC了，并用COS仪器替换了不再需要的COSTAR。还修复了由于电力故障而损坏的STIS和ACS，更换了FGS、全部6个电池、科学仪器控制器、数据处理器以及陀螺仪，以便使望远镜能够再工作5年。此外，还安装了先进的NOBL隔热材料，并安装了软捕获机构，使未来的航天器能够导引哈勃再入大气层。

在20世纪70年代，尽管哈勃受到了一些方面的质疑，但是建造望远镜的资金却得到了批准。回忆一下那时人们对哈勃的期望，我们就会发现，所有这一切都是了不起的惊人成就。

6.1.1 这样做值得吗

这是一个很难回答的问题，因为我们没有讨论望远镜的科学项目，也没有讨论望远镜给予或未能给予天文学界的贡献。如果说望远镜没有得到资助和其他方面的支持，那么事实上也不会发生什么。但是，如果从提高公众对我们周围宇宙的认识和激励年轻一代对科学的兴趣的角度来考虑哈勃的话，那当然是值得的。

在过去的30年里，它拍摄的成千上万的图像都可以在互联网上找到，并且这些图片让人们了解了为什么要把望远镜放在太空中。人们有一种对哈勃的情感和纽带，这不仅与那些梦想、计划、建造和操作望远镜的人有关，而且与增加望远镜年度资金的人有关，这种情感和纽带已在新闻报道中得到证实，尽管这并非总是最好的理由。哈勃望远镜对全世界年轻的科学家、工程师和天文学家都有启发，这说明了之前投入的每一分钱都是值得的，同时也推动他们在科学、技术、工程、数学、医学或教育方面取得了更好的成就。从某些方面来说，哈勃可能实现了他们相似的梦想，那就是努力开发新一代的航天器和望远镜，这也是值得为哈勃付出的。正如南希·罗曼曾经向国会建议的那样，“每一位纳税人只要付出观看一场电影的花费，就能获得15年的科学成果”。

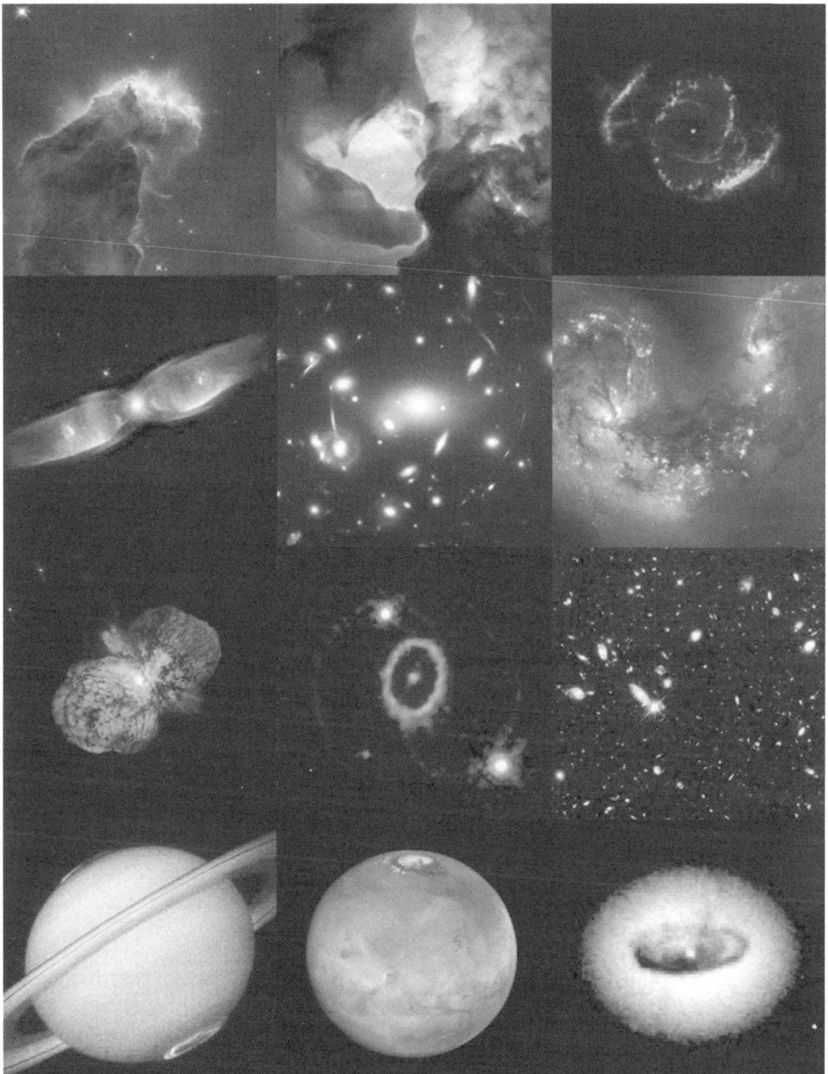

图 6－1　哈勃拍摄的行星和恒星图像

图 6-2 所有这些工作的结果都是来自哈勃望远镜令人惊叹的多星系图像

6.1.2 哈勃的代价

自 1977 年该项目获得批准以来，NASA 在哈勃项目上已经花费了超过 75 亿美元的实际费用，而且这还没有包括为支持该项目的 6 个主要航天飞机项目的费用。哈勃望远镜于 1990 年发射，预计运行到 2005 年，但在轨服务可以使其寿命延长到 2015 年（编写本书的时间）。只要它在科学上是可行的，并且 NASA 愿意并能够每年提供 9 000 万美元的资金，那么它就会继续运行。詹姆斯·韦伯太空望远镜（JWST）计划于 2020 年发射，它有望使用深红外图像扩充哈勃望远镜的可见光图像数据库，以更好地理解宇宙的奥秘。与低地球轨道的哈勃不同，JWST将不具备接受在轨服务能力。按照计划，JWST将部署至日地L2点，远远超出目前以及未来短期内可行的太空计划的能力。那么哈勃值得吗？当然，这是毫无疑问的！

6.2　展示或销毁

如果哈勃确实值得投入，那么为什么不把它保留下来或者把它带回地球进行工程分析和公开展示呢？答案之一还是成本问题。如果我们每年花费9 000万美元来维持航天器运行，当它的主体结构接近40岁，它的仪器开始失效的时候，我们还应该继续维持它多久呢？过去，我们会派出航天飞机来解决这个问题。但是现在航天飞机已经退役，目前还没有航天器可以让飞行梯队成员执行任务。而开发一个机器人飞船来维修望远镜的花费比航天员执行任务还要多。

在2014年的哈勃望远镜庆祝活动中，前航天飞机航天员约翰·格伦斯菲尔德和NASA太空科学部门的主任说，“哈勃的工作做得很好。我们有过一次陀螺仪故障，但这些都在意料之中。如果我们能让哈勃望远镜持续运行到2020年，再加上2018年10月詹姆斯·韦伯太空望远镜发射，那么会对宇宙科学研究起很大的推动作用。现在我们不能保证可以让哈勃望远镜持续运行多久时间。”[2]

在同一篇文章中，约翰·霍普金斯大学太空望远镜科学研究所主任马特·芒廷解释说，望远镜上的仪器表现良好，并记录了令人惊叹的宇宙现象，虽然这些仪器在望远镜上已经至少工作5年了，但人们正在寻找新的方式来使用这些仪器，这些方式可以克服空间环境暴露的影响。所以，这些仪器会比以前更加灵敏。此外，太空望远镜科学研究所收到的观测时间请求比实际可用的时间要多出5～6倍。

再往前看，格伦斯菲尔德指出，如果望远镜发生故障使得只有一台仪器可用，并且NASA即将在同一领域发射新的卫星，那么NASA可能会停止对哈勃的资金支持，并将该预算转移到新计划中。

另一方面，如果对哈勃望远镜的需求大幅下降，并且注意力转向了其他航天器上的最新仪器，那么这也可能会使哈勃结束运行。

但是到 2015 年，哈勃的表现仍然很出色。例如 ACS，这台仪器几乎没有备用的部件，部分设备在“单点”模式下运行，但自 2009 年修复以来，它已经在轨运行了比第一次安装时还要长的时间。2014 年 3 月 7 日，SM－4 服务任务中发生的最严重的问题，即在服务任务中损坏了一套需要安装的陀螺仪，但软件程序解决了这个问题。由于哈勃只需要 3 个陀螺仪来运行，即使这个损坏之后，还有两个备份。虽然其中一个备用的陀螺仪的电路系统也产生了“噪声”，但是工程师通过上传一个软件补丁解决了这个问题。这个损坏的陀螺仪持续运行了将近 50 000 个小时，这是很了不起的。工程师不断监测望远镜，并根据其在轨经验调整系统。密切关注陀螺仪只是众多工作之一，参与这个项目的每个人的目的都是要让哈勃保持一流的科学观测能力，直到最终停止运行。

图 6－3　哈勃的影响仍在延续。洁净室里，在拉斯・韦内特和航天员保罗・理查兹（身着蓝色连身裤）的陪同下，学生们正在使用微型哈勃望远镜。这是在 2008 年 10 月的“探索教育”中 300 万青年科学家竞赛的一部分，这项挑战包括研究覆盖在望远镜上的多层隔绝材料等内容（图片来自戈达德航天飞行中心）

最新的预测说望远镜有 80%的机会继续运行。即使不能完全保证哈勃运行到 2020 年，望远镜也已经提供了 30 年的科学观测了。但是，在这个新的十年的前半段，从某些观点来讲，它很可能会有大部分的仪器和子系统失效。

6.2.1　航天飞机或机器人

如果用航天飞机将哈勃送回地球进行工程分析并在博物馆中展出，要花费大约 10 亿美元，这一计划甚至在航天飞机退役之前就明确放弃了。最终服务人员安装的软捕获机构提供了一种可能，一旦确定哈勃不再运行，会使用一个假想的（也可能是机器人）的航天器，把望远镜提升到一个更高的轨道上，直到设计出一个更节省成本的方式返回地球，或者更有可能的是引导它再入大气层。

6.2.2　最终归宿

在 JWST 和其他目前正在计划的任务变得可用之后，对哈勃的资金等各方面保障支持可能会下降，而且工程研究表明，哈勃望远镜在 2020 年以后不会持续运行太久。如果它没有被提升到一个高的“储存”轨道，那么大气阻力将在望远镜的命运中扮演一个重要的角色。如果没有航天飞机克服大气阻力使哈勃回到它的运行轨道，那么它会以前所未有的速度下降，特别是在太阳活动 11 年周期的高峰期时，过度的太阳幅照会使上层大气膨胀。根据最近太阳活动的预测，望远镜将会在 2036 年自然地再入地球，或者在 2027 年就会出现最坏的情况。我们只能希望，到那时，通过一个小型运载火箭发射升空与望远镜完成对接，随后通过轨道转移不断远离当前任务轨道，最终引导它在远离人口密级区的南太平洋上空再入坠毁，就像 2001 年 3 月和平号空间站所做的那样。

人们进行了大量的研究，评估了哈勃幸存下来的可能性，以及所带来的风险。最初计划通过 STS-125 在 2009 年来提升哈勃的轨道，因为那时预测表明，一旦轨道衰减到 248.56 英里（400 千米），哈勃将在大气中停留大约50周，然后在2013年年底至2014年年初的某个时间进入地球，但是难以预测降落地点。

6.3 博物馆展品

在随后的太空飞行任务中，有一部分令人失望的是，人们看到在轨飞行后的硬件机会是非常有限的，因为它们大部分都没有返回地球。近年来，人们对那些为了飞行而制造但后来实际没有参与飞行的东西产生了越来越大的兴趣。博物馆和私人收藏展示了人类太空飞行的小型物件纪念品，但很难看到完整的航天器展品。在华盛顿特区的史密森学会国家航空航天博物馆，正在展出天空实验室项目的备份轨道工作舱，土星五号运载火箭在休斯敦的约翰逊航天中心和佛罗里达州的肯尼迪航天中心展出。当然，在2011年航天飞机退役后，3个保存下来的航天飞机发现号、亚特兰蒂斯号和奋进号都成为了博物馆的展品。

有一项计划是让航天飞机在哈勃结束运行时将哈勃送回地球，但在2003年哥伦比亚号失事后，这个想法就被放弃了。唯一的选择是发射一架机器人飞船，把望远镜送入更高的轨道，以争取更长的运行时间，或者牵引它脱离轨道。不管望远镜的命运如何，幸运的是它遇到了在轨服务，使得大量的旧仪器、故障硬件和结构的样品、飞行或未飞行的硬件，能够进入博物馆。其中最大的一件展品是在国家航空航天博物馆内。这件展品是太空望远镜结构动力学试验原型样机（SDTV），是由洛克希德公司在1975年开发的飞行器可行性测试方案的哈勃等比模型。最初只是为了在飞行之前测试处理程序而创建的低保真度金属圆筒，随着方案的进一步发展，模型得以改进。当授予洛克希德公司建造ST时，该模型用于飞行器电缆和安全设计，后来用于开发维修和保养技术的仿真模拟。人们对它进行了一系列的动态研究，如重复发射载荷的振动测试和在轨经受的温度环境条件研究。这些是飞行器发展的重要里程碑。1987 年 6 月，洛克希德公司将 SDTV 从储存间中取出，将其捐赠给美国国家航空航天博物馆，并将其恢复到 1976 年的配置，美国国家航空航天博物馆在 1989 年 3 月展出，也就是哈勃实际发射的前一年。

媒体在 1996 年报道了哈勃望远镜在轨服务人员如何安装 COSTAR 以校正望远镜的光学系统之后，博物馆将 SDTV 从公共的展品升级为实际的哈勃配置状态。这是博物馆工作人员和志愿者的一个主要项目，但他们得到了来自洛克希德公司的一个团队的协助，这个团队包括了一些承包商，还有来自戈达德航天飞行中心的人员。这项工作建造了很多新零件，几乎相当于制造了一个全新的望远镜！光学望远镜组件、光圈门、高增益天线、太阳能电池板、后罩扶手和许多设备的其他细节都进行了制作。一套真实的 MLI（非飞行）热控多层包覆处理增加了展品的真实感，NASA 捐赠了一个大型的设备支架，让此展品可以以一个奇妙的角度安装在地板上。最后，在 1997 年早期，在博物馆的空间大厅里重新安装了宽 14 英尺（426.7 厘米）、高 42.4 英尺（1 290.3 厘米）的完整模拟产品，每年都有成千上万的参观者来观看。

6.3.1　哈勃在轨服务展览

2014 年 4 月 23 日，博物馆开设了“哈勃望远镜”展览，展出了两件新物品：由哈勃最后的服务任务返回的 WFPC－2 和 COSTAR[3]。国家航空航天博物馆馆长 J·杰克先生在接待处谈到了望远镜的遗留问题和服务任务。“这次展览追述了哈勃望远镜所需要的辉煌技术，展示了使其长期在轨而又成功运行的人类技能和勇气，以此来向公众讲述哈勃的故事。”报道指出，在未来的几年中，展览将使“千百万人了解望远镜如何帮助我们加深对宇宙的认知”。

图 6－4　在华盛顿特区国家航空航天博物馆展出的由 2009 年 SM－4 任务返回的 WFPC－2 的两张照片。侧面的支架表示仅用于出舱处理（安德鲁·布朗© 2015，获得许可）

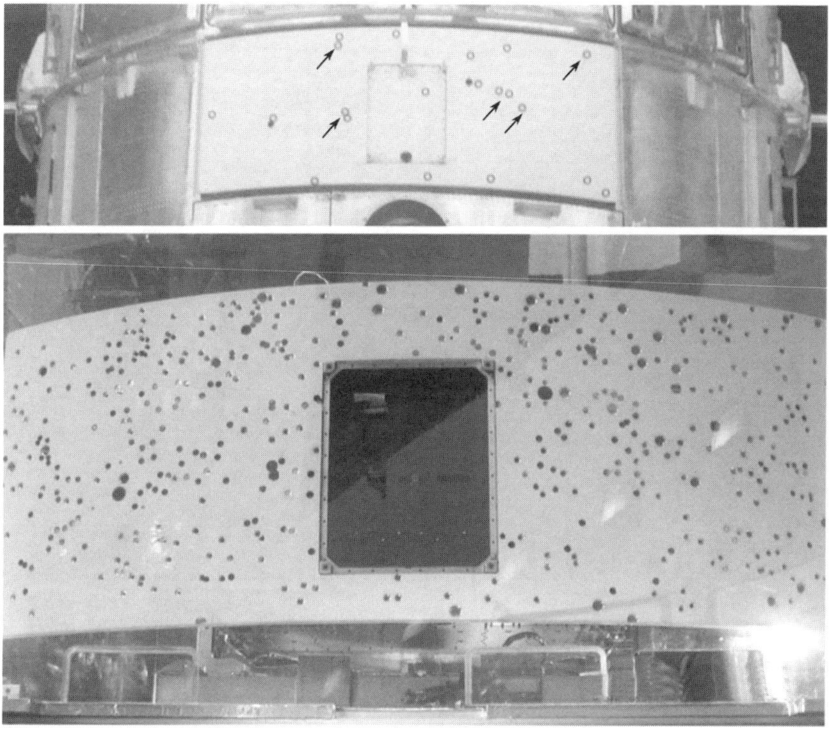

图6－5　（上图）：NASM（国家航空航天博物包）的展示演示了WFPC－2执辐射器上的主要撞击孔。箭头所指圆圈是在2002年被SM－3B识别的，黑色是2009年被SM－4识别的。最大的撞击点直径为1厘米（接近0.5英寸），但大多数不超过1毫米（0.04英寸）的直径

（下图）：在圈出所有较大的撞击点时，NASA将原始撞击孔扩大，以确保收集到的所有碎片和物体的密度可以精确地确定；因此，在NASM中展示了热辐射器的表面。这些展示说明了，如果撞击的物体和撞击孔一样大，望远镜将极易遭受毁坏。一个1毫米（0.04英寸）的物体以每秒10千米（6英里）的速度行进，其能量类似于一个飞行的棒球，但是一个5厘米（2英寸）的撞击器在这个速度下具有高速巴士的能量（安德鲁・布朗© 2015，获得许可）

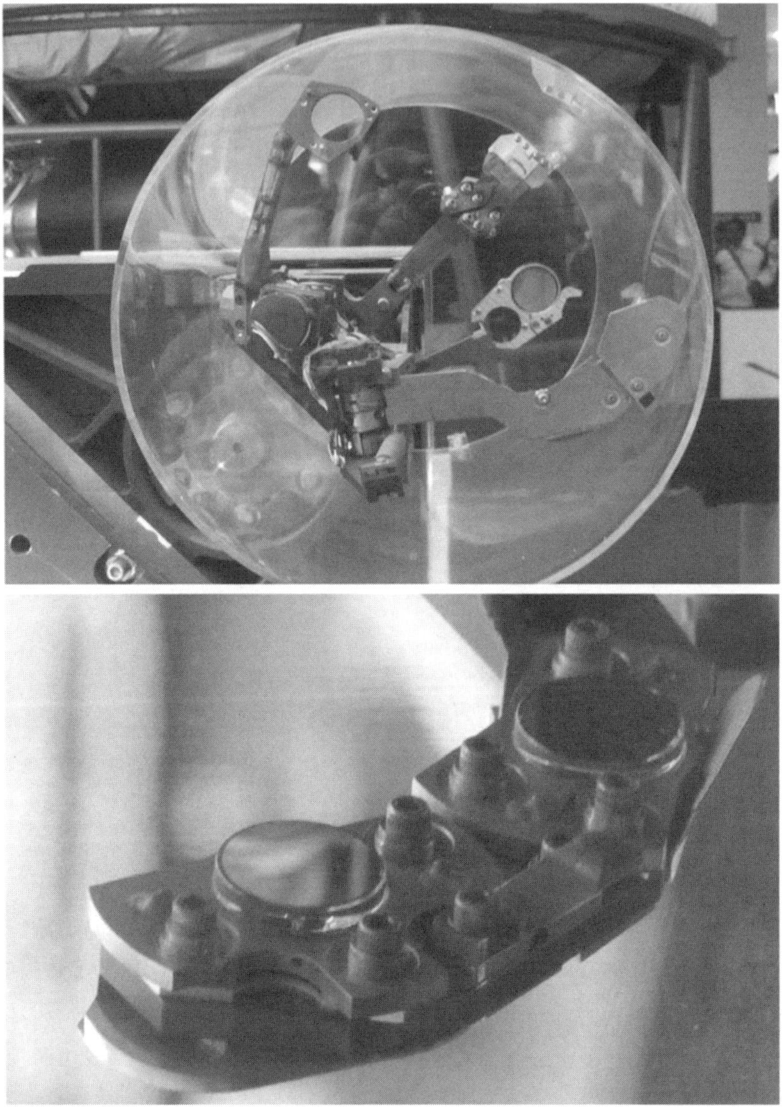

图 6-6 （上图）：在 NASM 展出的返回的 COSTAR 设备，表现了矫正光学组件的设计灵感来自“可调淋浴喷头/牙医镜”
（下图）：回收的 COSTAR 的特写镜头（安德鲁·布朗© 2015，获得许可）

图 6－7　在 NASM 展出返回的 COSTAR 仪器的一部分的特写。中央铭牌上写道："致敬穆尔克·博特马博士的 COSTAR 仪器，以表彰他对 COSTAR 和整个哈勃计划的贡献。"他开发了主要的修正算法从而使波尔航太为 COSTAR 建造的光学组件得以应用（安德鲁·布朗© 2015，获得许可）

1990年NASA行政官查尔斯·博尔登参与了部署望远镜的STS-31任务，谈到了哈勃给予全世界的景象。“COSTAR固定于哈勃望远镜上，WFPC及其48个滤波器使科学家们可以精确地研究光波长……邮票大小的电路记录了我们所了解的一些壮阔现象中的第一道光线……我为能够加入哈勃望远镜团队而感到自豪，我感到高兴的是，数百万的参观者将能够看到真实的太空飞行仪器，这些仪器已经在银河系上空见证了一些有史以来最令人叹服的宇宙现象。”说到参观新展品的年轻人，博尔登强调说，“当他们看着（WFPC-2）时，我能够帮助他们理解它不仅仅是一个盒子，而且还是一个令人难以置信的观测设备。”参加开幕仪式的受邀观众被提醒到，WFPC-2于1993年由SM-1安装，并于2009年由SM-4回收，在此期间，哈勃已经绕地球飞行了85 000圈。相机拍摄的13.5万张图像使研究人员能够撰写数以万计的科学论文。

博尔登希望通过参观这些展品，使人们了解更多关于硬件背后的技术，激励年轻一代去直接参与或支持太空探索领域的事业。NASA科学任务局的副行政官兼前航天员约翰·格伦斯菲尔德指出，这次展览是面向普通大众的。“我知道有数百万的人来博物馆参观，并且会被图像和展品所激励。”他补充说，最重要的是他们应该会“欣赏这些东西”。

6.3.2 复制品存放

不光是国家博物馆注意到了哈勃的奇迹和它令人难以置信的科学计划。2013年11月，位于佛罗里达州东北部布拉德福德的基斯通海茨机场的“梦想之翼航空博物馆”报道称其收购了在约翰逊航天中心用于航天员训练的NASA哈勃模型[4]。

作为联合创始人兼执行董事的鲍勃·厄尔解释说，这个非营利性博物馆的教育使命是展示航空的过去、现在和未来，“突出了那些想出如何做看似不可能的事情的工程师们的努力，并且鼓舞年轻人在科学、技术、工程、航空和数学中找到一条良好的教育之路”。该博物馆于 2005 年由厄尔和联合创始人兼董事总经理苏珊·金在原金士顿陆军基地和二战空军基地的基址上建立。它已经收藏了一些太空物品，其中包括用于训练 JSC 飞行梯队成员的导航固定基座模拟器、任务控制公司的控制台、以及马丁·玛丽埃塔于 1977 年制造的 154 英尺长的用来进行载荷和应力分析的外部贮箱。增加哈勃望远镜的相关展览将使参观者更好地欣赏和理解模拟器、控制台和望远镜在服务任务中的相互作用。

哈勃望远镜博物馆的这次收购是偶然的，因为模型在 NASA 的一个存储设施外被发现时，它离报废只有一个月的时间了。博物馆和 NASA 之间进行了 5 个月的谈判后才让博物馆拥有了这件物品。与哈勃望远镜相同的是，不包括两个太阳能电池板，这个模型的长度为 43.5 英尺（13.25 米），直径为 14 英尺（4.26 米），它的质量

图 6－8　向更多的参观者介绍哈勃及其服务技术进展。英国菲利普亲王在 2007 年访问戈达德期间，由 STS－125 航天员梅甘·麦克阿瑟、斯科特·奥尔特曼和格雷戈里·约翰逊介绍任务细节（图片来自戈达德航天飞行中心/克里斯·冈恩）

为 24 500 磅（11 113 千克）。它太大了，以至于当地的运输公司把这个模型从休斯敦运到佛罗里达州时，几乎和把真正的望远镜发射到太空中一样困难。这项行动涉及专业设备、多州交通许可证、警察护送，以及运输公司的巨额保险。一旦所有的部件都到达了博物馆，就必须重新拼接起来。博物馆建造了一座新建筑来容纳这个展品。由 NASA 出资，计划是在博物馆的课外天文学课程中针对中学生使用这个模型，重点研究 STEAM 项目的原理，并利用哈勃望远镜的巨大成就来鼓励当地年轻人从事科学技术方面的工作。

图 6-9　航天员约翰·格伦斯菲尔德（中）和迈克尔·马西米诺向菲利普王子介绍了他们的出舱任务（戈达德航天飞行中心/克里斯·冈恩）

6.4　哈勃人眼里的哈勃

在本书文献收集过程中，有机会和参与哈勃望远镜开发、测试和操作中的人以及一些进入过太空中的航天员进行交谈是很有乐趣的。最引人注目的是他们对这个项目的热情，以及他们对所取得成就的自豪感。对他们每个人来说，哈勃望远镜给他们留下了深刻的印象和最美好的回忆。每个人都很庆幸自己有足够的运气，能够在人生中的“黄金时代”有机会投身到这个项目中。他们中的许多人都满怀热情地回忆起服务任务的巨大压力，但是这个项目已经顺利结束了。有些人希望他们能继续参与，但大多数人都在追求他们人生中的下一个挑战。尽管如此，许多人在公开演讲和教育项目上还是继续支持哈勃，并就哈勃对他们的意义做出了属于自己的解释。

洛塔尔·格拉克：“让哈勃保持运行归功于航天员。在哈勃设计的时候，任何可用的机器人技术都还处于起步阶段，其远不能满足实施哈勃在轨服务任务的复杂技术需求。即使一开始没有主镜问题，如果没有航天员成功的在轨服务，哈勃也早已成为历史。”

格拉克还表示，若未考虑到后续先进技术的快速发展，即通过机器人技术实施在轨服务或升级，在当时研制过程中可能也无法设计出具有良好可接受在轨服务能力的“哈勃望远镜”。他认为尤其是ESA从来没有专注于集成独立研制这种望远镜所需的资源，所以与NASA的合作是唯一的方法。当时真正的成就是在地球上得到这样一种全新的航天器。他还指出，如果哈勃望远镜是在“现在”设计的，那么在不影响可靠性和性能的情况下，最具成本效益的解决方案肯定是在航天员或机器人，或者在两者协作完成在轨服务之间进行权衡。“在我看来，对于非常复杂和具有挑战性的科学目标任务来说，如果这些任务不能进行在轨服务，那么成本将大大提高，可靠性要求和测试活动将成为成本动因。在不危及科学的情况下，也许一个不太可靠但有用的航天器更具成本效益。哈勃是我的宝贝，我很荣幸能够在这个项目上工作。幸运的是，我是在正确的时间、正确的地点，并拥有所需的知识和动力去迎接挑战。我只能说，我在哈勃项目的成功中占有很小的份额，但是我对此感到非常高兴，我也知道到目前为止，在万余名哈勃团队中，我只是其中之一。但我是少数几个一直支持哈勃望远镜的人之一。”

阿尔·韦尔纳基亚：阿尔·韦尔纳基亚在SM－3B服务任务之后离开了哈勃项目，成为伽玛射线大面积X射线望远镜（GRAF）的项目副经理。维修哈勃让他在服务操作、地面系统、飞行软件方面有了背景，并且在飞行系统方面有了少量的经验，使他对飞行系统有了更多的了解。“项目经理负责整个任务、飞行和地面，这个新的职位给了我一个更全面的飞行角色，我想说其实自己也早已为此做好了充分的准备，因为哈勃的经验给了我这个角色在操作方面的基础，GRAF使我在飞行开发和管理卫星发展规划方面有了显著提高。”

鲍勃·克里平：作为哈勃项目中与航天飞机有着密切联系的人，鲍勃·克里平认为，从早期的任务中学到的经验教训，例如在航天飞机飞行梯队成员的帮助下提前指派出舱人员，使哈勃任务受益匪浅。以前是提前一年公布整个飞行梯队成员，但随着任务变得更加复杂，如哈勃或国际空间站，为了更好监视有效载荷，所以提早公布了一些航天员。此外，他反思说：“也许我没有尽可能多地飞行。我们认为每个人都可以飞十几次（在低地球轨道的高度，这里没有辐射的威胁），但挑战者号之后大家就不太愿意这样去做了。”克里平向行政官迪克·特鲁利建议，更多的航天员应该从技术向管理转型。在被告知“好的，会这样去做”之后，克里平从自己做起，离开了航天员办公室。

克里平对退役的航天飞机并没有留下深刻的印象，对他来说，这是一个“愚蠢的决定、一个被抛弃的机会、一个很大的错误”，因为在没有一个更好的替身之前，它可以一直承担轨道器的角色。对于这位资深的航天员来说，这不仅是NASA经验的损失，而且也是这个团队回忆、技术和经验的显著损失，而正是这些东西铸就了哈勃在轨服务任务的成功。由于詹姆斯·韦伯太空望远镜将驻留在大约 150 万英里（240 万千米）外的太阳-地球系统的 L2 点，因此如果确实如此的话，哈勃望远镜就不会再有服务能力了。如果这台新望远镜在初始检查期间的供电状态下烧断了熔断器，就像早期轨道天文台所发生的那样，那么它可能不得不被放弃，尽管它可能很容易地通过在轨服务来修理。这些都是事件优先级的问题。哈勃充分地证明了在轨服务是可行且有益的，尽管这些知识经验还不能直接应用于其他项目。

乔伊斯·金：乔伊斯·金从哈勃望远镜中学到的最重要的经验是“注意细节”；而且“前瞻性规划是必不可少的，就像很多应急计划一样。比如一旦软件出了问题，我们就可以插入另一个程序，因为备用程序已经提前在应急模式下进行了测试。在太空飞行中，时间是至关重要的，因此训练是必不可少的。如果在地面模拟中进行过关于问题处理的核心技能训练，当飞行中发生某些事情时，可以快速有效地做出反应。”金相信她的哈勃经验赋予了她这些技能，使她能够在职业生涯后期转向更具挑战性的角色。

虽然金仍然是哈勃系统的管理员，但她也有“临时的琐碎工作”（她喜欢这样称呼它们），比如她被提名为火星 2020 任务项目经理，在其中她管理了于 2014 年交付的仪器提案。她也是进入这一行业的年轻工程师的榜样，特别是年轻女性。她强调必须给予年轻的女性开放性的选择，如今在 STEM、实习、辅导和科学博览会上女性有更多的机会，而且她一直不断地激励着年轻人。在佛蒙特州一个小镇成长时（附近有 5 个城镇将学生送到一所高中），互联网以及社交媒体的发展，提升了她的思考能力。她回忆起一个在航天飞机上工作的没有热能工程经验的学生，他们只需要指导和演示来了解材料的性质是如何变化的，然后这个学生调查了材料热性能、已完成的和待办事项，并规划了后续教学实践内容。在哈勃任务中的丰富经验使得金有信心和经验将这些宝贵的技能传给下一代。

汤姆·埃克斯： 汤姆强调了 STS－61（以及所有航天飞机飞行梯队成员）在准备任务时的训练强度和训练支持的重要性和相关性。“我们所接受的训练可能是这次任务成功的关键，以确保我们一旦进入太空，就能按计划完成任务。”

史蒂夫·史密斯： “每一次航天飞机任务都做了令人惊奇的事情。这其中有两架航天飞机不幸失事，所以这只是说明了它存在高风险，以及它是多么令人欢欣鼓舞。我不喜欢挑出任何特别的任务。尽管航天飞机及其支撑系统发生了几次重大事故，但它始终是一种令人叹服的交通工具，它使得哈勃有可能被人们称为有史以来最伟大的技术成就之一。当然，如果没有 6 次航天飞机的在轨服务，哈勃就谈不上成功。”

本·里德： “对于负责建造航天器的航空航天界来说，肯定非常欢迎在任务结束回收（哈勃）。我们会从外部接触到的材料中学习，我们会改变一些电子产品的状态，但从材料的角度来看变化并不显著。所以作为一个美国的纳税人，单纯从材料的角度来说，我可以证明已经有了 10 亿美元的回报。如果有人说：‘花 10 亿美元，你能帮助未来航天器的最好方法是什么?’我不确定回收哈勃是否会达到这个目的，但是会考虑让哈勃做一次‘世界之旅’，这样人们就能看到它，这是一个难以回答的问题。我认为这可能是一项任务的正当理由。当然，当我说 10 亿美元时，我只是选择了一个很大的数字。从材料的观点来看，我不得不说这是一场悲剧，因为我们不能把哈勃带回，但在公共利益角度上，这就是另一回事了。”

自 2011 年以来，里德一直在戈达德卫星维修办公室担任弗兰克·切波利纳的副手，他最近在那里担任机器人在轨加注任务的项目副经理。他回顾了 12 年来在哈勃担任首席材料工程师的经历，尤其是因为在那之前他花了 9 年的时间做牙科技术员。“我对航天器一无所知，我的整个世界（到 1998 年）都在人类的嘴里，现在转换到浩瀚的太空中，所以这是一个学习的过程。前两年，我每周都认为我要被解雇了。因为这一切对我来说很陌生，而且由于是在职培训，所以我很紧张，但我很高兴他们给了我压力，因为他们如果不这样做，我想我会对‘这只是一个固定的流程’感到厌烦。我感谢我的幸运星，让我加入到哈勃项目中，能够参与这样一个宏伟的国际项目。我想我没有把事情搞砸，因为我在哈勃望远镜上取得的成果使得弗兰克·切波利纳在职位空缺时让我担任了他的副手。”

6.5　出舱经验

本书的内容主要集中于对哈勃在轨进行的人类服务活动，在这一方面，哈勃太空任务中最宝贵的经验也许就是出舱技术的发展。根据出舱工具专家拉斯·韦内特的说法，“为哈勃提供服务的关键是设计‘友好出舱’的原始风险管理理念，即预先规划好航天员服务任务，并通过相应工具设计，为航天员拆卸、维修和更换等所有操作提供尽可能大的便利。”[5]在他2001年的论文中，韦内特承认到目前为止，这3次服务任务的成功仍是一个验证的过程，为剩下的两个服务任务和国际空间站的出舱计划提供了模式。他列出了在哈勃望远镜中获得的10个经验教训，这些经验适用于当前和未来的其他项目：

1）建立一个专家团队；
2）建立需求；
3）保持设计简洁；
4）寻求他人的反馈；
5）不断地问“如果……怎么办”；
6）使用各种训练方法；
7）改进；
8）训练、训练和再训练；
9）验证飞行硬件和程序；
10）应用经验教训。

表 6-2 哈勃出舱任务汇总 1990—2009 年

哈勃出舱	出舱的开始时间	时间 时：分	出舱飞行梯队成员	任务/航天器	笔记
00	不适用	0：00	麦坎德利斯/叙利旺	STS-31/OV-103	在哈勃部署任务期间没有安排出舱，两名航天员都完全适应了发生紧急出舱的情况
01	1993 年 12 月	7：54	奥夫曼/马斯格雷夫	STS-61/OV105	第 1 次哈勃在轨服务任务；第 1 次哈勃出舱服务，更换发生故障的陀螺仪
02	1993 年 12 月 5 日	6：36	桑顿，K/埃克斯	STS-61/OV105	第 2 次哈勃出舱服务，安装新太阳能电池板，处理旧太阳能电池板
03	1993 年 12 月 6 日	6：47	奥夫曼/马斯格雷夫	STS-61/OV105	第 3 次哈勃出舱服务，安装新相机
04	1993 年 12 月 7 日	6：50	桑顿，K/埃克斯	STS-61/OV105	第 4 次哈勃出舱服务，安装 COSTAR 和新电脑
05	1993 年 12 月 8 日	7：21	奥夫曼/马斯格雷夫	STS-61/OV105	第 5 次哈勃出舱服务，安装新的控制系统
06	1997 年 2 月 13 日	6：42	李/史密斯	STS-82/OV103	第 6 次哈勃出舱服务，用太空望远镜成像光谱仪（STIS）、近红外照相机和多目标光谱仪（NICMOS）替换旧的高分辨率光谱仪
07	1997 年 2 月 14 日	7：27	哈博/坦纳	STS-82/OV103	第 7 次哈勃出舱服务，更换精细导航系统（FGS）和过时的记录仪；安装光学控制电子增强组件（OCE-EK）；还注意到望远镜上局部受损的绝缘层
08	1997 年 2 月 15 日	7：11	李/史密斯	STS-82/OV103	第 8 次哈勃出舱服务，更换数据接口单元（DIU）和安装新的固态数据记录器

续表

哈勃出舱	出舱的开始时间	时间 时：分	出舱飞行梯队成员	任务/航天器	笔记
09	1997 年 2 月 16 日	6：34	哈博/坦纳	STS－82/OV103	第 9 次哈勃出舱服务，更换太阳能电池板驱动电子元件(SADE)；安装磁力计保护套；已于 2 月 14 日开始进行绝缘维修
10	1997 年 2 月 17 日	5：17	李/史密斯	STS－82/OV103	第 10 次哈勃出舱服务，这是在飞行计划中增加的一次出舱，以便将热控多层连接到望远镜的外部
11	1999 年 12 月 22 日	8：16	史密斯/格伦斯菲尔德	STS－103/OV103	第 11 次哈勃出舱服务，安装新的速率感应单元和电压/温度改进组件
12	1999 年 12 月 23 日	8：10	福尔/尼科尔	STS－103/OV103	第 12 次哈勃出舱服务，瑞士人首次出舱，更换中央计算机和精确制导传感器
13	1999 年 12 月 24 日	8：08	史密斯/格伦斯菲尔德	STS－103/OV103	第 13 次哈勃出舱服务，安装了一个变送器和固态记录器
14	2002 年 3 月 4 日	7：01	格伦斯菲尔德/利纳汉	STS－109/OV102	第 14 次哈勃出舱服务；更换望远镜的第二代太阳能电池板；更换二极管盒组件；完成了其他准备工作，以便出舱的后续任务
15	2002 年 3 月 5 日	7：16	纽曼/马西米诺	STS－109/OV102	第 15 次哈勃出舱服务；用电池板及二极管盒组件替换第二电池板；更换反作用轮组件
16	2002 年 3 月 6 日	6：48	格伦斯菲尔德/利纳汉	STS－109/OV102	第 16 次哈勃出舱服务；更换 Bay4 中望远镜的电源控制单元；利纳汉对第 4 和第 5 个出舱期间使用的哈勃外部扶手进行了检查
17	2002 年 3 月 7 日	7：30	纽曼/马西米诺	STS－109/OV102	第 17 次哈勃出舱服务；用先进巡天相机替换旧的暗天体相机；完成电源控制单元维护任务

续表

哈勃出舱	出舱的开始时间	时间 时：分	出舱飞行梯队成员	任务/航天器	笔记
18	2002 年 3 月 8 日	7：20	格伦斯菲尔德/利纳汉	STS-109/OV102	第 18 次哈勃出舱服务；在 NICMOS 周围安装了低温冷却器及其冷却系统散热器
19	2009 年 5 月 14 日	7：20	格伦斯菲尔德/福伊斯特尔	STS-125/OV-104	哈勃服务任务 4；用宽视场相机 3 代替宽视野和行星照相机 2；更换科学仪器控制和数据处理器；润滑 3 个护罩门；安装软捕获机构，以便将来哈勃在寿命末期进行脱轨
20	2009 年 5 月 15 日	7：56	马西米诺/古德	STS-125/OV-104	所有的 3 个陀螺仪速度传感单元替换掉了两个电池单元模块的第一个
21	2009 年 5 月 16 日	6：36	格伦斯菲尔德/福伊斯特尔	STS-125/OV-104	用宇宙起源摄谱仪代替 COSTAR；修复先进巡天相机；开展一些前瞻性任务
22	2009 年 5 月 17 日	8：02	马西米诺/古德	STS-125/OV-104	修理望远镜成像摄谱仪
23	2009 年 5 月 18 日	7：02	格伦斯菲尔德/福伊斯特尔	STS-125/OV-104	最后的哈勃出舱任务（系列的第 23 次），也是最后一次基于航天飞机气闸舱的出舱；更换最后的电池模块和安精确制导传感器 3 号；从 87、5 和 7 号设备小舱局部拆除退化的热控多层，并用三层新的热控多层进行替换；移除低增益天线周围的旧多层并予以更换

图 6－10　哈勃系统专家和出舱专家见证了亚特兰蒂斯号执行 STS－125 的发射。从左：拉斯·韦内特，（左二）艾德·雷扎克，哈勃太空望远镜开发项目出舱系统高级工程师，（右）艾德·张，哈勃发展项目首席工程师，和（右二）摄影师迈克·索卢斯。在哈勃最后一次服务任务之后，张和雷扎克继续致力于戈达德的机器人卫星服务。拉斯·韦内特利用他长期在哈勃出舱发展方面的研究，强调了从太空望远镜出舱操作及其在未来计划的应用中学到的经验（图片来自艾德·张）

建立一个专家团队：正如韦内特写道，“在正式和非正式的工作中进行广泛的团队合作是哈勃服务任务取得成功的主要原因。”硬件和仪器的组装与测试是在戈达德和肯尼迪进行的，而飞行梯队成员的训练是在一些场地中心，在这种情况下美国与欧洲一起开发哈勃的硬件与仪器。这就促使戈达德决定组建自己的专家团队，以便在各个层面进行工作。

戈达德的哈勃项目组指派了一名专家，他“拥有”独特的交流方式，可以与相关硬件的设计工程师直接联系。通过这种方式，出舱专家熟悉了硬件、程序和执行任务的人员。对于出舱工程师来说，不仅要考虑哈勃各系统，还要考虑航天员在压力服内的能力和约束，而且压力服本身就是一个航天器。其中一位更专业的出舱工程师负责针对任务中所用的工具开展设计、测试、整合和培训工作。为了保持连续性，航天员办公室有这样一个规定，即一个服务任务中的一名航天员将继续作为联络员与哈勃出舱专家联系，直到下一个哈勃服务任务的下一个航天员得到任命以后，于是，这个人可能成为有效载荷指令官。同样，在可能的情况下，RMS 操控经验也被传承下来以便在座舱里平稳地进行 RMS 转移操作。

戈达德通过培训内部设计工程师作为专家来评估出舱压力服并参与出舱训练和 NBL 测试，从而拥有自己的出舱经验，这也是非常重要的。这使他们自己亲身体验使用工具模拟 ORU 和 ORI 的更换，以获得对机动性、可视性、适应性和手套操作的清晰理解，并使得他们将发现的认知快速落实到设计中，从而产生“更快、更好的工具和更高效的硬件设计过程”。

建立需求：在支持总体目标的过程中，制定明确的需求是至关重要的，对哈勃而言，就是通过出舱持续不断地提供在轨服务。这种有效而具有前瞻性的项目内部的创造力，使得服务哈勃所需的技术从 20 世纪 70 年代到最后的服务任务这 30 年来一直在演变进化。在轨服务战略要求确定每一次必要的行动并将其作为出舱任务的基本原理。然后通过集思广益，确定应急情况。在这个过程中，一些新的概念就会被探讨出来。人们认识到，不断开发新的工具和程序对于减轻今后行动的工作量至关重要。

这种接近任务和处理任务的指派执行方式或者任务识别的方法，在测试、模拟和培训，以及在需要地面帮助的任务期间，都一直是有效的。正式的需求审查不仅要考虑总体任务，还要考虑到硬件变更、分配给任务的出舱活动以及实现预期任务的支持硬件（包括工具），同时也要符合 NASA 当前的标准和指导方针。

设计中的简洁原则：哈勃望远镜在轨服务清楚地表明，在计划复杂和多重出舱任务并行时，简洁性是最有效的因素。国际空间站所进行的一系列非常成功的出舱活动，正是应用了这一原则。在设计哈勃望远镜的设备和程序时，其中一个重要因素没有考虑，即在轨望远镜本身。考虑出舱的时间，以及服务任务中有限的出舱次数，因此所有设备和工具的设计必须都是可靠的，而简洁性是实现这一点的关键。

对于哈勃来说，这方面的经验教训可以直接应用于未来的出舱计划，也可以在一定程度上发展机器人在轨服务。在设计一次出舱时，有 3 个基本问题：1）在 $1-g$ 环境中，一个人如何处理相同的任务？2）哪个标准接口可以用于这次新的任务？3）拟采取的设计方案是否影响到预定工作地点的装载、分段和运输，以及它们之间是如何互换的？当涉及到人的时候，我们需要保证绝对安全，不仅是航天员，对有效载荷和航天器也是如此。必须进一步注意约束要求，如飞行梯队成员工作和设备运行的热条件，压力服对出舱任务的限制，航天员的能力和疲劳的局限性，以及尽量减少每个任务的时间，以便通过严格的时间表有效地完成一系列任务。

哈勃服务任务的经验使得在设计出舱工具接口时考虑目标的层次。主要是为了通过航天员手动就可以完成的简洁工具界面。如果需要一个工具，那么标准的设计或界面就是第一选择。当工具被设计为通用时，电动模式或手动模式是最有用的。如果一个特定的目标需要一个独特的工具，那么这个工具就可以被一个倚靠 RMS 的航天员使用，或者被一个自由漂浮在绳索上的航天员使用。最后的问题是这项任务是单手操作，还是需要双手操作？此外，这项任务是否可以单独完成，还是需要两名航天员一起合作完成？

反馈：韦内特指出，从哈勃服务任务中获得的重要经验之一就是要建立一个系统，能够有效地请求、记录和评估，然后回应使用者以做出及时反馈。在哈勃服务中，服务设备的主要使用者是执行出舱的航天员。他们是那些在太空望远镜上使用工具和程序的人，因此他们的反馈对于分析工具和程序的性能以及改进它们是至关重要的。

基本概念的创建是发展用来解决在轨活动和飞行硬件特殊更换要求的第一步。项目工程师为航天员在 $1-g$ 和水下条件实践这些理论进行了测试。这些反馈是在航天员从自己的评估和训练任务中得到的。然后，航天员的意见反馈给开发人员，通过这个循环达到令人满意的状态。在他们的任务完成后，飞行梯队成员就如何在太空中进行实际操作提供反馈，以帮助开发人员完善硬件，并帮助未来的工作人员为类似的任务进行培训。

根据飞行梯队成员的反馈，建立了 4 个等级标准：

1）可接受：不需要更改设计，因为航天员在完成任务时没有遇到困难或者遇到的困难极小。但是，仍然可以进行小的改进以改善硬件的操作。

2）不可接受-1：只需要进行小的设计更改。

3）不可接受-2：需要进行重大设计更改。在这种情况下，任何主要设计变更的充分性都需要进一步的测试和评估。

4）不确定性：在测试条件、环境、硬件不充分和测试对象的数量不足的情况下，硬件风险无法得到充分的评估。因此重新测试是有必要的。

哈勃项目办公室为测试项目制作了一份航天员总结工作报告，该报告详细列出了测试结果、建议和评级。这种方法使反馈规范化，使项目办公室能够评估所有修改。正如韦内特所报告的那样，“从航天员的反馈过程来看，许多哈勃工具，从手动连接器到电动扳手，都经过了许多不同的改进。”例如，设计后舱穿舱工具（CAST），需要满足从望远镜内部一侧到另一侧过渡连接的要求，但这超出航天员到达的极限。结果，使用该工具的航天员建议应该将其取消，增加安全带的刚度以帮助其穿过望远镜，从而节省时间。这个工具通过反馈系统从一个独立的器械发展到一个集成的过渡连接工具组合，并成为一个无需额外辅助器械并通用过渡连接的工具。

针对“如果……怎么办?”提出问题：在设计一个硬件时应该提出的一个问题是，“如果这样做不能正常工作，那怎么办呢?”这样简单的问题创建了一个与正常程序、工具和操作并行的开发过程，并为失效分析、应急程序、容错工具、额外培训以及大量的“发散思考”提供了文档记录。为了支持哈勃服务任务中的出舱操作，所有硬件和程序都需要有“单点容错”的设计。根据哈勃维修的结果，出舱系统设计者从以下反复询问的问题中获得了经验：

1）如果这个机构失效会发生什么?

2）有没有故障排除模式?

3）这个组件是否可以被覆盖、移除或抛弃?

4）有备份工具吗?

这些问题有利于工程师和设计人员提前制定应急计划、相应文档和培训计划以有效应对任何潜在的异常情况。在设备故障情况下，对扭矩要求和各种机械故障模式的工程数据进行了校核和验证。戈达德在出舱应急文件中创建了一个故障问题排除的步骤。处理、删除或抛弃组件可能会导致完全不同的设计特性。最后，通过备份工具的可用性设计创建了一个完整的保障策略，这不仅可以识别备份工具，还可以制造这些工具，并进行测试验证，使其符合要求，并将它们存放在触手可及的地方，当然所有这些工作都希望永远不会使用它们。此外，应急行动的大量培训有助于为航天员做好准备，并为开发和验证所选程序和硬件提供了机会。这测试了团队是否准备好应对某个特定问题，以及为解决这种异常情况而设置的程序是否确实有效。

对于哈勃服务任务，最广泛的应急计划是弥补 RMS 操作的不足，而这正是由于 RMS 是最重要和最通用的工具之一。它将望远镜在有效载荷舱内固定下来，然后通过辅助固定系统来支持航天员，让他们能够一直到望远镜的“顶端”执行任务。另外，在轨服务之后 RMS 还要再次释放望远镜。其集成的摄像头能够检查有效载荷舱的情况和轨道器的外部。应急培训涉及何种硬件可使飞行梯队成员能够完成在没有可用的 RMS 情况下进行应急更换、服务和修理。

培训设备的建立是为了支持常规和应急的人员培训。其中一个例子是功率控制训练器（PCT），它是哈勃望远镜模拟设备舱中 PCU 和连接器的等比高保真模型，它模拟了设备更换的复杂状态。

对于哈勃任务，出舱地面工作支持团队实际上由 3 个团队组成。每次出舱期间都有值班的出舱轨道控制小组，会对实时异常做出反应；重新规划小组重点审查任务计划，并阐明任务和时间表的任何变化；最后是关联其他团队的出舱过渡团队，目的是提高他们的态势感知能力，改善沟通能力，特别是在处理异常情况时保证连续性。

采用各种不同的训练方法：为了支持哈勃服务任务，人们制定了大量的训练方法、程序和设施。航天员们接受了有关 JSC 和戈达德的实际飞行硬件高保真模型的培训，以熟悉他们在太空中使用的设备和程序。关于中性浮力模拟系统，最初计划在马歇尔进行，后来调整为在 JSC 进行，虽然在一定程度上减轻了重力和飞行系统的相关机械限制，但水下模型的保真度仍然有限，没有足够的深度可以容纳一个完整的哈勃模型。同时，水的粘性使得不能模拟真实的太空环境，航天员和工具仍然受到重力的影响，这意味着工具在释放时会下沉。除了 $1-g$ 和中性浮力条件外，还在热真空室中进行了出舱培训。计算机虚拟现实在哈勃训练计划中越来越多地被使用，如模拟操纵科学仪器或太阳能电池板等大规模物品。随着飞行经验的增加，模型和训练设备也得到了升级和改进，以满足最新的需求和配置。

改进：随着这一系列任务的发展，通过经验和反馈建立一个有用的数据库，使训练和模拟程序得以发展。出舱工具的设计是根据需要进行引进和开发的，其中一些已应用于飞行，另一些则没有使用。根据测试反馈来记录飞行文档，可以有效改进训练程序。根据过去的经验，在轨任务可能需要花费比训练的时间更长的时间，每个训练任务中都会留有 20％的时间余量，以便进行实时调整。

训练，训练，然后再训练：哈勃服务任务的成功来源于对飞行梯队成员、硬件和程序开发人员以及飞行控制员的大量培训。这个计划包括了常规和应急的培训以增加经验，并适应所有可能的情况。培训从课堂简报训练开始，然后在必要时进行任务训练、模型训练和飞行样机训练。

对被指派的两名航天员进行正式的独立训练，另一组进行协同训练，以防出舱任务临时调整。在规划哈勃每次出舱时考虑的因素包括两个航天员在 RMS 或系绳上的相对位置；在有效载荷舱的货物舱段之间运输 ORU 和望远镜上的 ORU 位置，以及任务工具，包括用于应急的工具；确保每个 ORU、每个 ORI、每个工具、航天员、哈勃和航天飞机保持状态一致。此外，出舱飞行梯队成员、IVA 指导人员和飞行控制人员要按照规划的时间表进行，以确保任务按照适当的顺序和所需的程度进行。

为了达到这个目标，哈勃针对 1 - g 环境进行了培训，然后又进行了应急任务培训以及一系列模型、飞行硬件的任务培训。出舱航天员和其他梯队成员（如 RMS 操作员和 IV 飞行梯队成员）之间的协调培训也非常重要，可以提高协调工作能力，更重要的是有助于增强团队的信心。充分的协同培训确保了每个出舱飞行梯队成员在任务期间能够完成任何出舱任务，至少足以保证任务成功。对哈勃来说，严格遵守 10∶1 的训练比，即在轨 1 小时，在水中训练 10 个小时。地面控制人员和其他专家与航天员一起参加中性模拟系统的联合训练也是建立团队经验和信心的必要条件。这些训练直接对应具体的出舱计划，包括每一项常规的和应急的出舱任务。

验证：在大量的验证之后，使用工具或组件与望远镜对接时遇到的问题很少，这令哈勃望远镜的出舱支持团队感到非常自豪。人们在 1990 年 4 月发射之前对望远镜的部件进行了充分的检查。之后，将尽可能多的硬件交到工程单位的飞行备件高保真模拟器上进行测试。其中有些项目的检查结果不是很理想，但数量并不多。在中性浮力测试和高保真模拟器中对出舱任务本身进行了验证，以便用于不同的出舱任务，还包括任务排序的检查、永久和临时的装载地点、任务工作区和工作区的数量、航天员在出舱期间的能见度、手动装载、传统的形式、配合和功能系统。在整个方案中，对所有常规工具和应急工具进行了100%的验证。利用序列号清单对所有常规和可能的备份工具进行适应性检查，并确认可调节的扩展插座配件可以连接到扳手上。同样重要的是，要确认所分配的工具是否符合它要安装或拆除的项目。设备与设备的适配性检查可确保无论在发射还是返回时都能将物品装入储物箱，并且可以轻松安装在哈勃模型上。

对于某一特定的服务任务，工程人员完成了超过3 500个飞行工具的装备检查，大约有150～200个用于实际飞行的工具，这不仅让人相信在轨道上不会有什么困难，也不会有失败的风险，而且还提供了关于替换和解决方案的大量文档。需要验证矩阵和文档数据库来跟踪所有这些数据。随着新的仪器或设备被引入到服务任务中，对于常规和应急行动的工具必须要进行适当的检查。同样地，当工具和设备随任务取消时，它们也应该从模型和数据库中删除，以保持模型和数据库的最新状态。有时，这为其他任务提供了使用专门工具的机会，例如在第2和第3次服务任务中。1997年，当SM-2/STS-82将NICMOS安装到哈勃望远镜上时，两组特殊的大型接近器被安装在仪器的阀门上，以保证它们将来有可能被使用。在1999年的SM-3A/STS-103中，同一套接近器用于在轨打开NICMOS阀门。

应用：韦内特总结了哈勃计划在哈勃出舱发展和任务支持过程中的应用经验。这些经验教训继续应用于当前和未来的项目。哈勃出舱支持团队也重视在其他项目中的推广应用，如国际空间站。尽管哈勃任务在其设计和实施方面是特殊的，但这些经验教训也适用于NASA其他的在轨操作工具开发、训练周期和中性浮力验证计划。

6.5.1　出舱工作量

几十年来，从双子座计划开始，关于航天员在出舱所承受的工作量的报道、文件和研究非常之多。这主要是通过实际的任务收集，方式涵盖了对相关航天员的采访、回顾任务影像和记录数据、评估支持工作量研究及训练和模拟评价。现在，通过计算机系统能够精确地模拟人类在太空飞行中具体表现的模型。哈勃航天员出舱经历见表 6－3。

表 6－3　哈勃航天员出舱经历

排名	航天员名字	具有出舱任务的飞行次数	出舱总次数	累计出舱持续时间（小时：分钟）
1	格伦斯菲尔德，约翰	3	8	58：31
2	史密斯，史蒂文	2	5	35：34
3	马西米诺，迈克尔	2	4	30：44
4	奥夫曼，杰弗里	1	3	22：02
4	马斯格雷夫，斯托里	1	3	22：02
6	利纳汉，理查德	1	3	21：09
7	福伊斯特尔，安德鲁	1	3	20：58
8	李，马克	1	3	19：10
9	古德，迈克尔	1	2	15：58
10	纽曼，詹姆斯	1	2	14：46
11	坦纳，约瑟夫	1	2	14：01
12	埃克斯，托马斯	1	2	13：26
12	桑顿，凯瑟琳	1	2	13：26
14	福尔，迈克尔	1	1	8：10
14	尼科尔，克劳德	1	1	8：10

为什么出舱经历很重要？双子座、阿波罗和天空实验室的经验以及早期的航天飞机任务都清楚地证明了，在出舱的某些阶段对穿着压力服的航天员来说是一种体力上的挑战[6]。在为哈勃（1990—

2009）提供在轨服务期间，对于人类探索空间的下一步行动有许多研究、计划和建议，其中最著名的是建立国际空间站和增加出舱的数量，其中一些任务将分阶段进行，而另一些则会快速实施。出舱技术的应用必须能够“扩展”以满足空间站装配需求，并使它能够独立应用于航天飞机或其他补给飞船任务。

随着论证工作的不断迭代，未来的任务计划相继提出然后又被取消，或在几年内以另一种形式出现，如创建其他的大空间结构、返回月球、建造月球研究基地或采矿设施，另外还包括前往火星及其小卫星，或访问近地小行星。这样的几周、几个月、甚至几年的旅程将会增加航天员及其系统的工作量，并且越早进行详细研究来建立丰富的空间探索数据库，就可能越早地实现这一目标。至少有一点可以确定的是，这些工作中的一部分是由哈勃在轨服务航天员贡献的。

6.5.2 污染控制

从哈勃任务中获得了大量数据积累的一个领域是污染控制。主要经验教训就是，需要从行动一开始就制定全面的污染控制方案。对所有可能涉及硬件污染敏感性的人员进行教育是很重要的。不仅在地面上，还包括在轨飞行过程中，需要建立详细的污染分析和控制模型，并且需要制定详细的污染控制程序。从哈勃污染控制计划中也得到了其他经验，如尽可能早地开发非金属材料，并制定清洁程序，将污染风险控制在最低水平。

对于多次往返于望远镜的多任务硬件来讲，需要着重强调的是，持续的污染控制对持续确保硬件清洁至关重要。具体措施包括在受控环境中存储、集成和测试任务硬件；控制所有添加材料的种类和数量；确认在子装配级别装入的新硬件的真空放气水平；保持表面清洁，以防止在装载和工作期间积聚污染物等等。所有这些都被认为是非常重要的。

对于科学仪器来讲，需要特别关注并归纳特定的经验教训。得到验证的是，以这样的逻辑来设计仪器是有利的，即对污染敏感的光学器件与已知的污染源（例如电子器件）提前进行隔离。制定一个全面的污染控制计划，并根据其低放气水平选择非金属材料，这些非常重要。此外，应该限制污染敏感的器件表面附近区域的非金属材料的量。通过实施新的清洁程序和工艺，可以将表面污染降低到单层水平。建议优先应用真空放气量相对较低的材料，并严格监控对污染敏感的光学仪器。

总而言之，除了对所有人员进行硬件污染敏感度的培训和教育之外，还必须进行详细的污染建模分析，并设计详细的在轨服务活动的污染控制程序。对哈勃望远镜进行的污染控制实验成功保证了它的长期科学能力，这并非是偶然。这类建模是用来比较来自潜在污染活动风险的一种宝贵工具，并且已经在国际空间站任务中得到验证及广泛应用[7]。

6.5.3　哈勃的馈赠

虽然在 2009 年结束了 19 年的航天飞机部署/服务任务，但哈勃太空望远镜仍在继续提供一流的科学观测服务。大量的数据和经验仍在不断积累，可以帮助未来航天器和太空计划的规划人员，这不仅包括那些将继续为低轨工作数十年的人员，还包括那些将进入深空探索的人员。当然，这只是哈勃成果的一部分。

20 世纪 70 年代初，史蒂夫·霍利是一名年轻的天文学学生，他意识到大型太空望远镜的发展，并了解到它的潜力。“我知道这是航天飞机将要做的事情之一。”他和他的同学们讨论了关于黑洞存在、围绕其他恒星的行星以及宇宙的年龄。“我想知道我们是否真的知道答案，或者是否在我的有生之年能够回答我想到的最基本的问题。当我还是一个天文学学生的时候，我认为我们永远不会得到答案。”但是随着时间的推移，哈勃能够回答很多这样的问题。正因如此，它也引起了许多人的注意。这一时期对霍利和其他许多人来说都是难以忘记的，无论是在建造、发射、支持、操作，还是为望远镜在

图 6 - 11　史蒂夫·霍利，天文学家/航天员/教育家（图片来自史蒂夫·霍利）

轨服务方面，他们推动了哈勃望远镜项目的更大发展。对于那些每天都参与这个项目的人以及对于那些对望远镜有感情并成为“哈勃拥护者”的人来说（这些人在最后一次服务遭受任务取消危机的时候，就表达了他们的支持），在航天飞机退役后的几年里，航天飞机哈勃飞行任务仍然是科学领域的一个重要组成部分，而且即使在哈勃不再飞行之后，也会仍然持续几十年。

就好像和所有参与过哈勃项目的人说话一样，史蒂夫·霍利回忆说，“当我们从哈勃太空望远镜任务中归来的时候，我说，‘从现在开始 30 年后，当你回望这一切时，你们会为我们所做出的一点小贡献而感到自豪。’”作为团队成员之一，他为此而感到自豪，这就是太空望远镜在轨服务的真实故事。

参 考 文 献

[1] http://www.nasa.gov/content/goddard/a-look-at-the-numbers-asnasas-hubble-space-telescope-enters-its-25th-year/ last accessed November 22, 2014.

[2] http://www.cbsnews.com/news/hubble-telescope-marks-another-milestone-in-space/, Hubble Telescope marks another milestone in space, William Harwood, CBS News, July 31, 2014, last accessed November 22, 2014.

[3] Hubble Space Telescope Instruments star in new Smithsonian exhibit, http://collectspace.com/news/news-042414a-repairing-hubble-smithsonian-exhibit.html, last accessed April 24, 2014. Further details can be found in Exhibiting the Hubble Space Telescope, by David DeVorkin, Epilogue, pp131-150, in Hubble's Legacy, 2014.

[4] Hubble Space Telescope replica journeys to Keystone Heights museum, by Teresa Stepzinski, Times-Union/Jacksonville.com, November 30, 2013.

[5] http://members.jacksonville.com/community/clay/2013-11-20/story/hubble-space-telescope-replica-journeys-keystone-heights-musuem, last accessed 28 January 2014.

[6] Lessons Learned from Hubble Space Telescope Extravehicular Activity Service Missions, Russell L. Werneth, presented at the 31st International Conference on Environmental Systems, Orlando, FL, Society of Automotive Engineers, July 2001, paper number 2001-01-2204, 2001.

[7] Shayler, Walking in Space, 2004.

[8] Lessons Learned from the Hubble space Telescope Contamination Control Program, Patricia Hansen, JPL, California Institute of Technology, Jacqueline Townsend and Randt Hedgeland, NASA Goddard Space flight Center, presentation at the 23rd Space Simulation Conference 8-11 November 2004.

结束语

当我从事这个项目时，我的目的是为了记录每次哈勃在轨服务任务的各种活动。首先要做的工作就是确定每次任务对望远镜系统的改进具体有哪些。我很快意识到，这项任务比我预计的内容要多。随着研究的展开，我发现越来越多与这些任务相关联的有趣的故事。其中最重要的是，当与直接参与这项任务的人们交谈时，他们所表现出来的自豪感和满足感。我本想和更多的人谈话，并扩充这个故事，但是一本书的内容毕竟有限，而且这项研究也会为其他项目提供支撑。事实上，本应是一本书的内容后来分成两本书，但仍有其他材料可以用来写第三本甚至第四本。

用于支持哈勃望远镜项目的航天飞机任务一共有 6 次，包括一次发射部署任务和 5 次在轨服务任务。官方宣布共派出了 4 组航天员飞行梯队执行哈勃在轨服务任务，但实际上共有 5 个飞行梯队对哈勃进行过在轨服务。对于全世界数以万计的人来讲，哈勃望远镜不仅是太空计划中最显眼的一个项目，利用互联网和社交媒体哈勃也让公众得以共享它传回的图像，从而引领人们在神秘的宇宙中继续探索。通过这个项目，我所努力追求的就是揭示科学家、工程师、行政官、管理人员、政治家，当然还有航天员们，他们之间巨大的工作关系网，他们为哈勃工程做出了巨大贡献。因为如果没有他们，我们对宇宙的了解将会少很多。而这些巨大成就最初仅源自于这样一个设想：把大型望远镜放在太空中，将其置于大气之上以提供清晰的宇宙图像。接下来就是确定实现这个设想所需要的望远镜的类型和大小，以及是否需要载人或者有人在轨服务。由此又引出是否应该能够对望远镜进行修理、升级和维护的问题，以及这项工作是否需要在太空、地面或者两者兼有的环境来完成。

能够实现这项计划的关键来源有以下几点。首先，美国空军对于携带大型分类有效载荷和上升阶段的推进能力存在需求，这促成了航天飞机技术的发展以及大型有效载荷舱的开发，进而具备了搭载发射望远镜的能力。将航天飞机用于维护和在轨翻新的有效载荷或将其返回地球这一设想非常具有吸引力，而且随着 ORU 装载系统、机械臂以及对出舱活动的支持技术的发展，这一设想似乎非常适合于一些科学项目的有效载荷，比如大型太空望远镜。此外，有关在航天飞机项目中正在发展交会对接和邻近操作的技术领域，也在推动使航天员能够服务和保养各种有效载荷或其他硬件的工具和技术。

尾图 1　在望远镜目镜旁的埃德温 · 哈勃

当然，政府机关对系统方案的反复评估和预算收紧导致 NASA 的开支减少，这就自然引导望远镜小型化设计。不过，经科学界证实，这并不会对预期科学目标造成较大影响。小尺寸的镜子能够使望远镜更容易适应密闭的有效载荷舱。放弃将望远镜返回地球进行服务这一方案之后，就需要付出开发在轨出舱服务以及相应的工具和培训技术的代价。水下模拟训练不仅有助于服务任务程序和方法的发展，而且还揭示出了很多新的问题，这些问题需要在航天员到达哈勃进行工作之前得到解决。起初有些看似很小的问题，后来竟成了主要的障碍，但通过一次又一次的测试，这些问题最终得以克服。为了确保航天员能够提前熟悉并掌握所有需要处理的任务细节，这些技术难题均被逐一解决。此外，工程师还开发了相应的工具，设计了 RMS 末端安全工作的方法，并建立了应急和备份预案。在望远镜部署后，很快即发现主镜存在一个低级的制造缺陷，为此人们设计了一个简单而巧妙的系统，最终由第一次维修任务在轨道上解决了这个问题。后来，又进行了许多不同的在轨服务工作，从更换科学仪器到更换太阳能电池板、陀螺仪、计算机和电子线路，再到安装新的隔热层，以及使用蛮力拆掉一个手柄以进入望远镜内部。这些任务让出舱操作变得十分具有挑战性，同时出舱航天员也非常劳累，但所有这些最终都是值得的。

尾图 2　“哈勃 25 周年”纪念标志

尾图 3　罗伯特·德尔，1972—1982 年 NASA MSFC 哈勃项目的科学家，他是使哈勃望远镜项目获得资助和授权的巨大驱动力。图中为 2015 年 4 月 24 日在华盛顿史密森国家航空航天博物馆，他从 NASA 官员查尔斯·博尔登手中接过哈勃 25 周年的纪念奖状。这是当天举办的纪念哈勃 25 周年系列活动中的一幕，而在 25 年前发射并部署哈勃的 STS-31 任务中，博尔登是当时的飞行驾驶员

尾图 4　哈勃望远镜的卡通吉祥物形象（图片来自 SEA）

标准化、测试、注重细节、全身心致力于准备工作以及每个人角色的具体分工和团队协作，确保了哈勃及其在轨服务任务的圆满成功。而且，望远镜目前仍在飞行并提供一流的科学信息，这是对所有创造这项伟大事业的人给予的一个伟大的见证。对哈勃在轨服务的努力，是一份值得从中学习经验的宝贵财富，并且在其操作层面的准备工作中，可以获取更多的知识从而可以提升服务操作效率。哈勃的珍贵经验涉及方方面面，其中有设计和开发、预算和资金筹措、测试和模拟、污染控制、建模和评估预测、培训和执行、飞行操作、出舱要求、工具和支持结构、时间分配和工作研究、服务和机器人、工作量、时间管理，以及公众宣传等等。并且，哈勃带给我们的经验仍然在不断继续着。

哈勃望远镜的详细历史经历需要数百个演示文稿和数千页的文档来展示，只有这样才能将其在轨服务所有故事显著地表现出来。但本书及其姊妹篇《哈勃太空望远镜：从概念到成功》主要是阐释人们的天赋和奉献精神，这些都源于将一个光学望远镜置于大气层以外的最初设想。由此演化出来的技能使这个望远镜在恶劣的环境中工作了四分之一个世纪的时间。这也是一个关于人类能力和机器人能力的故事，它是自动化和人类太空飞行的完美融合，也是天文观测和空间技术的完美融合。

问到曾经参与这个项目的任何一个人，他们都会告诉你，这太让人惊讶了，因为本来应该会出现很多错误的，但是实际任务出现的错误却很少，而且当事情出错的时候，很多看似不可能处理的问题，也顺利克服或解决。能够作为团队努力的一部分，并使哈勃在逆境阶段以及 NASA 黑暗的日子里仍然保持飞行，这些成为了他们每一个人最特别的记忆。他们都是真正的“哈勃拥护者”。

我相信，通过讲述一些人的慷慨贡献，我已经把促使哈勃任务成功的那些复杂而又细致的决策、发展和活动展现给了世人。这是一个真正令人惊叹的故事，而且故事的诸多细节难以通过本书逐一呈现。

后 记

哈勃太空望远镜项目取得成功的关键在于，它一开始就被设计为可以由航天员搭载航天飞机定期对其提供在轨服务。在轨服务可以在必要的时候对其进行维护、升级和维修。1993 年第一次在轨服务任务的成功，无论从技术层面还是政治层面，对于望远镜都是一个重要的转折点，也开启了真正属于哈勃的时代，在这个时代它取得了惊人的成功和成果。

在这段时期内，还包括 4 次极具挑战性的在轨服务任务，不仅修复了对望远镜科学项目至关重要的系统故障，而且还为其提供了升级，以保证其具备最先进的能力。据马特·芒廷（天文研究大学学会主席，前太空望远镜科学研究院主任）表示，2009 年的最后一次服务任务（SM－4）使望远镜科学仪器的性能比最初发射时提高了 10～25 倍。

我相信还有一个同样重要的成功因素，甚至是更重要的，那就是在每一个层次内、每一个组织中的每一个人在哈勃望远镜设计及在轨服务这个任务系统中所表现出的惊人的团队力量、技术水平和“合作精神”。对哈勃的这种情怀使得这项事业成为了“NASA 的使命”，而不仅仅是“科学”任务或者“太空运输”任务。而且，对 NASA 与众多承研单位来说，这些努力和其他航天任务都一样平凡。然而，我们始终都在一起！作为航天飞机飞行主管，我能够看到，不管遇到多大的困难，这种热情总能体现 NASA“一定能做到”的态度，它消除了组织的界限，也激励人们不断前进。

不需要看之前在轨服务任务的任何细节，我们努力将最后一次在轨服务任务保留在飞行任务清单上，从计划、准备到最后在 2009 年的执行，在这些阶段中，作为任务主管的我，都能深深体会到

NASA 的这种“一定能做到”的精神。哥伦比亚号失事以后，恢复航天飞机任务的极为严苛的要求令人望而生畏，其中包括提供防热瓦的在轨全面检查和维修，这是不涉及国际空间站的安全设施。还需要两个轨道器同时部署在两个发射台上以保证救援能力，并且还要将其纳入非常紧凑的发射时间表，同时匹配支持国际空间站的任务规划。这项任务还要与一项火星任务的发射相协调，然后还要重新协调整个时间计划，以适应望远镜上的指令和数据处理系统的意外故障修复安排。一直以来，运行团队和飞行梯队成员都在计划和编排一项令人难以置信的高要求时间表，其中包括 5 项需要出舱的飞行任务，并在望远镜内部拆卸和修理两台仪器（以前从未做过）。无论路途有多艰险，每个人都担当起了职责，互相帮助，使得望远镜仍保持其最佳的状态！

尽管航天飞机的维修使命已经完成，但哈勃太空望远镜的故事远未结束。在科学能力方面，在轨服务使哈勃达到了顶级水平。正如尼尔·德格拉斯·泰森所察觉到的，“哈勃使我们能够回答一些我们以前甚至都无法提出的问题。”

查尔斯·肖

许多来之不易的哈勃服务的“经验教训”已经被整理归纳，并正在应用于目前研究的相关项目中。这其中包括，设计适于在轨服务卫星的重要性及方法、出舱活动、飞行中的维修技术及工具，以及将这些成就应用于未来的计划和飞行器等等。尽管哈勃服务任务团队现在已经解散，而且航天飞机也已经退役，但是一些首创性的举措，例如戈达德航天飞行中心卫星在轨服务能力办公室（SSCO）的设立等，将多年来从哈勃在轨服务中获得的专业知识做了拓展应用。同样重要的是，当人们在做一项看似不可能的使命时，如果大家能够坚信这项任务并且自发地组成一个团队来共同支持它，那么人们所表现出的力量是很大的，所以这种精神的力量和重要性也是值得借鉴的。

1999 年当约翰·格伦斯菲尔德在 SM－3A 中执行出舱任务时，他在望远镜的扶手和锁紧机构看到了航天服手套的痕迹，此刻他曾想到，为了让航天员能在维修仪器时留下这些手印，是需要很多人的奉献和努力的。这些致力于在轨服务的努力使哈勃太空望远镜在每个人的梦想和想象中都一直保留着自己的痕迹。这种灵感可以激励我们的子孙后代去追求远远超出我们现在所梦想的目标。

作为一名狂热的业余天文学家和望远镜开发人员，我想分享这样一个观点：望远镜实际上是一种时光机器，它使我们能够看到一些物体在遥远的过去时光中的模样，从那时起，物体产生的光线开始了漫长的旅程向我们走来。无论是看哈勃提供的令人惊叹的图像，还是在寂静的户外仰望从人类历史开始就迷人的夜空，我都能被我的想象力所征服，直至那些深不可见的未来。

我相信，人类探索太空的征程——未来一定更美好！

查尔斯·肖
航天飞机飞行任务主任
哈勃 SM－4 项目主任
业余天文学家和望远镜开发者
狂热的渔夫、自由航海者、家里的爷爷

缩略语

A7LB	阿波罗航天服（国际 Latex 公司，7＃，B 规格）
AAP	阿波罗应用计划
AAS	美国天文学会
AB	后舱壁
ACS	先进巡天相机
ACS	姿态控制系统
AD	光圈门/望远镜前盖
AES	阿波罗拓展系统
AIAA	美国航空航天学会
AMB	天文学项目委员会
AOA	发射紧急中止
APC	自适应有效载荷装载系统
APU	辅助动力单元
ART	应急响应团队
AS	后舱门
Ascan	候选航天员
ASDT	后舱门模拟装置
ASE	空降支持装备
ATDA	增强目标对接适配器
ATL	先进技术实验室
ATM	阿波罗望远镜安装系统
ATOX	原子氧
AXAF	先进 X 射线探测仪

BAPS	停泊定位系统
BI	助推器集成
BRT	绳系限制系统
BSP	BAPS 支持装置
BUp	备份
℃	摄氏度
CAD	计算机辅助设计
C&DH	控制与数据处理
CAIB	哥伦比亚号航天飞机事故调查委员会
CAPCOM	舱体通信系统
CB	NASA 航天员办公室
CCC	充电电流控制器
CCD	电荷耦合器件
CCTV	闭路监视系统
CDR	指令长
CDR	关键设计评审
CEIT	乘员设备接口测试
CGRO	康普顿伽马射线天文台
CITE	货运集成测试设备
cm	厘米
CMG	控制力矩陀螺
COPE	ORU 应急保护罩
COS	宇宙起源摄谱仪
COSTAR	矫正光学太空望远镜轴向更换单元
CSM	指挥与服务模块
CSS	粗定姿态阳敏感器
CXO	钱德勒 X 射线天文台
DI	直接接插

DIU	数据接口单元
DIY	按个人意愿设计
DMS	数据管理系统
DOD	国防部
DSO	详细拓展任务
DTO	详细测试目标
EAFB	爱德华兹空军基地
ECU	电子控制单元
ELV	消耗型运载火箭
EMI	电磁频率
EMU	舱外移动单元
EOM	任务末期
EOPTP	EVA 操作程序/培训计划
EPDSU	增强型供配电及切换单元
EPS	电源分系统
ERO	早期测试阶段的观测结果
ESA	欧空局
ESF	外部模拟器设施
E/STR	工程/科学磁带式存储设备系统
ESTEC	欧洲空间技术中心
ET	外部贮箱
EUVE	极端紫外线探测仪
EURECA	欧洲可回收运载器
EV	EVA 航天员 1～4 号
EVA	舱外活动（或出舱活动）
F	华氏温度
FCR	飞行控制办公室
FD	飞行日

FDF	飞行数据文件
FGS	精细导星敏感器
FHST	固定头星敏感器
FOC	微弱天体照相机
FOD	飞行运行管理局
FOS	微弱天体摄谱仪
FOSR	柔性光学太阳能反射器
FOV	视场
FPS	焦平面结构
FRED	足部约束装置
FRR	飞行准备就绪评审
FRR	足部限注器
FS	前端壳体
FSS	飞行支持结构
FS&S	飞行系统与服务
g	重力加速度
GAO	政府问责局
GHRSR	戈达德高分辨率光谱仪组件
GPC	通用计算机
GRGT	关岛远程地面站
GSFC	戈达德航天飞行中心
HEAO	高能天文台
HFMS	高保真机械模拟器
HGA	高增益天线
HIU	耳机接口单元
HOST	哈勃太空望远镜轨道系统测试
HQ	总部
HRS	高分辨率光谱仪

HSP	高速光度计
HSPM	硬件太阳点模式
HST	哈勃太空望远镜
Hz	赫兹
IGY	国际地球物理年
IMAX	图像最大值
INCO	综合通信办公室
IR	红外
IS&AG	成像科学与分析团队
ISS	国际空间站
IV	舱内
IVA	舱内活动
IVT	接口验证测试
JIS	联合集成仿真
JPL	喷气推进实验室（加州）
JSC	约翰逊航天中心
JWST	詹姆斯·韦伯太空望远镜
kg	千克
KLSS	销配合龙骨支撑结构
km	千米
KSC	肯尼迪航天中心
LATS	LDEF 组装运输系统
lbs	磅
LCC	发射控制中心
LCMS	低成本模块化航天器
LDEF	长期暴露设施
LEO	低地球轨道
LGA	低增益天线

LH_2	液态氢
LOPE	大型 ORU 防护结构
LOS	视线
LOT	大型轨道望远镜
LOX	液氧
LRR	发射准备就绪评审
LSS	生命支持系统
LST	大型太空望远镜
LTA	下肢装配任务
M&R	维护与升级
MADWEB	流星体与空间碎片网站
MCC	任务控制中心
MCIU	操作控制接口单元
MDD	连接分离元件
MDF	延伸操作单元
MECO	主机关闭
MET	任务完成时间
MFR	足部组合限制器
MFR	机器人足部限制器
MHz	兆赫兹
MILA	梅里特岛发射区
MISSE	国际空间站材料试验
MLI	隔热多层
mm	毫米
MMOD	微流星体与轨道碎片
MMS	多任务模块化航天器
MMT	任务管理团队
MMU	载人机动单元

MOCR	任务操控办公室
MOL	载人轨道实验室
MOM	飞行任务执行经理
MOR	任务执行管理办公室
MORL	载人轨道研究实验室
MOT	载人轨道望远镜
MOT	任务运行团队
MoU	谅解备忘录
MPS	主推进系统
MR	主环
MRA	主环组件
MS	任务专家
MSC	载人航天器中心（休斯敦）
MSE	任务安全评估
MSFC	马歇尔航天飞行中心（亨茨维尔）
MSS	磁力传感系统
MTL	多级扭矩限制
MULE	多用途轻质装备
MWS	模拟工作站
NACA	国家航空咨询委员会
NAS	国家科学院
NASA	美国国家航空航天局
NASC	国家航空航天委员会
NASCOM	NASA 通信网络
NBL	中性浮力实验室（休斯敦索尼-卡特中心）
NBS	中性浮力模拟系统（马歇尔航天飞行中心）
NiCd	镍镉
NICMOS	近红外摄像机和多物体光谱仪

NiH_2	镍氢
NOBL	隔热屏
NRL	国家研究实验室
NRL	海军研究实验室
NSF	国家自然基金
O&C	操作 & 注销
OA	轨道机动
OAO	轨道天文台
OAS	轨道机动段
OBSS	轨道器可展传感器系统
OFT	轨道飞行试验
OGO	轨道地球物理天文台
OMDP	轨道维持终止段
OMS	轨道机动系统
OMV	轨道转移飞行器
OPF	轨道处理系统
ORI	在轨可更换设备
ORU	在轨可更换单元
ORUC	ORU 装载器
OSMQ	安全和任务质量办公室
OSO	轨道太阳观测台
OSS	空间科学办公室
OSSA	空间科学与应用办公室
OTA	光学望远镜组件
OV	轨道飞行器
PAO	公共事务办公室
PC	有效载荷指令长
PCR	有效载荷更换操作间

PCS	指向控制系统
PCU	电源控制单元
PCUT	电源控制单元模拟装置
PDA	光子探测器组件
PDR	初步设计评审
PDRS	有效载荷部署及回收系统
PFIP	飞行后调查计划
PFR	便携式足部限制器
PFRGF	便携式飞行抓捕与分离装置
PGT	手枪式抓捕工具
PHA	有效载荷损害评估
PHSF	有效载荷处置及服务装置
PI	首席调研员
PIP	有效载荷集成计划
PLSS	便携式生命支持系统
Plt	飞行员
PM	主镜
PMA	主镜组件
POHS	定位保持子模式
POCC	有效载荷操控中心
PRCB	计划要求控制委员会
Prox Ops	近距离操作
PRT	电动棘轮工具
PSA	临时存放组件
PSEA	指向系统电子单元
PSRP	有效载荷安全评审小组
psi	磅/平方英寸
RAE	射电天文探测器

RCC	增强碳碳复合材料
RCS	反作用控制系统
RDA	旋转驱动器
RGA	速率陀螺仪组件
RFP	提案申请
RPM	每分钟转速
RMGA	可回收式陀螺仪组件
RMS	遥控操作系统
RPM	交会机动
RPSF	旋转增强处理设施
RSRM	重新设计的固体火箭发动机
RSS	旋转服务结构
RSU	速率感应单元
RTF	返回至飞行器
RTG	放射性同位素热电发生器
RWA	反作用轮组件
SA	太阳能电池阵
SAC	科学咨询委员会
SADE	太阳能电池阵驱动电子元件
SAFER	简易 EVA 救援
SAIL	航天飞机电子设备集成实验室
SAO	史密森天体物理观测台
SAS	空间适应综合症
SAS	小型天文观测卫星
SCA	航天飞机运输飞机（波音 747）
SCGT	地面模拟服务测试
SCM	软捕获机构
SDTV	结构动力学测试系统

SEP	科学试验计划包
SFU	航天飞行单元
SI	科学仪器
SIC&DH	科学仪器控制和数据处理器
SIHM	软件自维持模式
SIP	科学仪器模块
SIRTF	航天飞机/空间红外望远镜系统
SLF	航天飞机着陆系统（肯尼迪航天中心）
SLIC	超轻可互换装载系统
SM	次镜
SM	服务任务
SMA	次镜组件
SMGT	系统管理地面测试
SMIT	服务任务集成时间表
SMS	航天飞机任务模拟器
SOPE	小 ORU 防护结构
SPSM	太阳定点安全模式
SRB	固体火箭助推器
SRL	空间雷达实验室
SSAT	S 波段单向发射机
SSB	空间科学委员会
SSE	空间支持设备
SSHR	航天飞机危险评估报告
SSM	支持系统模块
SSME	航天飞机主发动机
SSPM	软件太阳定点模式
SSRF	壳体可更换防护多层
SSS	星导航仪伺服机构

SST	斯皮策太空望远镜
ST	太空望远镜
STA	航天飞机模拟训练飞机
STAR	太空望远镜轴向更换单元
STDN	空间（飞行）跟踪和数据网络
STIS	太空望远镜成像光谱仪
STOCC	太空望远镜操控中心
STS	空间运输系统
STScI	太空望远镜科学研究所
Systems SIG	系统专项兴趣小组
TAL	横跨大西洋任务终止
TCDT	终端倒计时演示测试
TCS	热控分系统
TDRSS	跟踪和数据中继卫星系统
TPAD	耳轴式销连接装置
TRR	测试准备就绪评审
TSB	临时存放支架
TV	电视
UARS	高空大气研究卫星
UHF	超高频率
US	美国
USA	美国
USA	美军
USAF	美国空军
USN	美国海军
UV	紫外线
V	伏
V1，V2，V3	哈勃太空望远镜坐标轴

VAB	飞行器总装大楼
VDAS	视频数字分析系统（实验室）
VEST	飞行器电源系统测试
VESS	飞行器电源支撑结构
VHF	甚高频率
VPF	垂直处置系统
VR	虚拟现实
VRL	虚拟现实实验室
VTIK	电压/温度改进组件
W	瓦
WBKL	宽体龙骨销连接
WETF	无重力环境训练系统
WFPC	广角行星相机
WSC	白沙地面站
WX	天气
ZGSP	无陀螺对日定向

关于作者

本书作者为太空历史学家戴维·J·谢勒，是英国行星际协会会员（FBIS），他也喜欢自称为未来太空中的英国人（Future Briton in Space），于1955年出生于英国。他在太空方面的兴趣源自于5岁时绘制的各种火箭，但是直到1968年12月阿波罗8号发射到月球轨道时，他才真正对人类探索太空充满激情。他亲切地回忆起他和祖父在1969年7月的一个美妙夜晚，见证着阿波罗11号举世瞩目的月面活动。

早在1976年1月戴维就已经是英国行星际协会会员，1983年和1984年先后被评为副研究员和研究员。2013年他首次当选为学会理事。20世纪70年代末他在学会期刊公开发表了第一篇论文。1982年，他创建航天信息服务组织（www. astroinfoservice. co. uk），进而集中精力开展相关研究工作。

戴维于1987年出版了自己的第一部专著，其后陆续出版了超过20部其他作品，这些都是关于美国和俄罗斯的太空计划，而且还包括出舱活动、女性在太空中，以及人类的火星探索之旅等等。他被授权出版的关于航天员杰里·卡尔的个人传记于2008年出版。1989年在英国与苏联合作的英国朱诺计划中，戴维成为航天员候选人。该任务是计划在和平号空间站上工作7天并开展相关任务。但很遗憾他没能最终入选，但培训和选拔成绩已经远超预期。该任务由海伦·沙曼于1991年5月首次公开。在进行太空历史研究时，戴维曾访问NASA位于休斯敦和佛罗里达州的航天员训练中心，以及俄罗斯加加林航天员培训中心。在此过程中，他采访了许多航天员以及航天工作者，还包括参观各种航天器模型以及其他训练设施等。他还深入调研了航天员在轨飞行基本生活的实际状况，以及在执行飞行任务前所需要开展的地面准备工作，另外还有一些正在规划中的太空计划。

戴维与许多在职或退休的航天员保持着非常友好的私人关系，其中一些人曾陪同他访问了许多英国的学校。30 多年来，他向儿童和社会团体提供了众多有关空间主题的演讲和讲习班，向普通公众科普人类太空探索的历史和发展，并尽可能地帮助青少年不断激发对科学技术和周围世界产生兴趣。

戴维夫妇居住在英国西米德兰兹地区，他们养了一只个头相当大的白色德国牧羊犬詹纳。戴维热衷于烹饪、美酒以及古典音乐。另外他还喜欢阅读军事历史、访问历史古迹，此外他还对 F1 赛事非常感兴趣。